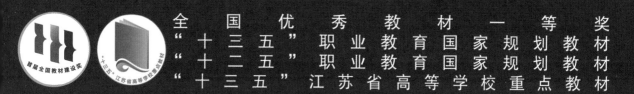

全 国 优 秀 教 材 一 等 奖
"十三五" 职 业 教 育 国 家 规 划 教 材
"十二五" 职 业 教 育 国 家 规 划 教 材
"十三五" 江 苏 省 高 等 学 校 重 点 教 材

"十四五"职业教育国家规划教材

嵌入式组态控制技术
（第三版）

张文明　华祖银　主　编

王一凡　陈东升　黄晓伟　曹建军　副主编

宋黎菁　缪建华　付华良　贾君贤

汤晓华　主　审

微课版
附赠立体化教学资源包

中国铁道出版社有限公司
CHINA RAILWAY PUBLISHING HOUSE CO., LTD.

内 容 简 介

本书是高职院校与北京昆仑通态自动化软件科技有限公司共同开发的项目化教材，是"十三五"职业教育国家规划教材。本书基于工作过程导向，面向"双师型"教师和工控行业技术人员，服务于机电和自动化类专业的职业能力培养。

本书由彩色纸质教材和网络资源组成。彩色纸质教材主要包括：触摸屏组态介绍、"触摸屏+PLC"监控工程、"触摸屏+PLC+变频器（伺服）"通信与控制、"触摸屏+PLC+传感器"水位控制工程、智能运料小车控制工程、智能分拣控制工程、电梯控制系统虚拟仿真与运行监控、"自动化生产线安装与调试"全国技能大赛组态设计、触摸屏与单片机通信驱动开发实例等内容，同时每个项目中的任务安排了任务目标、任务描述、任务训练和评价。网络资源含 MCGS 嵌入式组态软件、工程案例、课程标准、教学案例和教学设计等，为"教"和"学"提供了生动、直观、便捷、立体的教学资源。

本书内容具有典型性、实用性、先进性、可操作性的特色。

本书适合作为高等职业教育机电一体化技术、电气自动化技术、生产过程自动化、机电安装工程等机电类专业的教材，也可作为相关工程技术人员培训和自修用书。

图书在版编目（CIP）数据

嵌入式组态控制技术 / 张文明，华祖银主编. —3 版.
—北京：中国铁道出版社有限公司，2019.7（2024.3 重印）
"十二五"职业教育国家规划教材　全国高职高专院校机电类专业规划教材
ISBN 978-7-113-25402-5

Ⅰ.①嵌…　Ⅱ.①张…　②华…　Ⅲ.①微型计算机 –计算机控制系统 – 高等职业教育 – 教材　Ⅳ.① TP273

中国版本图书馆 CIP 数据核字（2019）第 098900 号

书　　名：嵌入式组态控制技术（第三版）
作　　者：张文明　华祖银

策　　划：何红艳　　　　　　　　　　　　　编辑部电话：（010）63560043
责任编辑：何红艳
封面设计：付　巍
封面制作：刘　颖
责任校对：张玉华
责任印制：樊启鹏

出版发行：中国铁道出版社有限公司（100054，北京市西城区右安门西街 8 号）
网　　址：http:// www.tdpress.com/51eds/
印　　刷：番茄云印刷（沧州）有限公司
版　　次：2011 年 8 月第 1 版　2019 年 7 月第 3 版　2024 年 3 月第 6 次印刷
开　　本：787 mm×1 092 mm　1/16　印张：18.75　字数：433 千
书　　号：ISBN 978-7-113-25402-5
定　　价：59.80 元

出版说明

IMPRINT

随着我国高等职业教育改革的不断深入，我国高等职业教育的发展进入了一个新的阶段。教育部下发的《关于全面提高高等职业教育教学质量的若干意见》文件，旨在阐述社会发展对高素质技能型人才的需求，以及如何推进高职人才培养模式改革，提高人才培养质量。

教材的出版工作是整个高等职业院校教育教学工作中的重要组成部分，教材是课程内容和课程体系的载体，对课程改革和建设具有推动作用，所以提高课程教学水平和教学质量的关键在于出版高水平、高质量的教材。

出版面向高等职业教育的"以就业为导向，以能力为本位"的优质教材一直就是中国铁道出版社优先开发的领域。我社本着"依靠专家、研究先行、服务为本、打造精品"的出版理念，于2007年成立了"中国铁道出版社高职机电类课程建设研究组"，并经过两年的充分调查研究，策划编写、出版了本系列教材。

本系列教材主要涵盖高职高专机电类的公共课及六个专业的相关课程，它们是电气自动化专业、机电一体化专业、生产过程自动化专业、数控技术专业、模具设计与制造专业以及数控设备应用与维护专业。它们共同成为体系，又具有相对独立性。本系列教材在编写过程中邀请了高职高专自动化教指委专家、国家级教学名师、精品课负责人、知名专家教授、学术带头人及骨干教师。他们针对相关专业的课程，结合了多年教学中的实践经验，同时吸取了高等职业教育改革的成果，因此无论教学理念的导向、教学标准的开发、教学体系的确立、教材内容的筛选、教材结构的设计，还是教材素材的选择都极具特色。

本系列教材的特点归纳如下：

（1）围绕培养学生的职业技能这条主线设计教材的结构，理论联系实际，从应用的角度组织编写内容，突出实用性，并同时注意将新技术、新成果纳入教材。

（2）根据机电类课程的特点，对基本理论和方法的讲述力求简单、易于理解，以缓解繁多的知识内容与偏少的学时之间的矛盾。同时，增加了相关技术在实际生产、生活中的应用实例，从而激发学生的学习热情。

（3）将"问题引导式""案例式""任务驱动式""项目驱动式"等多种教学方法引入教材体例的设计中，融入启发式的教学方法，力求好教、好学、爱学。

（4）注重立体化教材的建设。本系列教材通过主教材、配套光盘、电子教案等教学资源的有机结合，来提高教学服务水平。

本系列教材在策划出版过程中得到了教育部高职高专自动化技术类专业教学指导委员会委员以及广大专家的指导和帮助，在此表示深深的感谢。希望本系列丛书的出版能为我国高等职业院校教育改革起到良好的推动作用，欢迎使用本系列教材的老师和同学们提出宝贵的意见和建议。书中如有不妥之处，敬请批评指正。

中国铁道出版社有限公司

第三版前言

本书是高职院校与北京昆仑通态自动化软件科技有限公司（以下简称"昆仑通态公司"）合作编写的基于工作过程导向、面向教师和工控行业技术人员、服务于机电和自动化类专业职业能力培养的"十三五"职业教育国家规划教材。

本书以九个项目引领读者学习由触摸屏、PLC、变频器、传感器、通信协议等集成的小型工控系统，对每个训练项目的每个动作和步骤设要求、定目标，在实践过程中注重企业生产元素，融通生产工艺，紧贴生产过程，"任务明确、步骤清晰、过程规范、考评到位"，能培养严谨的工作作风和精益求精的产品意识，成就工控高手的梦想。

编写背景

党的二十大报告指出，"青年强，则国家强。当代中国青年生逢其时，施展才干的舞台无比广阔，实现梦想的前景无比光明。全党要把青年工作作为战略性工作来抓，用党的科学理论武装青年，用党的初心使命感召青年，做青年朋友的知心人、青年工作的热心人、青年群众的引路人。广大青年要坚定不移听党话、跟党走，怀抱梦想又脚踏实地，敢想敢为又善作善成，立志做有理想、敢担当、能吃苦、肯奋斗的新时代好青年，让青春在全面建设社会主义现代化国家的火热实践中绽放绚丽之花。"

本书坚持围绕立德树人的根本任务，基于工作过程导向的项目化教学改革方向，坚持将行业与企业的典型、实用、操作性强的工程项目引入课堂，坚持发挥行动导向教学的示范辐射作用。

北京昆仑通态MCGS触摸屏是国内主流工控产品，不仅使大量的工业控制设备或生产设备具有更多的自动化功能，也是企业实现管控一体化的理想选择。在与昆仑通态公司合作开发"工控系统安装与调试"课程基础上，合作编写了《嵌入式组态控制技术》（第一版），受到学校和企业欢迎。随着工控技术快速发展，常州纺织服装职业技术学院与企业进行了广泛深入合作，参照行业与企业标准和工艺要求，较好地完成了《嵌入式组态控制技术》（第二版）框架策划、现场交流、应用测试、文案编撰、资源制作、资料整合等任务。为了更好地适应新技术发展，以及满足教材内容和行业与企业发展同步，我们更新、改版编写了《嵌入式组态控制技术》（第三版）， 同时创建了"嵌入式组态控制技术"QQ交流群，群号为：107163512。

教材特点

本书围绕触摸屏核心技术，分别与PLC、变频器、智能仪表、传感器及伺服通信控制技术相结合，构成典型的案例，内容涵盖了工控系统重要知识与技能，进行了循序渐进的工作导向描述。编写遵循"典型性、实用性、先进性、可操作性"原则，精美的图片、卡通人物及软件仿真等的综合运用，将学习、工作融于轻松愉悦的环境中，力求达到提高学生学习兴趣和效率以及易学、易懂、易上手的目的。

基本内容

本书由彩色纸质教材和网络资源组成。彩色纸质教材由九个项目组成，每个项目中的任务安排了任务目标、任务描述和任务训练。网络资源含嵌入版组态软件、工程案例、教学案例、程序源代码、微课等，为"教"和"学"提供了生动、直观、便捷、立体的教学资源包。视频资源通过扫描二维码获取，其他相关资源可从我社网站（http://www.tdpress.com/51eds/）下载。

本书由张文明、华祖银担任主编，王一凡、陈东升、黄晓伟、曹建军、宋黎菁、缪建华、付华良、贾君贤担任副主编，具体编写分工如下：张文明教授编写前言、项目一；黄晓伟编写项目二、项目三任务一、任务二、任务三、项目五；王一凡编写项目四；宋黎菁编写项目三任务六、项目七；付华良编写项目三任务五、项目六；曹建军和贾君贤编写项目八；缪建华编写项目九。全书由张文明教授策划、指导并负责统稿，汤晓华教授主审。

在本书编写过程中，得到了北京昆仑通态自动化软件科技有限公司、中国铁道出版社有限公司和常州纺织服装职业技术学院等单位领导的大力支持，在此表示衷心的感谢！

限于编者的经验、水平以及时间限制，书中难免在内容和文字上存在不足和缺陷，敬请广大读者批评指正。

编　者

2022年11月

第一版前言

本书是教育部高职高专自动化技术类专业教学指导委员会规划、常州纺织服装职业技术学院与北京昆仑通态自动化软件科技有限公司合作编写的基于工作过程导向、面向"双师型"教师和行业、企业技术人员、服务于机电和自动化类专业职业能力培养的项目化教材。

目前工业自动化组态软件的发展有两个方面，一方面是向大型的平台软件发展；另一方面是向小型化方向发展，由通用组态软件简化成嵌入式组态软件，可使大量的工业控制设备或生产设备具有更多的自动化功能，发展机会更多、市场容量更大。北京昆仑通态MCGS嵌入式组态软件作为国内主流工控产品，是企业实现管控一体化的理想选择。

编写背景

本书坚持基于工作过程导向的项目化教学改革方向，坚持将行业、企业典型、实用、操作性强的工程项目引入课堂，坚持发挥行动导向教学的示范辐射作用。

随着嵌入式组态和触摸屏技术的快速发展，2006年，常州纺织服装职业技术学院与北京昆仑通态自动化软件科技有限公司合作编写了《组态软件控制技术》，受到学校和企业欢迎。本书参照行业、企业标准和工艺要求，较好地完成了框架策划、现场交流、应用测试、文案编撰、资源制作、资料整合等任务。本书为2010年国家级精品课程配套的主讲教材。

教材特点

围绕嵌入式组态技术核心，以触摸屏TPC分别与PLC、变频器、智能仪表、传感器及伺服通信控制技术典型应用为工作任务，涵盖了嵌入式组态的重要知识与技能，进行了循序渐进的工作导向描述。编写遵循"典型性、实用性、先进性、操作性"原则，精美的图片、卡通人物及软件仿真等的综合运用，将学习、工作融于轻松愉悦的环境中，力求达到提高学生学习兴趣和效率以及易学、易懂、易上手的目的。

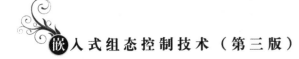

嵌入式组态控制技术（第三版）

基本内容

　　本套教材由彩色纸质教材和多媒体光盘组成。纸质教材共由十一个任务组成，任务一认识嵌入式组态+触摸屏；任务二主要讲解三款主流型号PLC与嵌入式TPC的通信和控制；任务三主要训练嵌入式TPC+变频器的RS 485通信与计划曲线控制；任务四主要讲解嵌入式TPC与AI智能仪表实现多个通道温度集中控制；任务五讲解嵌入式TPC+PLC+变频器的调速系统；任务六讲解嵌入式TPC+嵌入式TPC之间的通信；任务七讲解嵌入式TPC与PLC的通信连接，驱动伺服控制二维平台定位；任务八嵌入式组态TPC+PLC+传感器的水位工程，主要讲解嵌入式组态功能应用；任务九讲解嵌入式组态TPC配方工程；任务十讲解电梯嵌入式组态；任务十一讲解"自动化生产线安装与调试"全国技能大赛嵌入式组态设计。每个任务都安排了任务目标、任务描述和任务训练。多媒体光盘含最新MCGS嵌入式组态安装软件、TPC产品样本、工程案例、教学任务工程案例、课程标准及"行动导向"课程教案等，为"教"和"学"提供了生动、直观、便捷、立体的教学资源包。

　　本书编写分工如下：张文明副教授、华祖银总工程师共同负责撰写教材前言、内容简介和任务一；张文明副教授撰写任务二、任务六；张文明副教授、黄晓伟工程师共同撰写任务三、任务五；陈东升工程师撰写任务四；张文明副教授、陈东升工程师共同撰写任务七；王一凡讲师撰写任务八；黄晓伟工程师撰写任务九；张建成高工和陈跃安副教授共同撰写任务十；曹建军工程师撰写任务十一。全书由张文明副教授策划、指导并负责统稿；教育部高职高专自动化技术类专业教学指导委员会主任委员吕景泉教授和北京昆仑通态自动化软件科技有限公司刘志军高级工程师主审。

　　在本书编写过程中，得到了北京昆仑通态自动化软件科技有限公司、教育部高职高专自动化技术类专业教学指导委员会、中国铁道出版社和常州纺织服装职业技术学院等单位领导的大力支持，在此表示衷心的感谢！同时也要感谢北京昆仑通态无锡分公司史硕连、周星、蔡琳琳等工程技术人员对本书编写提供的帮助！

　　限于编者的经验、水平以及时间，书中难免在内容和文字上存在不足和缺陷，敬请提出批评指正。

编　者

2011年6月

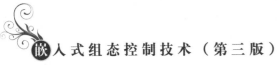

配套学习
资源明细

项目一

➡触摸屏组态介绍

工业自动化组态软件发展有两个方向，一方面是向大型平台软件方向发展，例如，直接从组态发展成大型的CIMS、ERP系统等；另一方面是向小型化方向发展，由通用组态软件演变为嵌入式组态软件，可使大量的工业控制设备或生产设备具有更多的自动化功能，促使国家工业自动化程度快速提升，因此嵌入式方向发展机会更多、市场容量更大。MCGS嵌入式软件和TPC系列触摸屏得到了主流工控硬件企业大力支持，技术解决方案深受用户的好评。

任务一　认识嵌入式组态和触摸屏

🐰 任务目标

（1）认识嵌入式工业自动化组态软件；

（2）认识嵌入式触摸屏TPC。

二十大报告
知识拓展1

🔰 任务描述

了解嵌入式系统和工业自动化组态软件，熟悉嵌入式触摸屏TPC。

⚒ 任务训练

嵌入式组态软件是一种用于嵌入式系统并带有网络功能的应用软件，嵌入式系统是指可嵌入至某一设备、产品并可连接至网络的带有智能（即微处理器）的设备。例如，在自动取款机（ATM）、办公设备、自动化产品、家用电器、平板电脑、个人数码助理乃至航空电子领域都有广泛应用。嵌入式组态软件分开发系统和运行系统。嵌入式组态软件的开发系统一般运行于具有良好人机界面的Windows操作系统上，而运行系统可基于多种嵌入式操作系统如Windows CE，Linux和DOS之上，甚至直接支持特定的CPU。嵌入式系统具有与PC几乎一样的功能，与PC的区别仅仅是将微型操作系统与应用软件嵌入在ROM、RAM与Flash存储器中，而不是存储于磁盘等载体中。

随着后PC时代的到来，在制造业领域更注重使用符合其特定需求并带有智能的嵌入式工业控制组态软件，而嵌入式组态软件特具的按功能剪裁的特性，以及其内嵌的实时多任务操作系统，可保证整个嵌入系统体积小、成本低、实时性高、可靠性高的同时，还方便不具备嵌入式软件开发经验的用户在极短的时间内，使用嵌入式组态软件快速开发完成一个嵌入式系统，并极大地加快了嵌入式产品进入市场的速度，而且使产品具有丰富的人机界面。北京昆仑通态公司MCGS组态软件，通过大力加强对工控硬件产品的驱动支持和提升软件内部功能，有效帮助用户建造从嵌入式设备、现场监控工作站到企业生产监控信息网在内的完整的自动化解决方案。图1-1～图1-4所示为嵌入式组态软件系统应用于各个行业的情况。

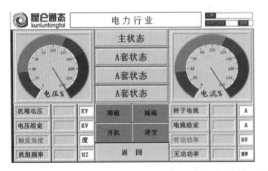

图1-1　嵌入式组态软件系统应用于电力行业

图1-2　嵌入式组态软件系统应用于铁路行业

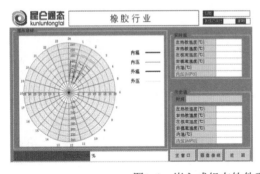

图1-3　嵌入式组态软件系统应用于橡胶行业

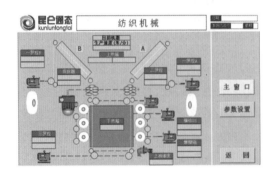

图1-4　嵌入式组态软件系统应用于纺织行业

认识MCGS嵌入版组态软件

MCGS嵌入版组态软件专门应用于TPC一体机（触摸屏），主要完成现场数据的采集与监测、前端数据的处理与控制与其他相关的输入输出硬件设备结合，可以快速、方便地开发各种用于现场采集、数据处理和控制的自动化系统。例如，可以灵活组态各种智能仪表、数据采集模块，无纸记录仪、无人值守的现场采集站、人机界面等专用设备。

MCGS嵌入版组态软件的主要功能：

（1）简单灵活的可视化操作界面：采用全中文、可视化的开发界面，符合中国人的使用习惯和要求。

（2）实时性强、有良好的并行处理性能：真正的32位系统，对任务进行分时并行处理。

（3）丰富、生动的多媒体画面：以图像、图符、报表、曲线等多种形式，提供操作和控制信息。

（4）完善的安全机制：提供了良好的安全机制，可以为多个不同级别用户设定不同的操作权限。

（5）强大的网络功能：具有强大的网络通信功能。

（6）多样化的报警功能：提供多种不同的报警方式，方便用户进行报警设置。

（7）支持多种硬件设备：PLC、变频器、伺服驱动器、仪器仪表等。

总之，MCGS嵌入版组态软件具有与通用版组态软件一样强大的功能，并且操作简单，易学易用。

2 **MCGS嵌入版组态软件组成**

MCGS嵌入版组态软件生成的用户应用系统，由主控窗口、设备窗口、用户窗口、实时数据库和运行策略五部分构成，如图1-5所示。

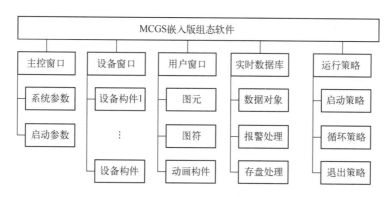

图1-5 用户应用系统组成

（1）主控窗口构造了应用系统的主框架，确定了工业控制中工程作业的总体轮廓，以及运行流程、特性参数和启动特性等内容，是应用系统的主框架。

（2）设备窗口是MCGS嵌入版系统与外围设备联系的媒介。设备窗口专门用来放置不同类型和功能的设备构件，实现对外围设备的操作和控制。设备窗口通过设备构件把外围设备的数据采集进来，送入实时数据库，或把实时数据库中的数据输出到外围设备。

（3）用户窗口实现了数据和流程的"可视化"。用户窗口中可以放置三种不同类型的图形对象：图元、图符和动画构件。通过在用户窗口内放置不同的图形对象，用户可以构造各种复杂的图形界面，用不同的方式实现数据和流程的"可视化"。

（4）实时数据库是MCGS嵌入版系统的核心。实时数据库相当于一个数据处理中心，同时也起到公共数据交换区的作用。从外围设备采集来的实时数据送入实时数据库，系统其他部分操作的数据也来自于实时数据库。

（5）运行策略是对系统运行流程实现有效控制的手段。运行策略本身是系统提供的一个框架，其里面放置由策略条件构件和策略构件组成的"策略行"，通过对运行策略的定义，使系统能够按照设定的顺序和条件操作任务，实现对外围设备工作过程的精确控制。

3 认识TPC7062K触摸屏

嵌入式组态软件的组态环境和模拟运行环境是一套完整的工具软件，可以在PC上运行。

嵌入式组态软件的运行环境是一个独立的运行系统，它按照组态工程中用户指定的方式进行各种处理，完成用户组态设计的目标和功能。一旦组态工作完成，并且将组态好的工程下载到嵌入式一体化触摸屏（例如TPC7062K）的运行环境中，组态工程就可以离开组态环境而独立运行。TPC是北京昆仑通态自动化软件科技有限公司自主生产的嵌入式一体化触摸屏系列型号，其中TPC7062K具有代表性。

（1）TPC7062K优势：

① 高清：分辨率为800×480像素，用户可体验精致、自然、通透的高清盛宴；

② 真彩：65 535色数字真彩，丰富的图形库，用户可享受顶级震撼画质；

③ 可靠：抗干扰性能达到工业III级标准，采用LED背光永不黑屏；

④ 配置：ARM9内核、400 MHz主频、64 MB内存、128 MB存储空间；

⑤ 软件：MCGS全功能组态软件，支持闪存盘（俗称U盘）备份恢复，功能更强大；

⑥ 环保：低功耗，整机功耗仅6 W，发展绿色工业，倡导能源节约；

⑦ 时尚：7 in（1 in=2.54 cm）宽屏显示、超轻、超薄机身设计，引领简约时尚；

⑧ 服务：立足中国，全方位、本土化服务，星级标准，用户至上。

（2）TPC7062K外观。TPC7062K正视图如图1-6所示，TPC7062K背视图如图1-7所示。

（3）TPC7062K供电接线。

 仅限DC 24 V！建议电源的输出功率为15W。

图1-6 正视图

图1-7 背视图

接线步骤:

① 将开关电源24 V+端线插入TPC电源插头接线1端中,如图1-8所示。

② 将开关电源24 V-端线插入TPC电源插头接线2端中。

③ 使用一字头旋具将TPC电源插头螺钉锁紧。

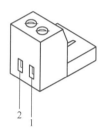

PIN	定义
1	+
2	−

图1-8 电源插头示意图及引脚定义

(4)TPC7062K外部接口。接口说明如图1-9所示,串口引脚定义如图1-10所示。

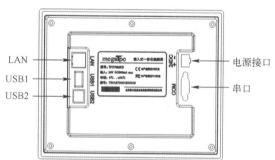

项目	TPC7062K
LAN(RJ-45)	以太网接口
串口(DB9)	1×RS-232, 1×RS-485
USB1	主口,可用于U盘、键盘
USB2	从口,可用于下载工程
电源接口	DC 24×(1±20%) V

图1-9 接口说明

接口	PIN	引脚定义
COM1	2	RS-232 RXD
	3	RS-232 TXD
	5	GND
COM2	7	RS-485+
	8	RS-485-

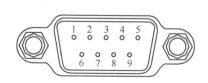

图1-10 串口引脚定义

(5)TPC7062K启动。使用24 V直流电源给TPC供电,开机启动后屏幕出现"正在启动"提示进度条,此时不需任何操作自动进入工程运行界面,如图1-11所示。

图1-11　TPC启动过程

4　TPC7062K与三款主流PLC通信接线

TPC7062K与三款主流PLC通信接线如图1-12～图1-14所示。

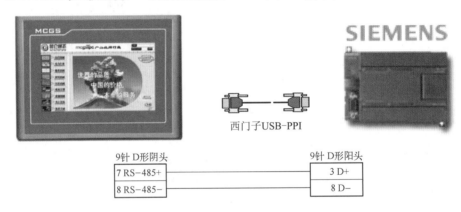

图1-12　TPC7062K与西门子S7-200系列PLC通信接线

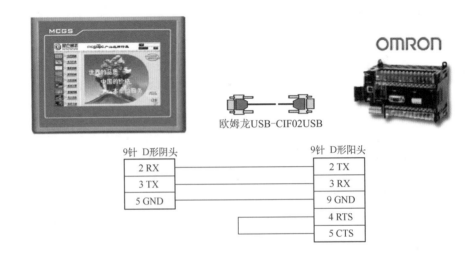

图1-13　TPC7062K与欧姆龙PLC通信接线

三菱SC09

9针 D形阴头		8针 Din圆形阳头
SG屏蔽		SG屏蔽
2 RX	2～5kΩ电阻器（推荐3.3kΩ）	4 TXD+
3 TX	2～5kΩ电阻器（推荐3.3kΩ）	1 RXD+
5 GND		2 RXD−
		7 TXD−

图1-14　TPC7062K与三菱FX系列PLC通信接线

评分表见表1-1。

表1-1　评　分　表

评分表 学年		工作形式 □个人 □小组分工 □小组		工作时间/min	
任务	训练内容	训练要求		学生自评	教师评分
认识嵌入式组态和触摸屏	嵌入式组态和触摸屏，20分	收集各类触摸屏功能及性能信息，并进行比较；了解嵌入式组态组成；了解 TPC 系列产品性能、外观与接线			
	通信连接，30分	观察动手制作 TPC 与 PC 通信线，并测试；观察动手制作 TPC 与 PLC 通信线，并测试			
	测试与功能，30分	TPC 与 PLC 通信是否正常			
	职业素养与安全意识，20分	工具、器材、导线等处理操作符合职业要求；遵守纪律，保持工位整洁			

学生：_____　教师：_____　日期：_____

任务二　MCGS嵌入版组态软件安装

🐰 任务目标

掌握MCGS嵌入版组态软件V6.8安装方法。

任务描述

学习嵌入式组态软件V6.8的安装方法和步骤。

任务训练

安装包
MCGS 嵌入版安装文件

在昆仑通态官网上下载MCGS_嵌入版完整安装包，解压缩后，具体安装步骤如下：

（1）运行Setup.exe文件，MCGS安装程序窗口如图1-15所示。

在安装程序窗口中单击"安装组态软件"按钮，弹出安装程序窗口。单击"下一步"按钮，启动安装程序，如图1-16所示。

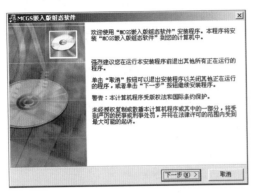

图1-15　MCGS安装程序窗口

图1-16　启动安装程序

按提示步骤操作，随后，安装程序将提示指定安装目录，如不指定时，系统默认安装到D:\MCGSE目录下，建议使用默认目录，如图1-17所示，系统安装大约需要几分钟。

（2）MCGS嵌入版主程序安装完成后，继续安装设备驱动，单击"是"按钮如图1-18所示。

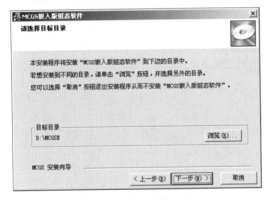

图1-17　指定安装目录

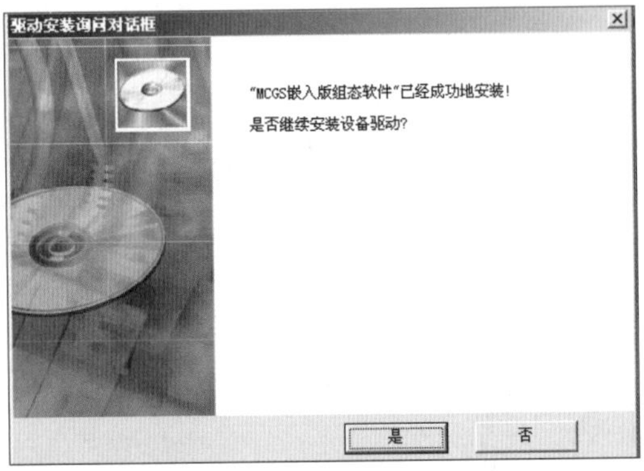

图1-18　选择安装设备驱动

（3）单击"下一步"按钮，进入驱动安装程序，选择"所有驱动"复选框，单击"下一步"按钮进行安装，如图1-19所示。

（4）选择好后，按提示操作，MCGS驱动程序安装过程大约需要几分钟。

（5）安装过程完成后，将弹出对话框提示安装完成，是否重新启动计算机，选择重启后，完成安装。

（6）安装完成后，Windows操作系统的桌面上添加了如图1-20所示的两个快捷方式图标，分别用于启动MCGS嵌入式组态环境和模拟运行环境。

图1-19　驱动安装程序

图1-20　组态环境和模拟运行环境快捷方式图标

评分表见表1-2。

表1-2 评 分 表

评 分 表 _____学年		工作形式 □个人 □小组分工 □小组	工作时间/min	
任务	训练内容	训练要求	学生自评	教师评分
MCGS嵌入版组态软件安装	嵌入版组态软件安装,40分	找到企业网站,下载最新MCGS嵌入式软件并安装;找到工业自动化软件BBS网站,参与讨论		
	测试与功能,40分	软件是否正常运行、使用		
	职业素养与安全意识,20分	工具、器材等处理操作符合职业要求;遵守纪律,保持工位整洁		

学生:_____ 教师:_____ 日期:_____

任务三 建立工程与下载工程

任务目标

初步了解工程建立、组态、下载与模拟运行。

任务描述

触摸屏是新一代高科技人机界面产品,适用于现场控制,可靠性高,编程简单,使用、维护方便。在工艺参数较多又需要人机交互时使用触摸屏,可使整个生产的自动化控制的功能得到大大地加强。本任务学习嵌入式组态软件工程建立、组态、模拟运行和下载到触摸屏的一般过程。

文本
教程资源

任务训练

1 新建工程

双击组态环境快捷方式图标,打开嵌入版组态软件,然后按如下步骤建立工程:

(1)选择"文件"菜单中"新建工程"命令,弹出"新建工程设置"对话框,如图1-21所示,TPC类型选择为"TPC7062K",单击"确定"按钮。

(2)选择"文件"菜单中的"工程另存为"命令,弹出"文件保存"对话框,在文件名一栏内输入"常用构件使用",单击"保存"按钮,工程创建完毕。

2 窗口组态

(1)在工作台中激活用户窗口,单击"新建窗口"按钮,建立新画面"窗口0",如图1-22所示。

图1-21 选择TPC类型

(2)单击"窗口属性"按钮,弹出"用户窗口属性设置"对话框,在"基本属性"选项卡,将"窗口名称"修改为"常用构件使用",单击"确认"按钮进行保存,如图1-23所示。

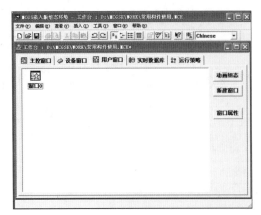

图1-22　建立新窗口

图1-23　窗口属性设置

（3）双击用户窗口，在窗口编辑位置按住鼠标左键拖放出一定大小后，松开鼠标左键，这样一个按钮构件就绘制在窗口中，如图1-24所示。

接下来双击该按钮，弹出"标准按钮构件属性设置"对话框，在"基本属性"选项卡中的"文本"文本框中输入"指示灯1"，单击"确认"按钮保存，如图1-25所示。

图1-24　按钮制作

图1-25　标准按钮构件属性设置

按照同样的操作分别绘制另外一个按钮，将"文本"修改为"指示灯2"，完成后如图1-26所示。

按住键盘的【Ctrl】键，然后单击，同时选中两个按钮，使用工具栏中的等高宽、左（右）对齐和纵向等间距对两个按钮进行排列对齐，如图1-27所示。

（4）单击工具箱中的"插入元件"按钮，弹出"对象元件库管理"对话框，选中图形对象库指示灯中的一款，单击"确认"按钮添加到窗口画面中，并调整到合适大小，同样的方法再添加两个指示灯，摆放在窗口中按钮旁边的位置，如图1-28所示。

（5）单击选中工具箱中的"标签"按钮，在窗口按住鼠标左键，拖放出一定大小"标签"，如图1-29所示。然后双击该标签，弹出"标签动画组态属性设置"对话框，在"扩展属性"选项卡中的"文本内容输入"文本框中输入"状态显示1："，单击"确认"按钮，如图1-30所示。

图1-26 按钮文字修改

图1-27 按钮排列

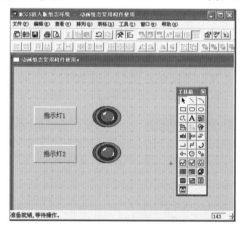

图1-28 添加指示灯

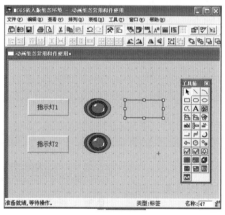

图1-29 制作标签

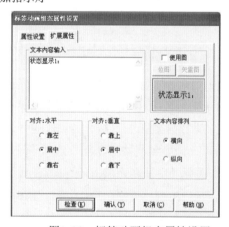

图1-30 标签动画组态属性设置

同样的方法，添加另一个标签，"文本内容输入"文本框中输入"状态显示2："，如图1-31所示。

（6）单击工具箱中的"输入框"按钮，在窗口按住鼠标左键，拖放出两个一定大小的"输入框"，分别摆放在"状态显示1："标签、"状态显示2："标签的旁边位置，如图1-32所示。

图1-31　制作输入框

图1-32　输入框排列

（7）建立数据链接：

① 按钮：双击"指示灯1"按钮，弹出"标准按钮构件属性设置"对话框，如图1-33所示，在"操作属性"选项卡中，默认"抬起功能"按钮为按下状态，选中"数据对象值操作"复选框，选择"清0"选项，建议变量名为"指示灯1"，即在取反控制按钮抬起时，对指示灯1进行清零，如图1-34所示。

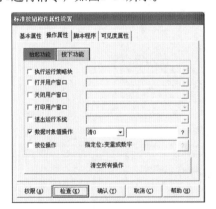

图1-33　"标准按钮构件属性设置"对话框

图1-34　控制按钮设置

输入指示灯1时会弹出图1-35所示对话框，单击"是"按钮，弹出"数据对象属性设置"对话框，对数据类型进行设置，如图1-36所示，单击"确认"按钮。

同样，切换到"按下功能"选项卡进行设置，选择"数据对象值操作"复选框，选择"置1"选项，变量名为"指示灯1"，如图1-37所示。

指示灯2按钮，"抬起功能"时"清0"；"按下功能"时"置1"，变量名为"指示灯2"。

② 指示灯：双击指示灯1按钮旁边的指示灯，弹出"单元属性设置"对话框，在"数据对象"选项卡中，单击 ? 按钮选择数据对象指示灯1，如图1-38所示。同样方法设置"指示灯2"。

③ 输入框：双击"状态显示1："标签旁边的输入框，弹出"输入框构件属性设置"对话框，在"操作属性"选项卡中，单击 ? 按钮弹出"变量选择"对话框，选择"指示灯1"选项，如图1-39所示，设置完成后单击"确认"按钮。

图1-35　组态错误对话框

图1-36　数据对象属性设置

图1-37　按下功能设置

按同样的方法，双击"状态显示2："标签旁边的输入框进行设置，在"操作属性"选项卡中，选择对应的数据对象：通道类型选择"指示灯2"，组态完成后，保存。

图1-38　选择数据对象指示灯

图1-39　指示灯1属性操作

3　工程下载到TPC7062K

（1）方案一：USB下载。将标准USB2.0打印机线，如图1-40所示，扁平接口插到计算机的USB接口，微型接口插到TPC端的USB2.0接口，连接TPC7062K和PC。

单击工具条中的下载 按钮，进行下载配置。单击"联机运行"按钮，如图1-41所示，选择"USB通信"连接方式，然后单击"通信测试"按钮，通信测试正常后，单击"工程下载"按钮，如图1-42所示。

（2）方案二：网线下载。用网口下载时，先查看触摸屏IP地址，当触摸屏上出现滚动进度条以后，单击滚动

图1-40　标准USB2.0打印机线

条，在启动属性查看IP地址，例如IP200.200.200.26，则设置计算机本地连接的IP地址为IP200.200.200.126，二者在同一网段，即IP前三段数字必须相同。或修改触摸屏地址，则进入触摸屏操作系统Windows CE，单击Windows的"开始"菜单，选择"设置"命令，运行"网络拨号与连接"，修改IP地址。

单击工具条中的下载 按钮，进行下载配置。单击"联机运行"按钮，连接方式选择"TCP/IP网络通信"，设置触摸屏IP与计算机IP在同一网段内，单击"通信测试"按钮，通

信测试正常后，单击"工程下载"按钮。

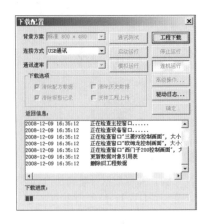

图1-41 选择"联机运行"和"通信测试"   图1-42 工程下载

4 TPC模拟运行

组态程序下载到"mcgsTpc嵌入式一体化触摸屏"后就可以进行模拟运行。触摸"指示灯1"按钮，如图1-43所示；触摸"指示灯2"按钮，如图1-44所示。

图1-43 触摸"指示灯1"按钮   图1-44 触摸"指示灯2"按钮

5 计算机上模拟运行

除了下载到TPC进行模拟调试外，可以在计算机上进行模拟运行。选择"模拟运行"，单击"工程下载"按钮后进入运行环境。按下"指示灯1"按钮，如图1-45所示，"指示灯1"变绿，"状态显示1："为"1"，松手后复位；按下"指示灯2"按钮，如图1-46所示，"指示灯2"变绿，"状态显示2："为"1"。

图1-45 按下"指示灯1"按钮   图1-46 按下"指示灯2"按钮

功能测试表如表1-3所示，评分表如表1-4所示。

表1-3　功能测试表

观察项目 结果 操作步骤	指示灯 1	指示灯 2	状态显示1	状态显示2
按下"指示灯1"按钮				
松开"指示灯1"按钮				
按下"指示灯2"按钮				

表1-4　评 分 表

评 分 表 学年		工作形式 □个人　□小组分工　□小组		工作时间/min	
任务	训练内容及配分	训练 要 求		学生 自评	教师 评分
建立工程和下载工程	工作步骤及电路图样，20分	训练步骤；需要的元器件			
	通信连接，20分	TPC与PC通信；网口下载、USB下载			
	工程组态，20分	设备组态；窗口组态			
	功能测试，30分	按钮功能；指示灯功能；显示框功能			
	职业素养与安全意识，10分	现场安全保护；工具、器材、导线等处理操作符合职业要求；遵守纪律，保持工位整洁			

学生：_____　教师：_____　日期：_____

练习与提高

1. 阐述嵌入式组态、触摸屏之间的关系。

2. 是否可以采用U盘下载组态过程？过程步骤如何？

3. 在淘宝网站查找任务一中主流PLC与触摸屏连接线型号、性能和价格。

4. 分析计算机、平板电脑、触摸屏、PLC之间连接的异同。

5. 什么是用户应用系统、组态环境与运行环境？组态环境是开发工具吗？

6. MCGS触摸屏安装何种操作系统？主要自带何种应用软件？从www.mcgs.com.cn网站下载最新软件包并安装，在www.gongkong.com注册,进入BBS讨论工控软件技术。

7. 组态变量怎样建立对应数据关系？

8. 了解RS-232、RS-485接口性能功能和TCP/IP协议。

9. 比较触摸屏中的组态工程和手机中的APP的区别。

项目二

➡ "触摸屏+PLC" 监控工程

以触摸屏为上位机，PLC为下位机，建立最普遍的串口通信，能初步完成触摸屏组态，PLC编程，以及上位机和下位机的联机调试。使触摸屏与PLC组成的基本工控系统，不仅能使运营维护人员能够直观地在触摸屏上看到各设备的工作状态，实现设备参数设置、运行控制、运行状态监控、故障报警等功能，同时结合工业现场电气设备，该系统成为一个实时监视、协调及控制的集成系统，实现了现场设备的实时监视、数据存盘、现场控制和报警功能。

二十大报告
知识拓展2

任务一 "触摸屏+西门子PLC" 监控工程

🐰 任务目标

(1) 了解西门子PLC编程口通信参数及与触摸屏建立通信的方法；

(2) 掌握设备组态、窗口组态、模拟调试、联机调试和建立简单工控工程的方法；

(3) 能设计触摸屏操控西门子PLC输出点及读写数据寄存器。

🐜 任务描述

建立"TPC通信控制"工程，构建Q0.0、Q0.1、Q0.2 三个按钮，分别控制PLC输出端Q0.0、Q0.1、Q0.2；构建三个指示灯，显示输出端状态，构建输入框，读写PLC的VW0和VW2数据。系统由TPC7062K、S7-200系列PLC、通信线、24 V开关电源等组成。

🐝 任务训练

1 建立工程

双击组态环境快捷方式图标，选择"文件"菜单中"新建工程"命令，弹出"新建工程设置"对话框，选择 "TPC7062K"后，选择"文件"菜单中"工程另存为"命令，在弹出对话框的文件名栏内输入"TPC通信控制工程"，单击"保存"按钮。

2 设备组态

(1) 在工作台中激活设备窗口，双击🔧按钮进入设备组态界面，单击工具条中的🔧按钮，弹出"设备工具箱"对话框，如图2-1所示。

（2）在"设备工具箱"对话框中，先后双击"通用串口父设备"和"西门子_S7200PPI"选项，将其添加至组态界面窗口，如图2-2所示。提示"是否使用'西门子_S7200PPI'驱动的默认通信参数设置串口父设备参数？"，单击"是"按钮，如图2-3所示。

图2-1　设备窗口

图2-2　组态界面窗口

图2-3　默认通信参数设置串口父设备

查看通用串口父设备基本属性是 串口端口号为0；通信波特率为9600；数据位位数为8；停止位位数为1；数据校验方式为偶校验。此基本属性应与PLC通信参数设置一致，否则通信失败。

3　用户窗口组态

（1）在工作台中激活用户窗口，单击"新建窗口"按钮，建立新画面"窗口0"，如图2-4所示。

（2）单击"窗口属性"按钮，弹出"用户窗口属性设置"对话框，在"窗口名称"文本框内输入"西门子200控制画面"，如图2-5所示。

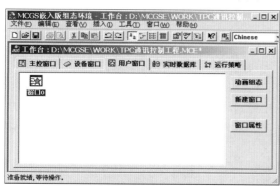

图2-4　建立新画面"窗口0"

图2-5　修改窗口名称

（3）双击"西门子200控制画面"窗口，进入组态界面。

（4）组态基本构件：

① 按钮：单击工具箱中"标准按钮"按钮，在窗口界面中绘制按钮构件。双击该按钮，弹出"标准按钮构件属性设置"对话框，切换到"基本属性"选项卡并将"文本"文本框内容修改为Q0.0，单击"确认"按钮保存。按照同样的操作步骤分别绘制另外两个按钮，"文本"文本框内容分别修改为Q0.1和Q0.2，完成后效果如图2-6所示。

使用工具栏中的等高宽、左（右）对齐和纵向等间距将三个按钮进行排列对齐，如图2-7所示。

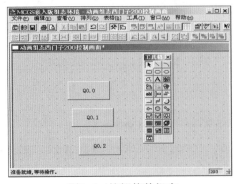

图2-6　按钮构件组态

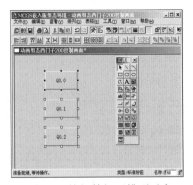

图2-7　按钮等间距排列对齐

②指示灯：单击工具箱中的"插入元件"按钮，弹出"对象元件库管理"对话框，选中图形对象库指示灯，单击确认添加到窗口界面中，并调整到合适大小。按照同样的操作步骤再添加两个指示灯，摆放在按钮旁边，如图2-8所示。

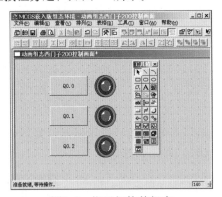

图2-8　指示灯构件组态

③标签：单击工具箱中的"标签"按钮，在窗口界面按住鼠标左键，拖放出一定大小的"标签"，如图2-9所示。双击该标签，弹出"标签动画组态属性设置"对话框，在"扩展属性"选项卡中的"文本内容输入"文本框中输入VW0，单击"确认"按钮，如图2-10所示。按照同样的操作步骤，添加另一个标签，"文本内容输入"文本框中输入VW2，两个标签构件组态效果，如图2-11所示。

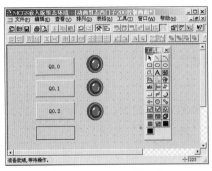

图2-9　标签构件组态

图2-10　标签文本内容输入

④ 输入框：单击工具箱中的"输入框"按钮，在窗口界面中按住鼠标左键，拖放出两个一定大小的"输入框"，分别摆放在VW0、VW2标签的旁边位置，如图2-12所示。

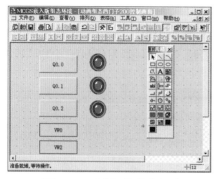
图2-11 两个标签构件组态效果

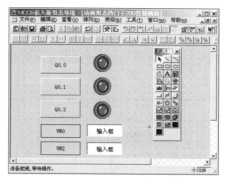
图2-12 输入框构件组态效果

4 建立数据链接

（1）按钮：双击Q0.0按钮，弹出"标准按钮构件属性设置"对话框，如图2-13所示，切换到"操作属性"选项卡中，默认"抬起功能"按钮为按下状态，选中"数据对象值操作"复选框，选择"清0"选项，单击 ? 按钮弹出"变量选择"对话框，选择"根据采集信息生成"单选按钮，通道类型为"Q寄存器"，通道地址为"0"，数据类型为"通道第00位"，读写类型为"读写"，如图2-14所示，设置完成后单击"确认"按钮。

图2-13 "抬起功能"设置

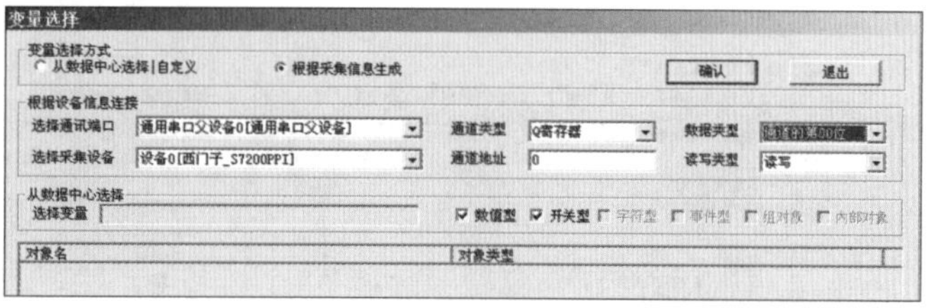

图2-14 根据采集信息生成选择变量

即在Q0.0按钮抬起时，对西门子200的Q0.0"数据对象值操作"选择"清0"，如图2-15所示。

单击"按下功能"按钮，进行设置，选中"数据对象值操作"复选框，选择"置1"选项，设置为"设备0_读写Q000_0"，如图2-16所示。同样的方法，分别对Q0.1和Q0.2的按钮进行设置。

Q0.1按钮："抬起功能"时"清0"；"按下功能"时"置1"→变量选择→Q寄存器，通道地址为0，数据类型为通道第01位。

图2-15 按钮变量选择

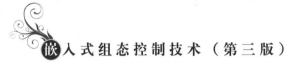

Q0.2按钮："抬起功能"时"清0"；"按下功能"时"置1"→变量选择→Q寄存器，通道地址为0，数据类型为通道第02位。

（2）指示灯：双击Q0.0旁边的指示灯，弹出"单元属性设置"对话框，切换到"数据对象"选项卡中，单击⬚按钮选择数据对象"设备0_读写Q000_0"，如图2-17所示。同样的方法，将Q0.1按钮和Q0.2按钮旁边的指示灯分别连接变量"设备0_读写Q000_1"和"设备0_读写Q000_2"。

图2-16 "按下功能"设置　　　　图2-17 单元属性设置

（3）输入框：双击VW0标签旁边的输入框，弹出"输入框构件属性设置"对话框，在"操作属性"选项卡中，单击⬚按钮弹出"变量选择"对话框，选择"根据采集信息生成"单选按钮，通道类型为"V寄存器"；通道地址为"0"；数据类型为"16位 无符号二进制"；读写类型为"读写"，如图2-18所示，设置完成后单击"确认"按钮。

图2-18 输入框构件属性设置

同样的方法，双击VW2标签旁边的输入框进行设置，在"操作属性"选项卡中，选择对应的数据对象：通道类型选择为"V寄存器"；通道地址为"2"；数据类型为"16位 无符号二进制"；读写类型为"读写"。

5 调试与评价

（1）PC模拟运行。单击工具条中的下载⬚按钮，进行下载配置。单击"模拟运行"按钮后，再单击"工程下载"按钮，进入模拟运行画面。在模拟运行画面中按下按钮Q0.0后，指示灯变绿，如图2-19所示。单击输入框后弹出可用键盘输入数字对话框，如图2-20所示。

图2-19 按下按钮Q0.0

图2-20 单击输入框后的效果

（2）TPC联机运行：

① USB线下载。单击工具条中的下载 按钮，进行下载配置。单击"联机运行"按钮，连接方式选择"USB通信"选项，如图2-21所示，然后单击"通信测试"按钮，通信测试正常后，单击"工程下载"按钮，如图2-22所示。

代码

触摸屏组态
软件设计

图2-21 USB线下载配置

图2-22 工程下载

② 网口下载。用网口下载时，TPC的IP地址（目标机名200.200.200.111）和计算机的IP地址（200.200.200.56）必须在同一网段，也就是IP地址的前三段必须相同。TPC的 IP地址设置方法为：当TPC上电出现滚动进度条以后，单击滚动条，在启动属性查看IP地址。

单击工具条中的下载 按钮，进行下载配置。单击"联机运行"按钮，连接方式选择"TCP/IP网络"选项，如图2-23所示，单击"通信测试"按钮，通信测试正常后，单击"工程下载"按钮。

用通信线连接TPC7062K串口与西门子S7-200系列PLC编程口，当触摸TPC的按钮PLC的Q寄存器Q0.0、Q0.1、Q0.2的指示灯会随着按钮的操作而变化，如图2-24～图2-27所示。V寄存器可以进行数据的读写。

图2-23 TCP/IP网络下载配置

图2-24　触摸按钮1

图2-25　触摸按钮2

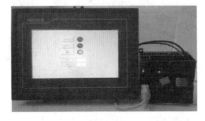

图2-26　触摸按钮3

图2-27　单击输入框后的效果

将调试结果填入功能测试表2-1中，根据评分表2-2对任务完成情况做出评价。

表2-1　功能测试表

观察项目 结果 操作步骤	Q0.0		Q0.1		Q0.2		VW0		VW2	
	屏指示灯	PLC	屏指示灯	PLC	屏指示灯	PLC	输入框	PLC	输入框	PLC
输入框读写功能测试										
Q0.0按钮功能测试										
Q0.1按钮功能测试										
Q0.2按钮功能测试										

表2-2　评分表

评分表 学年		工作形式 □个人　□小组分工　□小组		工作时间/min	
任务	训练内容及配分	训练要求		学生自评	教师评分
"触摸屏+西门子PLC"工控工程"	工作步骤及电路图样，20分	训练步骤；PLC和触摸屏型号选择			
	通信连接，20分	TPC与PC通信；TPC与PLC通信；网口下载、USB下载			
	工程组态，20分	设备组态；窗口组态			
	功能测试，30分	按钮功能；指示灯功能；输入框功能			
	职业素养与安全意识，10分	现场安全保护；工具、器材、导线等处理操作符合职业要求；分工合作，配合紧密；遵守纪律，保持工位整洁			

学生：_____　教师：_____　日期：_____

练习与提高

1. 联机运行时，如何读写PLC存储器数据？如何观察PLC数据变化？
2. 利用网络口将组态工程下载到触摸屏中的要点是什么？
3. PLC和触摸屏无法进行通信时，如何查找故障点？
4. 串口父设备的功能是什么？PLC怎样和触摸屏建立通信？
5. 如何查看PLC的通信参数设置？如何设置串口父设备通信参数？
6. 查阅西门子S7-200系列PLC编程口协议。
7. 设备组态、用户窗口组态的目的各是什么？
8. 为什么要进行变量链接？又如何进行变量链接？
9. 试用其他品牌PLC完成该任务。
10. 三台电动机M1、M2、M3顺序控制：按下SB1后，M1启动；延时5 s后，按下SB2，M2启动；延时8 s后，按下SB3，M3启动；按下SB4后全部停止。请用按钮、指示灯、电动机、输入框、标签等组态控制画面。

任务二 "触摸屏+欧姆龙PLC"监控工程

任务目标

（1）了解欧姆龙PLC编程口通信参数及与触摸屏建立通信的方法；

（2）掌握设备组态、窗口组态、模拟调试、联机调试和建立简单工控工程的方法；

（3）能设计触摸屏操控欧姆龙PLC输出点及读写数据寄存器。

任务描述

按下SB1，IR10.00接通，延时3 s后，IR10.01接通；IR10.01接通后，按下SB2三次后，IR10.02接通，按下SB3后全部停止。指示灯显示IR10.00、IR10.01、IR10.02状态，输入框设置延时时间和SB2按下次数。

任务训练

 建立工程

建立"触摸屏+欧姆龙PLC控制"工程。

 设备组态

（1）在工作台中激活设备窗口，打开"设备工具箱"。

（2）在设备工具箱中，先后双击"通用串口父设备"和"扩展OmronHostLink"选项，将其添加至组态界面窗口，默认扩展OmronHostLink通信参数设置父设备后，返回工作台。

 用户窗口组态

（1）在工作台中激活用户窗口，单击"新建窗口"按钮，建立 "窗口0"。

（2）单击"窗口属性"按钮，弹出"用户窗口属性设置"对话框，在"窗口名称"文本框内输入"欧姆龙控制画面"。

（3）双击"欧姆龙控制画面"窗口，打开"工具箱"。

（4）组态基本构件：

① 按钮：单击工具箱中选中"标准按钮"按钮，拖放按钮构件到窗口界面中。双击该按钮，弹出"标准按钮构件属性设置"对话框，切换到"基本属性"选项卡并将"文本"文本框内容修改为SB1，单击"确认"按钮保存；按照同样的操作步骤分别绘制另外两个按钮，"文本"文本框内容分别修改为SB2和SB3，同时将三个按钮排列对齐，如图2-28所示。

② 指示灯：单击工具箱中的"插入元件"按钮，弹出"对象元件库管理"对话框，选中图形对象库指示灯，单击"确认"按钮添加到窗口界面中。按照同样的操作步骤再添加两个指示灯，摆放在按钮旁边，如图2-29所示。

③ 标签：添加六个标签，如图2-29所示。

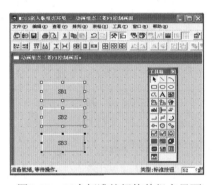

图2-28　三个标准按钮构件组态界面

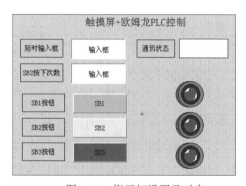

图2-29　指示灯设置及对齐

4　建立数据链接

TPC与PLC变量对应关系见表2-3，根据变量对应关系进行数据链接。

表2-3　TPC与PLC变量对应关系

TPC变量	SB1	SB2	SB3	指示灯（上）	指示灯（中）	指示灯（下）	延时	计数
PLC变量	IR200.1	IR200.2	IR200.3	IR10.00	IR10.01	IR10.02	DM00	DM01

（1）按钮：双击SB1按钮，弹出"标准按钮构件属性设置"对话框，切换到"操作属性"选项卡，单击"按下功能"按钮，进行设置，选中"数据对象值操作"复选框，选择"置1"，如图2-30所示。单击 按钮弹出"变量选择"对话框，选择"根据采集信息生成"单选按钮，通道类型为"IR/SR区"，通道地址为"200"，数据类型为"通道第01位"，读写类型为"读写"。如图2-31所示，设置完成后单击"确认"按钮。

即在SB1按钮按下时，对欧姆龙的IR0200.1地址"置

图2-30　"按下功能"设置

1"。同样的方法，单击"抬起功能"按钮，对欧姆龙的IR0200.1"数据对象值操作"选择"清0"，如图2-32所示。

同样的方法，分别对SB2和SB3的按钮进行设置。

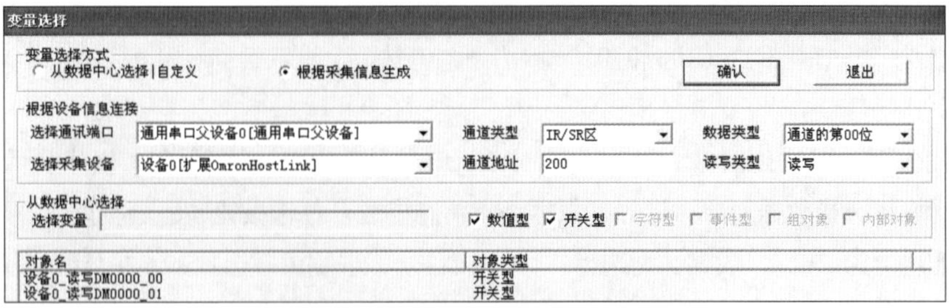

图2-31 根据采集信息生成选择变量

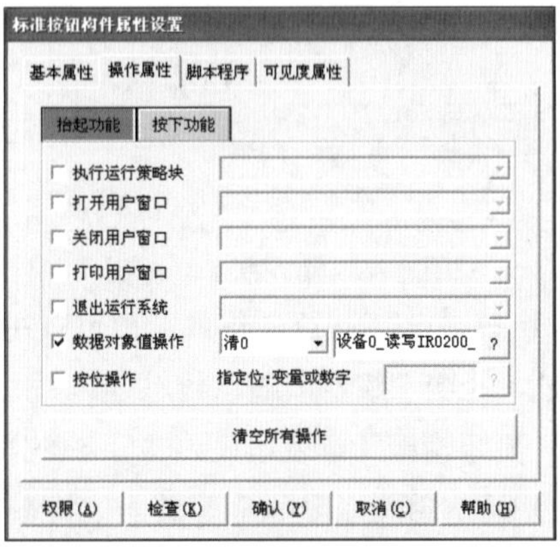

图2-32 按钮变量选择

SB2按钮："按下功能"时"按1松0"→变量选择→IR/SR区辅助寄存器，通道地址为200，通道的第02位，如图2-33所示。

SB3按钮："按下功能"时"按1松0"→变量选择→IR/SR区辅助寄存器，通道地址为200，通道的第03位，如图2-34所示。

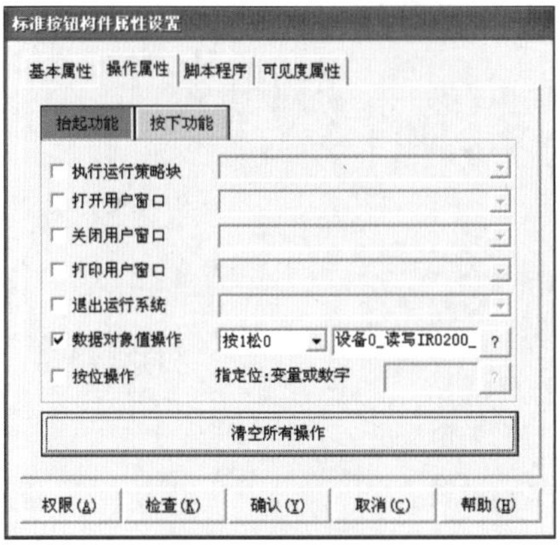

图2-33 按下功能操作　　　　　　　图2-34 通道地址操作

（2）指示灯：双击SB1按钮旁边的指示灯构件，弹出"单元属性设置"对话框，切换到"数据对象"选项卡，单击"可见度"选项，单击  按钮选择数据对象"设备0_读写IR0010_00"，如图2-35 所示。

图2-35　选择数据对象

同样的方法，将SB2按钮和SB3按钮旁边的指示灯分别连接变量为"设备0_读写IR0010_01"和"设备0_读写IR0010_02"。

（3）输入框：双击延时输入框，弹出"单元属性设置"对话框，在"操作属性"选项卡中，单击 按钮选择数据对象，选择"根据采集信息生成"单选按钮，通道类型选择"DM区"选项，通道地址为"0"，数据类型选择"16位 无符号二进制数"选项，读写类型选择"读写"选项，如图2-36所示，设置完成后单击"确认"按钮。按同样方法设置另一个计数输入框。

图2-36　输入框属性设备

（4）通信状态：为了测试TPC与PLC是否通信成功，可以在设备窗口中针对通道名称为"通信状态"进行连接，新建一个变"设备0_通信状态"，如图2-37所示。并设置一个通信状态的显示标签，标签进行"显示输出"，表达式为"设备0-通信状态"，输出值类型选择"数值量输出"单选按钮，如图2-38所示。测试时，若通信状态为"0"，则通信正常，其他值均为不正常。须检查通信设置及线路连接。

图2-37　通信状态设置与连接

图2-38　通信状态显示设置

5　调试与评价

（1）将TPC与计算机连接，下载本工程到TPC。

（2）编写程序并下载到PLC，如图2-39所示。

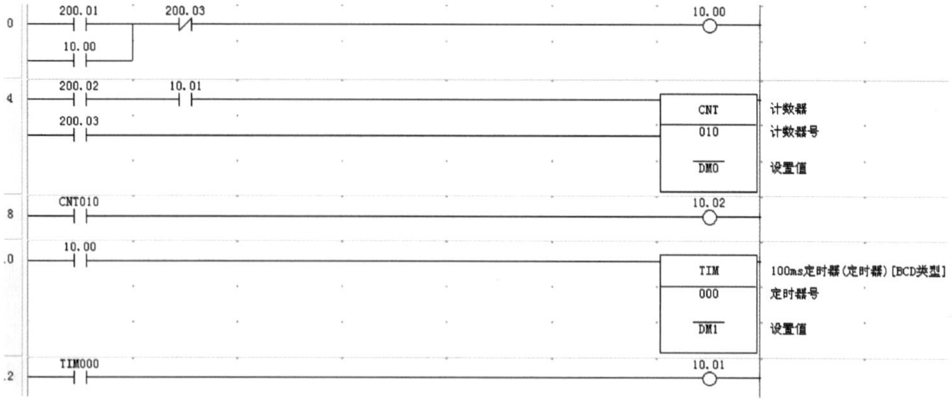

图2-39 PLC程序

（3）联机调试。TPC加电后，在初始状态时，输入定时值，并且按照表2-4所示功能测试表。按下SB1，等待3 s，然后再按下SB2三次，最后再按下SB3。

TPC加电后，在初始状态时，按照表2-4所示完成功能测试。根据表2-5对任务完成情况做出评价。

表2-4 功能测试表

观察项目 结果 操作步骤	IR10.00		IR10.01		IR10.02		DM0	DM1
	TPC	PLC	TPC	PLC	TPC	PLC	TPC	TPC
初始状态								
按下SB1								
等待3 s后								
按下SB2三次								
按下SB3								

表2-5 评 分 表

评 分 表 ———————学年		工作形式 □个人 □小组分工 □小组	工作时间/min	
任务	训练内容及配分	训练要求	学生 自评	教师 评分
"触摸屏+欧姆龙PLC"工控工程	工作步骤及电路图样，20分	训练步骤；触摸屏和PLC型号选择；PLC程序清单		
	通信连接，20分	TPC与PC通信；TPC与PLC通信；网口下载、USB下载		
	工程组态，20分	设备组态；窗口组态		
	功能测试，30分	按钮功能；指示灯功能；输入框功能		
	职业素养与安全意识，10分	现场安全保护；工具、器材、导线等处理操作符合职业要求；分工合作，配合紧密，遵守纪律，保持工位整洁		

学生：_____ 教师：_____ 日期：_____

练习与提高

1. 按钮SB1、SB2、SB3各自功能一样吗？为什么？
2. 如何通过TPC输入框读写PLC内部定时时间和计数次数？
3. 如把标签文字放在按钮上显示，如何修改？
4. 试设计用触摸屏监控电动机正反转。
5. 试给指示灯增加标签。
6. 如不用PLC中间继电器，如何完成该任务控制？
7. 试用三菱、西门子PLC完成该任务。

任务三 "触摸屏+三菱PLC FX系列"编程口监控

🐾 任务目标

（1）了解三菱PLC编程口通信参数及编程口与触摸屏RS-232接口连接方法；

（2）掌握设备组态、窗口组态、模拟调试和联机调试方法；

（3）能通过触摸屏操控三菱PLC输出点及读写内部数据器。

🐜 任务描述

三台电动机M1、M2、M3顺序控制。按下SB1，M1启动，延时5 s后M2启动，M2启动后按SB2三次后，M3启动；按下SB3后全部停止。系统由TPC7062K、FX2N、通信线、24 V开关电源等组成。

🐓 任务训练

视觉美观：界面设计的颜色搭配，工业设计感，如能详细描述配色的准则更好；操作友好：是否能够适应使用人员的操作习惯，布局清晰易用；功能完善：是否充分利用了各种标准的功能，能否对其他入门者起到指导作用；标准化：标准化、模块化。

1 建立工程

建立"三菱FX控制电动机顺序启动"工程。

2 设备组态

（1）在工作台中激活设备窗口，进入设备组态界面，打开"设备工具箱"。

（2）在设备工具箱中，先后双击"通用串口父设备"和"三菱_FX系列编程口"选项，将其添加至组态界面。提示"是否使用'三菱FX系列'编程口默认通信参数设置串口父设备"，单击"是"按钮后关闭设备窗口，如图2-40所示。

3 用户窗口组态

（1）在工作台中激活用户窗口，单击"新建窗口"按钮，将"窗口名称"修改为"三菱

FX控制"后保存。

（2）在用户窗口进入"三菱FX控制"动画组态，打开"工具箱"，组态设计界面如图2-41所示。

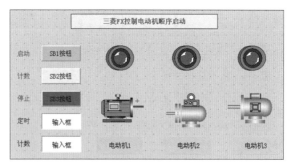

代码

触摸屏+三菱编程口通信组态软件设计

图2-40　三菱FX系列编程口通信参数设置　　　图2-41　组态设计界面

（3）定时输入框可随意输入延时时间，计数输入框可随意输入计数次数。

4　建立数据链接

TPC与PLC变量对应关系见表2-6，根据变量对应关系进行数据链接。

表2-6　TPC与PLC变量对应关系

TPC变量	SB1按钮	SB2按钮	SB3按钮	定时输入框	计数输入框	指示灯1电动机1	指示灯2电动机2	指示灯3电动机3
PLC变量	M1	M2	M3	D0	D1	Y1	Y2	Y3

（1）按钮：双击SB1按钮，弹出"标准按钮构件属性设置"对话框切换到"操作属性"选项卡，选中"数据对象值操作"复选框，选择"按1松0"，如图2-42所示，单击按钮，弹出"变量选择"对话框，选择"根据采集信息生成"单选按钮，通道类型选择："M辅助寄存器"，通道地址为"1"，然后单击"确认"按钮，如图2-43所示。SB2、SB3按钮参照此法进行设置，对应的通道地址分别为"2"和"3"。

图2-42　设置SB1按钮属性　　　　　图2-43　SB1按钮通道连接

（2）指示灯：双击M1电动机上的指示灯，弹出"单元属性设置"对话框，切换到"数据对象"选项卡，单击"@开关量"选项，如图2-44所示。单击按钮进行变量选择，选择

"根据采集信息生成"单选按钮，通道类型选择"Y输出寄存器"，地址为"1"。然后单击"确认"按钮，如图2-45所示。指示灯2、指示灯3参照此法进行设置，对应的通道地址分别为"2"和"3"。

图2-44　指示灯属性设置　　　　　　　　　图2-45　指示灯通道连接

（3）标签：单击工具箱中的"标签"按钮，绘出九个"标签"，如图2-41所示。双击该标签，弹出"标签动画组态属性设置"对话框，在"扩展属性"选项卡中"文本内容输入"文本框中分别输入"启动""计数""停止""延时""计数""电动机1""电动机2""电动机3"，其中可以设置文字颜色，分别双击修改属性设置里面的"填充颜色"和"字符颜色"。

（4）输入框：单击工具箱中的"输入框"按钮，在窗口界面中按住鼠标左键，拖放出两个一定大小的"输入框"，分别摆放在标签的旁边。双击"输入框"，切换到"操作属性"选项卡，如图2-46所示。单击 ? 按钮弹出"变量选择"对话框，选择"根据采集信息生成"单选按

钮，通道类型为"D数据寄存器"，数据类型为"16位 无符号二进制"，通道地址为"0"。然后单击"确认"按钮，如图2-47所示。输入框2参照此法设置，对应的D数据寄存器通道地址为"1"。

图2-46　输入框属性设置　　　　　　　　　图2-47　输入框通道连接

（5）电动机：分别双击三台电动机，弹出"单元属性设置"对话框，切换到"数据对象"选项卡，单击"填充颜色"选项，单击 ? 按钮弹出"变量选择"对话框，选择"根据采集信息生成"单选按钮，通道类型为"Y输出寄存器"，地址分别为"1""2""3"，然后单击"确认"按钮。

5　调试与评价

（1）模拟运行完成后下载本工程到TPC；

（2）编写PLC程序，并写入PLC；

（3）用SC-09通信线连接PLC编程口和TPC的RS-232接口；

（4）联机操作，填写调试表。

TPC加电后，在初始状态时，在输入框输入D0数据为50（定时），D1数据为3（计数），并且按照表2-7所示完成操作测试功能，并完成表2-8评分表。

表2-7 功能测试表

观察项目 结果 操作步骤	电动机1		电动机2		电动机3		定时D0	计数D1
	指示灯	Y1	指示灯	Y2	指示灯	Y3	输入框	输入框
初始状态	0	0	0	0	0	0	50	3
按下SB1								
等待5s								
按下SB2 3次								
按下SB3								

表2-8 评 分 表

评 分 表 ____学年		工作形式 □个人 □小组分工 □小组		工作时间/min	
任务	训练内容及配分	训练要求		学生自评	教师评分
"触摸屏+三菱PLC FX系列"编程口监控	工作步骤及电路图样，20分	训练步骤；PLC程序清单			
	通信连接，20分	TPC与PC通信，网口、USB下载工程。TPC与PLC通信，编写及下载程序			
	工程组态，20分	设备组态；窗口组态参数连接			
	功能测试，30分	按钮功能；指示灯功能；输入框功能			
	职业素养与安全意识 10分	现场安全保护；操作符合职业要求；分工合作，配合紧密；遵守纪律，保持工位整洁			

学生：_____ 教师：_____ 日期：_____

练习与提高

1. 本任务中 SB1、SB2、SB3功能由触摸屏实现，许多设备操作需触摸屏和外部按钮控制相结合。

（1）如 SB1、SB2、SB3功能由PLC的X1、X2、X3端实现，该如何设计？外部按钮控制有何优点？

（2）如PLC X1、X2、X3和触摸屏 SB1、SB2、SB3一样可控制顺序启动停止，该如何设计？

（3）按钮SB1、SB2、SB3变量能否连接PLC输入端X1、X2、X3？

2. 如何观察PLC里D0、D1数据变化？ SB1、SB2、SB3的操作属性可设置不同吗？

3. 查看并记录"通用串口父设备"通信参数，在PLC编程软件中查看PLC通信参数。

4. 如要统计本任务启停工作次数，如何改进？如要统计启停一周期工作时间，如何改进？

5. 比较S7-200系列PLC和FX2N系列PLC通信参数，了解两种编程口通信协议。

6. 该任务中各标签的填充色、线色和字符色是如何设置的？试将标签文字直接显示在按钮上。

7. 查阅光盘资源，熟记各PLC编程口通信参数。

8. 当触摸屏与PLC通信不上时，如何检查？查看光盘资源，分析硬件和软件连接的要点。

9. 请设计Y-△启动监控工程。

10. 利用网口下载工程时要点是什么？网口下载有何优点？

11. 设计某通风机运转监控系统，如果三台通风机中有两台工作，信号灯就持续发亮；如果只有一台通风机工作，信号灯就以0.5 Hz频率闪光；如果没有通风机工作，信号灯停止运转。

12. 请设计一颗节日礼花弹引爆监控系统，礼花弹用电阻点火引爆器引爆。第1～12颗礼花弹，每颗引爆间隔为1 s，第13～18颗礼花弹，每颗引爆间隔为2 s。

13. 请设计四台电动机M1～M4循环工作监控系统，M1的循环动作周期为34 s，M1动作10 s后，M2、M3启动，M1动作15 s后，M4动作，M2、M3、M4的循环动作周期为34 s。

任务四　"触摸屏+三菱FX2N" RS-485串口监控

任务目标

(1) 掌握FX2N串口通信参数、协议及连接触摸屏串口的方法；

(2) 熟悉PC与PLC编程口进行编程、下载程序等操作；

(3) 掌握组态技巧、模拟调试和联机调试方法。

任务描述

现在有三台电动机M1、M2、M3，要求按下启动按钮SB1后，电动机按一定时间顺序启动（M1启动→M2启动→M3启动），按下停止按钮SB2后，电动机按一定时间顺序停止（M3停止→M2停止→M1停止），一个循环计数一次，并能对计数进行复位，试设计控制程序及触摸屏画面。本任务由FX2N、MCGS触摸屏、编程电缆和开关电源组成，通信参数为9600、7、1、偶校验。

任务训练

 建立工程

在用户窗口中建立"电动机顺序监控"工程。

2 设备组态

（1）三菱FX系列PLC串口通信协议。TPC与三菱FX系列PLC串口通信时，PLC通信模块采用标准三菱FX2N-485-BD通信模块和三菱 FX 串口专有协议，通信方式可一主一从和一主多从方式，驱动构件为主，PLC设备为从，串口子设备，须挂接在"通用串口父设备"下才能工作。

"通用串口父设备"的通信参数设置与PLC设置的参数应该相同，否则无法通信。PLC默认设置是RS-232 通信，要使用RS-485通信协议，必须使用三菱编程软件通过RS-232（即PLC编程口）设置D8120 寄存器。具体可参考"三菱FX系列编程口&串口驱动使用详解"相关资源。

文本

三菱 FX 系列编程口 & 串口驱动使用详解

（2）FX2N-485-BD通信模块。三菱FX系列PLC的FX-485-BD通信模块如图2-48所示。TPC与三菱FX2N-485-BD通信模块的接线方式如图2-49所示。

图2-48　FX2N-485-BD通信模块

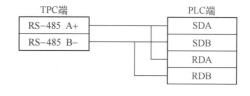

图2-49　TPC与FX2N-485-BD通信模块的接线方式

（3）PLC通信参数设置。用GX Developer编程软件设置PLC参数，PLC参数如图2-50所示，下载时，PLC参数和Main主程序一起下载到PLC。注意："通用串口父设备"的通信参数设置必须与PLC一致。

（4）D8120、D8121参数设置。三菱FX系列PLC在进行计算机链接（专用协议）和无协议通信（RS指令）时均需对通信格式（D8120）进行设定。其中包含有波特率、数据长度、奇偶校验、停止位和协议格式等。在修改了D8120的设置后，断电重启设置生效。PLC的特殊寄存器D8120参数设置如图2-51所示。

图2-50　PLC参数设置

D8120设置PLC通信参数为H4086（传送控制顺序格式1，专用协议，传输速率为9600 bit/s，数据长度7位，停止位1位，偶校验，RS-485连接。）；D8121设置PLC设备地址为1。具体设置请看光盘"三菱_FX系列编程口&串口驱动使用详解"内容。

图2-51 D8120参数设置

（5）设备组态。在工作台中激活设备窗口，进入设备组态界面，打开"设备工具箱"。在设备工具箱中，先后双击"通用串口父设备"和"三菱_FX系列串口"选项，将其添加至组态界面。"三菱_FX系列串口"子设备参数设置如下：

设备地址：PLC设备地址，默认为0，要与实际PLC设备地址相同。本任务PLC设备地址设置为1。

通信等待时间：通信数据接收等待时间，默认设置为200 ms，当采集速度要求较高或数据量较大时，设置值可适当减小或增大。

快速采集次数：对选择了快速采集的通道进行快采的频率。

协议格式：PLC通信协议的格式，分协议1和协议4两种，设置格式要与D8120中的设置相对应。

是否校验：PLC通信协议校验格式，不求校验和求校验两种，设置格式要与D8120中的设置相对应。

PLC类型：设置PLC的类型，默认为FX0N，需根据实际PLC类型进行设置，否则会影响采集速度，本次任务采用FX2N系列PLC。

"通用串口父设备"的设置如图2-52所示，"三菱_FX系列串口"的设置如图2-53所示：

设备属性名	设备属性值
[内部属性]	设置设备内部属性
采集优化	1-优化
设备名称	设备0
设备注释	三菱_FX系列串口
初始工作状态	1 - 启动
最小采集周期(ms)	100
设备地址	1
通讯等待时间	200
快速采集次数	0
协议格式	0 - 协议1
是否校验	0 - 不求校验
PLC类型	4 - FX2N

通用串口设备属性编辑

基本属性 | 电话连接

设备属性名	设备属性值
设备名称	通用串口父设备0
设备注释	通用串口父设备
初始工作状态	1 - 启动
最小采集周期(ms)	1000
串口端口号(1~255)	1 - COM2
通信波特率	6 - 9600
数据位位数	0 - 7位
停止位位数	0 - 1位
数据校验方式	2 - 偶校验

检查(K) 确认(Y) 取消(C) 帮助(H)

图2-52 "通用串口父设备"的设置　　　图2-53 "三菱_FX系列串口"

3 用户窗口组态

用户窗口组态设计效果如图2-54所示。

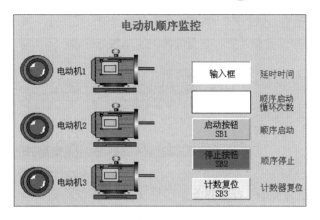

图2-54　用户窗口组态设计效果

代码

触摸屏+三菱 PLC 串口监控组态软件设计

4 建立数据链接

TPC与PLC变量对应关系见表2-9所示，完成变量链接。

表2-9　TPC与PLC变量对应关系

TPC变量	SB1 启动	SB2 停止	SB3 计数复位	延时时间 输入框	循环计数 显示框	指示灯 电动机1	指示灯 电动机2	指示灯 电动机3
PLC变量	M1	M2	M3	D0	C0	Y1	Y2	Y3

5 调试与评价

编写PLC控制程序，设置参数，下载到PLC；本工程下载到TPC；将TPC与PLC联机后，调试并填写表2-10；对学生按表2-11进行评价。

表2-10　功能测试表

操作步骤 / 观察项目 / 结果		电动机1 Y1	电动机2 Y2	电动机3 Y3	延时时间 D0	循环次数 C0
等 待		0	0	0	20 s	
按下启动 按钮SB1	0 s					
	2 s					
	4 s					
按下停止 按钮SB2	0 s					
	2 s					
	4 s					
按下复位SB3						

表2-11 评 分 表

评 分 表 _____学年		工作形式 □个人 □小组分工 □小组	工作时间/min	
任务	训练内容及配分	训练要求	学生 自评	教师 评分
"触摸屏 +三菱 FX2N" RS-485 串口监控	工作步骤及电路图 样，20分	训练步骤；D8120、D8121设置；PLC程序		
	通信连接，20分	TPC与PLC通信线制作；通信协议选择及参数设置		
	工程组态，20分	设备组态；窗口组态		
	功能测试30分	按钮功能；电动机、指示灯功能；输入框功能		
	职业素养与安全意识， 10分	现场安全保护；工具、器材、导线等处理操作符合职业 要求；分工合作，配合紧密；遵守纪律，保持工位整洁		

学生：_____ 教师：_____ 日期：_____

练习与提高

1. 了解RS-485与RS-232接口的区别，制作相关通信线缆。

2. 分析PLC串口和编程口通信协议及设备组态过程，有何区别？

3. 本任务的通信方式与任务2比较，有何优势？

4. 查阅三菱_FX系列编程口和串口的异同。

5. PLC地址和组态设备地址如何设置一致？

6. 喷泉有A、B、C三组喷头，设计监控界面。启动后，A组先喷5 s后，B、C同时喷，5 s后B停，再5 s后C停，而A、B又喷，再2 s，C也喷，持续5 s后全部停，再3 s重复上述过程。

7. 设计一个汽车自动门监控系统，具体控制要求是：当汽车到达库门前，超声波开关接收到车来的信号，开门上升，当升到顶点碰到上限开关，门停止上升，当汽车驶入车库后，光电开关发出信号，门控电动机反转，门下降，当下降碰到下限开关后门控电动机停止。

8. 一台熔喷机既需要对螺杆电动机、计量泵电动机进行控制，又要对整体温度进行控制和调试，为此我们采用两台FX2N系列的PLC分别进行电动机控制和温度控制，两台PLC的数据都要显示到总控台的一台触摸屏上，请思考一下该项目如何实施？请画出控制系统结构框图。

9. 纺织行业的一台高效汽蒸水洗机，由一台三菱FX2N的PLC控制整体运行，为了便于工人操作，需要在机器首尾两段安装两个触摸屏进行监视和控制，请思考一下该项目如何实施？请画出控制系统结构框图。

任务五 "触摸屏+PLC" Modbus通信与控制

🐰 任务目标

（1）熟悉Modbus通信协议，重点是收集Modbus协议设备的地址分配。

（2）在触摸屏连接PLC串口时，计算机同时可与PLC编程口通信，编程监控可同步进行。

（3）Modbus协议具有开放性和透明性，而PLC技术成熟、成本低，二者的结合将继续成为各类通信系统设计的首选。

任务描述

洗手间小便池在有人使用时光电开关X0使PLC的M0为ON，冲水控制系统在使用者使用3 s后令Y0为ON，冲水2 s，使用者离开后再冲水3 s。试设计PLC控制程序及触摸屏界面，要求简洁、大方，方便设备维护人员进行安装、调试、维护等工作。该任务由TPC7062K、H2U系列PLC、光电传感器、电磁阀、指示灯等组成。

任务训练

Modbus协议是MODICOM公司开发的为很多厂商支持的开放规约，应用于电子控制器上的一种通用语言。通过此协议，控制器相互之间、控制器经由网络（例如以太网）和其他设备之间可以通信，不同厂商生产的控制设备可以通过它连成工业网络，进行集中监控。触摸屏本身支持Modbus通信协议，如果PLC也支持Modbus协议，就可进行通信。本任务选择支持Modbus通信协议的汇川H2U系列PLC，以触摸屏作为主站，PLC作为从站。在工业控制领域，由于RS-485方式具有可靠性高、传输距离远、抗干扰能力强等优点，所以选择通信采用RS-485方式，数据传输速率设置为9600 kbit/s。

1 建立工程

建立"Modbus协议监控"工程。

2 设备组态

（1）在工作台中激活设备窗口，进入设备组态界面，打开"设备工具箱"。

（2）在设备工具箱中，先后双击"通用串口父设备"和"莫迪康ModbusRTU"选项。建立"通用串口父设备"，下挂"莫迪康ModbusRTU"子设备。设置"通用串口父设备"通信参数设置按默认值设置，见表2-12，其中通用串口父设备通信参数设置应与PLC RS-485通信端口的通信参数相同，否则无法正常通信。本任务采用默认值参数（9600，8，1，偶校验）设置，PLC从站地址为2，如图2-55所示 通信参数设置。

表2-12 "通用串口父设备"通信参数设置

设 置 项	参 数 项
通信波特率	9600 (默认值)、19200、38400
数据位位数	8(默认值)
停止位位数	1(默认值)、2
奇偶校验位	奇校验、偶校验(默认值)、无校验

图2-55 通信参数设置

3 用户窗口组态

首先在"用户窗口"组态界面，如图2-56所示。

4 建立数据链接

（1）H2U系列可编程控制器Modbus通信变量地址（见表2-13）。

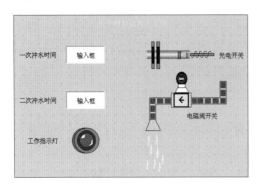

图2-56 组态界面

表2-13 通信变量地址表

变量名称	起始地址	线圈数量
M0～3071	[0区]（1）	3072
M8000～M8255	[0区]（8001）	256
Y0～Y255	[0区]（64513）	256
D0～D8255	[4区]（1）	8256

代码

触摸屏+PLC
Modbus 组态
软件设计

（2）PLC和触摸屏变量关系。触摸屏与PLC RS-485通信时，建立数据变量分配，见表2-14。光电检测开关把信号传给PLC M0，PLC Y0输出控制冲水电磁阀，Y1控制有人使用指示灯，D0为定时1输入框，D1为定时2输入框。

表2-14 数据变量对应表格

设 备	功		能		
TPC	光电检测开关	定时1输入框	定时2输入框	冲水电磁阀	工作指示灯
PLC	M0	D0	D1	Y0	Y1
Modbus地址	[0区] 1	[4区] 1	[4区] 2	[0区]64513	[0区]64514

（3）动画连接：

① 增加PLC中光电开关检测信号时，首先双击"光电开关"组态控件，弹出"动画组态属性设置"对话框，切换到"填充颜色"选项卡，如图2-57所示。单击 按钮，弹出"变量选择"对话框，选择"根据采集信息生成"单选按钮，通道类型为"[0区]输出继电器"，通道地址为"1"，读写类型为"只读"，然后单击"确认"按钮，如图2-58所示。

图2-57 光电开关属性设置

图2-58 光电开关的通道连接

② 设置PLC中输出Y0为冲水电磁阀信号时，首先双击"电磁阀开关"组态控件，弹出"单元属性设置"对话框，切换到"数据对象"选项卡，分别为"按钮输入""填充颜色"，单击"按钮输入"，如图2-59所示，单击 ? 按钮，弹出"变量选择"对话框，选择"根据采集信息生成"单选按钮，通道类型为"[0区]输出继电器"，通道地址为"64513"。读写类型为"读写"，然后单击"确认"按钮，如图2-60所示。再切换到"填充颜色"选项卡，单击 ? 按钮，弹出"变量选择"对话框，选择"根据采集信息生成"单选按钮，通道类型为"[0区]输出继电器"，通道地址为"64513"，读写类型为"读写"，然后单击"确认"按钮。

图2-59　光电开关属性设置

图2-60　光电开关的通道连接

③ 设置PLC中输出Y1为工作指示灯时，首先双击"工作指示灯"组态控件，单击"可见度"命令，单击 ? 按钮，弹出"变量选择"对话框，选择"根据采集信息生成"单选按钮，通道类型为"[0区]输出继电器"，通道地址为"64514"，读写类型为"读写"，然后单击"确认"按钮。

④ 设置一次冲水时间时，首先双击一次冲水时间的输入框组态控件，切换到"操作属性"选项卡，如图2-61所示，单击 ? 按钮，弹出"变量选择"对话框，选择"根据采集信息生成"单选按钮，通道类型为"[4区]输出寄存器"，数据类型为"16位　无符号二进制数"，通道地址为"1"，读写类型为"读写"，然后单击"确认"按钮，如图2-62所示。二次冲水时间的输入框参照此法设置，通道地址改为"2"。

图2-61　冲水时间操作属性设置

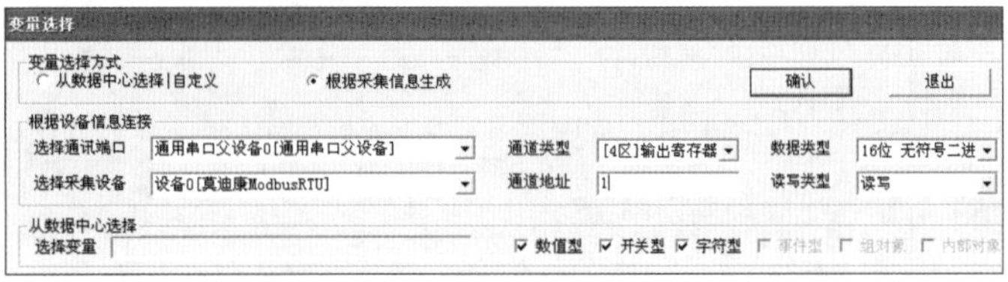

图2-62　冲水时间的通道连接

5　调试与评价

（1）下载本工程到TPC。

（2）H2U系列可编程控制器COM1串口的通信相关参数设置：设置PLC三个特殊寄存器

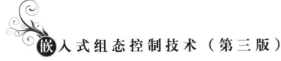
D8126、D8120、D8121参数，采用ModbusRTU从站模式，通信波特率和触摸屏的通信参数应设置一致。程序梯形图如图2-63所示。

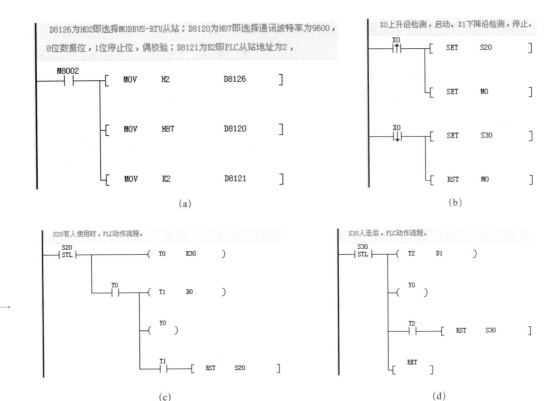

图2-63　程序梯形图

D8126为H02即选择MODBUS-RTU从站；D8120为H87即选择通信波特率为9600，8位数据位，1位停止位，偶校验；D8121为K2即从站地址为2，和触摸屏中设备地址一致。

（3）完成PLC程序的编写，并下载。

（4）按照表2-15、表2-16所示完成功能测试和评分。

表2-15　功能测试表

观察项目 操作步骤（结果）		光电检测开关 X0	冲水电磁阀 Y0	工作指示灯 Y1	定时1输入 D0	定时2输入 D1
无人使用						
使用中	0 s					
	3 s					
	5 s					
离开						

表2-16 评 分 表

任务	评 分 表 _____学年		工 作 形 式 □个人 □小组分工 □小组		工作时 间/min _____	
任务	训练内容及配分		训练要求		学生 自评	教师 评分
"触摸屏+PLC" Modbus通信控制	工作步骤及电路图样，20分		训练步骤；特殊寄存器设置；PLC程序清单			
	通信连接，20分		协议选择（编程口三菱协议或者COM1口MODBUS）；TPC与PLC通信；设备地址设置			
	工程组态，20分		设备组态；窗口组态			
	功能测试，30分		按钮功能；控制功能；输入框功能			
	职业素养与安全意识，10分		现场安全保护；工具、器材、导线等处理操作符合职业要求；分工合作，配合紧密，遵守纪律，保持工位整洁			

学生：_____ 教师：_____ 日期：_____

练习与提高

1. 列举哪些品牌的可编程控制器支持Modbus通信。

2. 比较Modbus协议组建网络和三菱N∶N网络，你支持哪种？

3. 上位机触摸屏和PLC通信参数设置如何一致？ PLC和组态设备地址如何设置一致？ H2U系列PLC可以通过编程口（同三菱兼容）和串口两种协议分别与触摸屏通信，各有什么优势？

4. 如何观察PLC内部数据寄存器数据？

5. 触摸屏通过Modbus通信协议可以连接多少台PLC？如何接线和设计触摸屏组态？

6. 三菱编程口协议、三菱串口协议、西门子协议和Modbus各有什么不同？分析工控协议发展趋势。

任务六　三菱FX5U PLC以太网通信监控

任务目标

（1）会使用GX Works3编写程序，掌握PLC以太网通信参数设置；

（2）会使用MCGS组态软件正确设置触摸屏IP地址，与PLC正常通信；

（3）完成触摸屏的设备窗口设置，实现与PLC的通信数据连接。

任务描述

触摸屏与FX5U通过网线连接，控制一台电动机正反转运行，触摸屏上设置Y0、Y1指示灯显示动作状态，当按下启动测试按钮M1后，电动机正转运行，经过设定的时间D0后，切换到反转运行并保持，按下停止按钮M0后，电动机停止运行。

任务训练

1 系统设计

三菱FX5U系列PLC（见图2-64）自带RJ-45接口，可以与触摸屏的RJ-45接口直接连接。采用触摸屏的三菱FX5U以太网专用驱动进行通信监控，通过触摸屏控制PLC运行调试和显示，方案连接如图2-65所示。

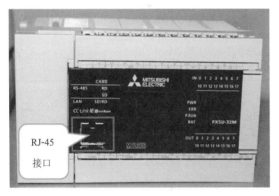

扫一扫

新建程序

图2-64　三菱FX5U系列PLC　　　　图2-65　通信控制系统方案连接

2 三菱FX5U PLC程序编辑与下载

（1）操作要求

在计算机上安装GX Works3软件，然后打开GX Works3软件。

（2）操作步骤

第一步，打开GX Works3软件，显示出主画面。

第二步，新建工程，选择对应的PLC型号，如图2-66所示。

第三步，软件打开后，直接出现编程主画面，可直接编写程序，如图2-67所示。

参考程序如图2-68所示。

编写完成后需要编译和转换程序，在菜单中单击"转换"按钮，或者按下【F4】快捷键，如图2-69所示。

第四步，程序完成后，需要修改左侧导航选项中"参数—FX5UCPU—CPU参数"的组态，如图2-70所示。

第五步，PLC参数的设置。可根据工艺的要求更改启动条件，"远程复位设置"为"允许"，如图2-71所示。

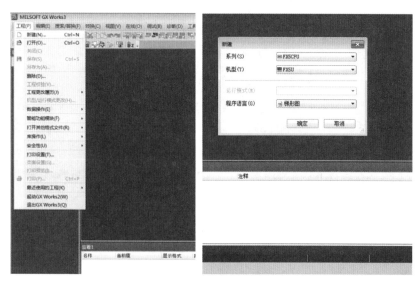

图2-66 新建工程并选择PLC

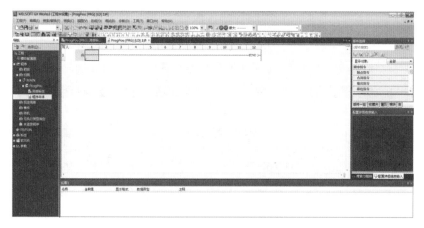

图2-67 程序输入界面

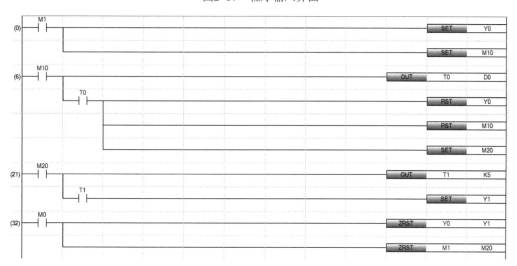

图2-68 参考程序

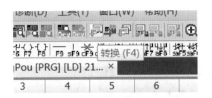

图2-69 程序编译和转换

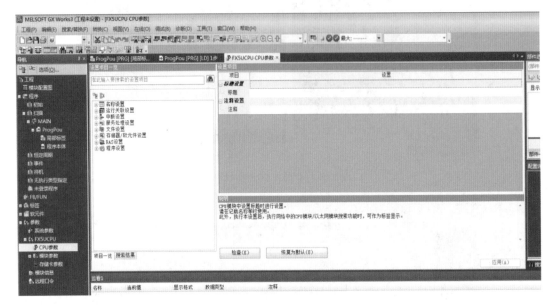

图2-70 CPU参数设置

图2-71 远程复位设置

同时为了方便将来的通信，需要将计算机、PLC和触摸屏IP地址设置到同一网段内。更改"以太网端口"，要将PLC的IP地址进行更改，修改为：192.168.3.250。更改完毕后要单击"应用"按钮，如图2-72所示。

在"基本设置"菜单下的"对象设备链接配置"里增加一个SLMP设备，并且更改端口号为3000，如图2-73所示。

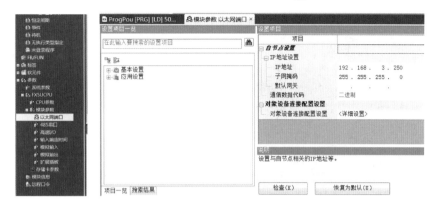

图2-72　PLC的IP地址修改

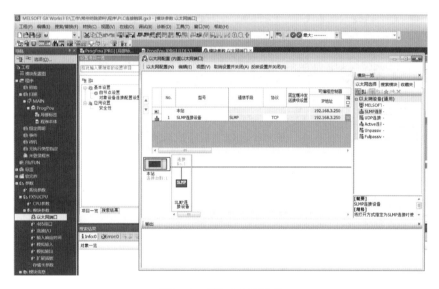

图2-73　增加SLMP设备

第六步，插上网线，将PC的IP地址改成和FX5U同样网段，设为：192.168.3.30，如图2-74所示。

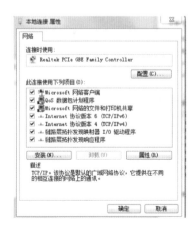

图2-74　PC的IP地址修改

第七步，单击"下载"按钮，弹出下载框，全选下载项并执行，程序将被下载到FX5U系列PLC中，如图2-75所示。

图2-75　PLC程序下载选择

 3　建立组态工程

新建工程"触摸屏与三菱FX5U PLC以太网通信监控"，单击"保存"按钮。

 4　设备组态

（1）确定系统的变量对应关系（见表2-17）

表2-17　TPC与PLC变量对应关系

TPC变量	正转显示	反转显示	停止按钮	启动按钮	延时时间
PLC变量	Y0	Y1	M0	M1	D0

（2）建立触摸屏与PLC的通信连接

第一步，启动MCGS组态软件，新建工程，单击"确定"按钮后进入"工作台"的"设备窗口"，如图2-76所示。

图2-76　进入设备窗口

第二步，设备组态。在工作台中激活设备窗口，单击设备窗口中"设备组态"进入设备组态画面。单击工具条中的"设备工具箱"，在设备工具箱中选择"通用TCP/IP父设备"和"FX5-ETHERNET"，依次添加至设备组态窗口中，如图2-77所示。

第三步，双击"通用串口父设备"，按顺序先后改本地IP地址（触摸屏地址）和远程IP地址（PLC地址），如图2-78所示。

图2-77 串口设备连接

图2-78 父设备设置

第四步，双击"设备0"子设备，进入"设备编辑窗口"，单击"增加设备通道"按钮选择通道类型，地址与个数，按照需要的数据类型添加，单击"确认"按钮，如图2-79所示。

图2-79 设备通道连接

第五步，返回"用户窗口"，单击选中"窗口"按钮，右击，在弹出的快捷菜单中选择"设置为启动窗口"选项，如图2-80所示。

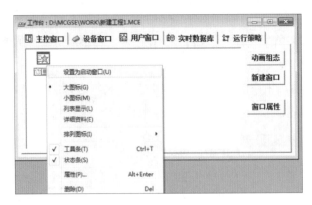

图2-80　设置为启动窗口

5　窗口组态

（1）组态界面设计

在用户窗口新建一个窗口，完成组态界面设计，标题文字由"标签构件" Ａ 完成，启动按钮、停止按钮及反转按钮由"标准按钮构件" ⌐ 完成，数据寄存器采用"输入框构件" ab| 和最终效果如图2-81所示。

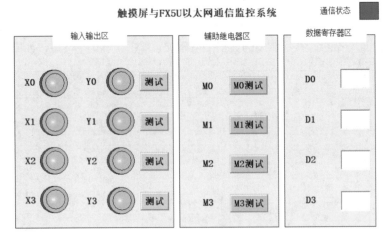

图2-81　组态界面示意图

扫一扫

组态软件
设计

（2）下载调试

下载前，需要在触摸屏中设置对应的IP地址。具体步骤为：重启触摸屏，在触摸屏读进度条，进入运行系统之前，单击触摸屏进入"启动属性"，如图2-82所示，单击进入"系统维护"，选择"设置系统参数"，如图2-83所示，进入"TPC系统设置"，选择"IP地址"选项卡，将地址修改为触摸屏对应地址192.168.3.190，如图2-84所示。

单击工具栏中"工具"按钮，选择"下载配置"选项，选择TCP/IP网络，需改"目标机名"为将要下载的触摸屏地址，选择"连机运行"选项，单击"工程下载"按钮即可，如图2-85所示。

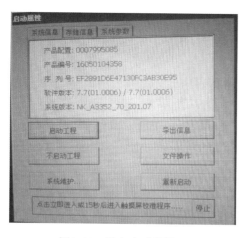

图2-82 进入启动属性

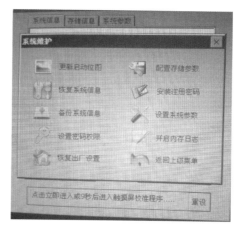

图2-83 系统维护画面

图2-84 TPC系统IP设置

图2-85 工程下载

扫一扫

第四步批量软元件监视

6 FX5U PLC与触摸屏的连接调试

通过标准的网络通信线（直通线）将PLC和触摸屏的网口进行连接。将PLC左侧的状态开关拨至RUN，如图2-86所示，并重新上电。以太网通信建立连接，需要等待一段时间，待SD/RD指示灯快速闪烁表示连接完成，如图2-87所示。按下触摸屏对应按键，PLC输出Y0，调试成功。

扫一扫

数据监视单独添加

图2-86 RUN运行

图2-87 指示灯显示

7 运行调试

调试记录表和评分表如表2-18、表2-19所示。

表2-18 功能测试表

操作步骤 \ 结果 \ 观察项目	正转指示灯	反转指示灯	运行延时时间
	Y0	Y1	D0
初始状态			
输入设定时间			
按下启动按钮			
按下停止按钮			

表2-19 评 分 表

评 分 表 _____ 学年		工作形式 □个人 □小组分工 □小组		工作时间/min	
任务	训练内容	训练要求		学生自评	教师评分
嵌入式+FX5U系列PLC	工作步骤及电路图样，20分	训练步骤；电路图；PLC程序			
	通信功能及通信连接，20分	通信状态显示；触摸屏与PLC监控			
	工程组态，组态界面制作，20分	设备组态；窗口组态			
	功能测试，30分	按钮功能；指示灯功能；输入框功能			
	职业素养与安全意识，10分	现场安全保护；操作符合职业要求；分工合作，配合紧密；遵守纪律，保持工位整洁			

练习与提高

1. 尝试编写图2-88所示程序，并下载到FX5U系列PLC中，同时编写包含M0辅助继电器和Y0～Y4输出继电器的组态画面，理解程序运行的意义。

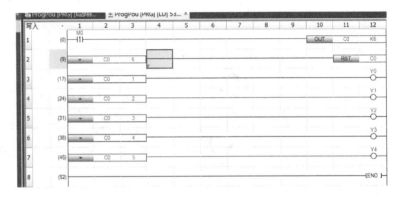

图2-88 程序图

2. 如果触摸屏的IP地址已知为200.200.200.190，在不改变触摸屏IP地址的情况下，请修改PLC及PC的IP设置，使系统能正常通信。

任务七 触摸屏+Q PLC（主）+FX3U PLC（从）CC-Link协议监控

任务目标

（1）会建立Q PLC与两台FX3U PLC的CC-Link通信连接方法；

（2）能实施触摸屏监控画面组态设计；

（3）掌握触摸屏和PLC通过CC-Link网络控制电动机启动、停止运行的方法。

任务描述

在本控制系统中，有三台PLC组建通信网络，网络指定Q00U CPU为主站，两台FX3U PLC为从站，以CC-Link的形式组网。FX3U-48MR为1号从站，控制一台三相异步电动机。FX3U-48MT为2号从站，控制一台步进电动机。先在触摸屏上设置步进电动机的运行方向、速度和运行脉冲数。当按下启动按钮时，三相异步电动机先启动运行，运行10s后，步进电动机再启动，并按照触摸屏上设定的参数运行。若按下停止按钮，全部停止运行。

任务训练

1 系统方案

（1）方案制订

该任务选择三菱Q00U PLC作为主控制器。选择三菱FX3U-48MT和三菱FX3U-48MR 为从站PLC。控制系统结构框图如图2-89所示。

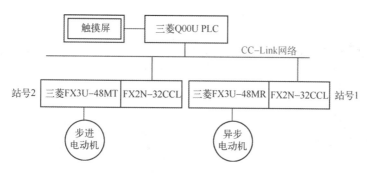

图2-89 控制系统结构框图

（2）通信模块连接

先在两台从站FX3U PLC中各插入FX2N-32CCL 模块，然后按图2-90所示进行连接，完成Q00U PLC与两台FX3U系列PLC的CC-Link通信连接。

为了提高数据传输的稳定性，增强抗干扰能力，选用带屏蔽层的通信数据线把三个模块的DA、DB、DG、SLD（shiled）连接起来，必要时可以在首尾两个模块的DA、DB之间接入110Ω电阻。

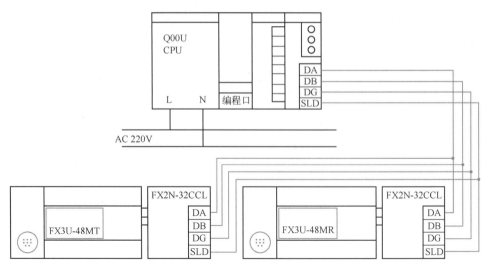

图2-90　系统网络连接图纸设计

（3）站号设置

主站设置：将Q00U设为主站，主站的CC-Link模块QJ61BT11N，STATION NO. X10挡设为"0"，X1挡设为"0"，MODE挡设为"0"，通信速度为156kb/s，拨码设置如图2-91所示。

1号从站设置：将FX3U-48MR设为1号从站，该从站的CC-Link模块FX2N-32CCL，STATION NO. X10挡设为"0"，X1挡设为"1"，OCCUPY STATION挡设为"0"，占用1个逻辑站。B BATE设为"0"通信速度为156kb/s，拨码设置如图2-92所示。

2号从站设置：将FX3U-48MT设为2号从站，该从站紧跟1号从站，该从站地址从第"2"个逻辑站开始，该站CC-Link模块FX2N-32CCL的STATION NO. X10挡设为"0"，X1挡设为"2"，OCCUPY STATION挡设为"1"，占用2个逻辑站。B BATE设为"0"通信速度为156kb/s，拨码设置如图2-93所示。

　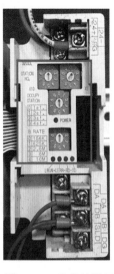　

图2-91　主站设置图　　　　图2-92　1号从站设置图　　　图2-93　2号从站设置

（4）PLC通信设置

① PLC编程软件设置。

根据任务要求及上述方案设计，Q PLC与FX3U PLC的参数和程序设置如下：

硬件接线和拨码设置完成后，需要打开GX Developer软件，选择网络参数菜单栏，进入CC-Link网络，进行网络参数配置，打开方式如图2-94所示。

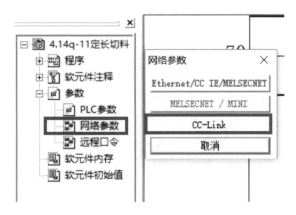

图2-94　选择CC-Link参数设置

在CC-Link模块的参数设置中，需要设置以下数据：

设置"远程输入（RX）"刷新软元件。本次任务中设置为：X100，表示：主站通过自己的X100软元件刷新，采集从站传送过来的开关量信号。主站的内存地址分配可以查看表2-20所示。X100软元件名称可以修改为：X、M、L、B、D、W、R或ZR开头的软元件。

表2-20　主站的通信地址分配表

	Q00U主站		MR从站1#	MT从站2#
主站通过自己的X100软元件刷新，采集从站传送过来的开关量信号	X100-X10F	X110-X11F	TO 指令	///
	X120-X12F	X130-X13F	///	TO指令
	X140-X14F	X150-X15F	///	TO指令
主站通过自己的Y100软元件刷新，把开关量信号输出给从站	Y100-Y10F	Y110-Y11F	FROM指令	///
	Y120-Y12F	Y130-Y13F	///	FROM指令
	Y140-Y14F	Y150-Y15F	///	FROM指令
主站通过寄存器D100读取从站传送过来的数据	D100-D103		TO指令	///
	D104-D111		///	TO指令
主站通过寄存器D200写给从站数据	D200-D203		FROM指令	///
	D204-D211		///	FROM指令

设置"远程输出（RY）"刷新软元件。本次任务中设置为：Y100，表示：主站通过自己的Y100软元件刷新，把开关量信号输出给从站。Y100软元件名称可以修改为：Y、M、L、B、T、C、ST、D、W、R或ZR开头的软元件。

设置"远程寄存器（RWr）"刷新软元件。本次任务中设置为：D100，表示：主站通过

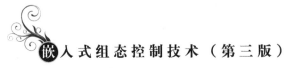

寄存器D100读取从站传送过来的数据。D100软元件名称可以修改为：M、L、B、D、W、R或ZR开头的软元件。

设置"远程寄存器（RWw）"刷新软元件。本次任务中设置为：D200，表示：主站通过寄存器D200写给从站数据。D200软元件名称可以修改为：M、L、B、T、C、ST、D、W、R或ZR开头的软元件。

CC-Link参数设置中，还需要对站信息进行设置，如图2-95所示。

图2-95　CC-Link参数设置

在图2-96中，把两台从站类型设置为：远程设备站，1号站占有站数为1站，32点。2号站占有站数为2站，64点。

图2-96　CC-Link站信息设置

经过以上步骤，主站和两远程I/O 站间的通信缓冲区（BFM）就已经配置好了，如表2-19所示。

CC-Link 的底层通信协议遵循 RS-485，通信时，一般主要采用广播-轮询的方式进行通信，CC-Link 也支持主站与本地站、智能设备站之间的瞬间通信 。

② PLC软件编程。

在CC-Link网络通信中，采用（D）FROM和（D）TO指令进行数据的传送。

FROM指令将单元号为m1的特殊功能单元模块中的缓冲存储器（BFM）m2开始的n个16位数据读取到可编程控制器对应的D.开始的n个数据寄存器中，如图2-97所示。

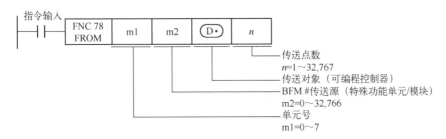

图2-97　FROM指令介绍

TO指令将可编程控制器对应的S.开始的n个数据寄存器中的数据写入到单元号为m1的特殊功能单元模块中以缓冲存储器（BFM）m2开始的n个数据单元中，如图2-98所示。

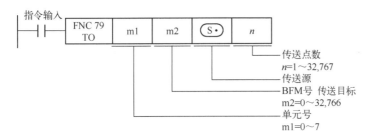

图2-98　TO指令介绍

主站Q00U PLC程序的编写：为了控制站号2从站远程信号Y120启动，传送脉冲频率值K1800到站号2从站D204，如图2-99所示。

Q主站PLC
程序设计

图2-99　主站程序编写

站号1从站FX-48MR PLC程序编写如图2-100所示。程序开头两行均为通信使用。

通过（D）TO指令，把站号1从站中X000开始的32个从站输入信号写给主站。

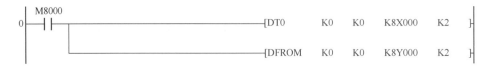

图2-100　FX3U-48MR从站程序编写

扫一扫

MR 从站
PLC 程序
设计

通过（D）FROM 指令，把主站传送过来的开关量信号存放到站号1从站Y000开始的32个寄存器中。图2-99中的Y100就传送到了站号1从站的Y000中，Y101就传送到了站号1从站的Y001中。站号1从站直接刷新主站传送过来的输入输出信号，驱动三相异步电动机启停运行。

站号2从站FX-48MT PLC程序编写如图2-101所示。程序开头四行均为通信使用。

扫一扫

MT 从站
PLC 程序
设计

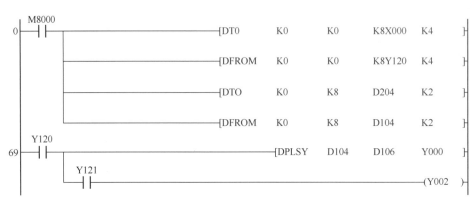

图2-101　FX3U-48MT从站程序编写

通过（D）TO 指令，把X000开始的32个站号2从站输入信号写给主站。

通过（D）FROM 指令，把主站传送过来的开关量信号存放到站号2从站Y120开始的32个寄存器中。图2-99中的Y120就传送到了从站的Y120中。

通过（D）TO 指令，站号2从站把D204开始的两个寄存器内数值传送给主站。

通过（D）FROM 指令，把主站传送过来的数值量信号存放到站号2从站D104开始的两个数据寄存器中。图2-99中的K1800数值就传送到了站号2从站的D104中。

2 建立组态工程

新建工程"Q PLC和FX3U PLC 的CC-Link网络控制"，单击"保存"按钮。

3 设备组态

在工作台中激活设备窗口。在设备工具箱中，按先后顺序双击"通用串口父设备"和"三菱_Q系列编程口"添加至组态画面，如图2-102所示。然后分别双击打开"通用串口父设备"和"三菱_Q系列编程口"进行设置，设置完成后关闭设备窗口，返回工作台。

4 窗口组态

（1）组态界面设计

在用户窗口新建一个窗口，完成组态界面设计，标题文字由"标签构件" A 完成，启动按钮、停止按钮及反转按钮由"标准按钮构件" ⏋ 完成，脉冲频率输入框、脉冲总数输入

框由"输入框构件" **ab|** 来完成，最终效果如图2-103所示。

图2-102　设备窗口数据连接设置

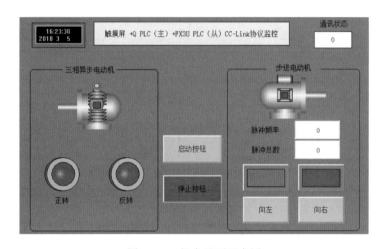

图2-103　组态界面示意图

扫一扫●·······

组态软件
设计

●··········

脉冲频率输入框用来设置PLC输出的脉冲频率值，控制步进电动机的转速。

脉冲总数输入框用来设置PLC输出的脉冲量，控制步进电动机旋转距离。

启动和停止两个按钮分别控制整个系统的运行和停止。

（2）系统的变量配置

系统的变量对应关系如表2-21所示。

表2-21　触摸屏与PLC变量对应关系

触摸屏变量	急停按钮	启停按钮	步进电机启停	方向	脉冲频率	脉冲数	三相异步电动机	三相异步电动机
Q PLC变量	M0	M1	Y120	Y121	D204	D206	Y100	Y101
FX3U-48MR变量							Y0	Y1
FX3U-48MT变量			Y0	Y2	D104	D206		

按钮设置：控制系统中有启动按钮和停止按钮需要设置，设置方法如图2-104所示；步进电动机向左、向右方向改变按钮设置如图2-105所示。

图2-104　启动、停止按钮设置

图2-105　步进电动机左右方向按钮设置

指示灯设置：正转、反转指示灯通过工具箱中插入元件，选择对象原件库中的指示灯。连接的数据如图2-106所示；步进电动机左右方向指示灯的设置选择两个 ▢ 矩形，叠加组成一个指示灯，中间一个矩形增加填充颜色的功能，表达式的值分别为：方向信号Y0121置1和清0，具体设置过程参照图2-107所示。

图2-106　正转、反转指示灯设置

输入框设置：脉冲频率和脉冲数量的输入框分别采用根据采集信息生成的方式，如图2-108所示。

图2-107 步进电动机左右方向指示灯显示设置

图2-108 脉冲频率和脉冲数量输入框设置

5 运行调试

调试记录表和评分表如表2-22、表2-23所示。

表2-22 功能测试表

观察项目 结果 操作步骤	电动机正转	电动机反转	脉冲频率 输入框	脉冲数输入框	步进电动机 方向
	Y0	Y1	D120	D106	Y2
初始状态					
输入脉冲频率					
输入脉冲总数					
按下启动按钮					
10 s后					
按下停止按钮					

表2-23　评分表

评分表 _____学年		工作形式 □个人　□小组分工　□小组		工作时间/min	
任务	训练内容	训练要求		学生自评	教师评分
触摸屏+Q系列PLC的CC-Link协议通信控制	工作步骤及电路图样，20分	训练步骤；电路图；PLC程序			
	通信功能及通信连接，20分	触摸屏与Q PLC通信；CC-Link网络通信			
	工程组态，组态界面制作，20分	设备组态；窗口组态			
	测试与功能，整个装置全面检测，30分	按钮功能；指示灯功能；输入框功能			
	职业素养与安全意识，10分	现场安全保护；工具、器材、导线等处理操作符合职业要求；分工合作，配合紧密；遵守纪律，保持工位整洁			

练习与提高

1. 工程中如果CC-Link网络通信出错了，如何通过指示灯检查排除？

2. 如果要调整步进电动机的运行频率2 000 Hz，怎样进行步进电动机的参数设置和修改？

3. 若系统运行时，步进电动机的运行频率输入框改为运行速度输入框，速度单位是：r/min，触摸屏上输入框的数据如何处理？

4. 喷涂泵电动机M为三相异步电动机，由变频器进行无级调速控制；变频器输出频率与工件直径对应关系如下：工件直径$D<60$ cm时，变频器输出$f=50$ Hz；工件直径60 cm$\leqslant D\leqslant 120$ cm时，变频器输出频率$f=50-(D-60)/2$，电动机加速时间1.5 s，减速时间0.5 s。请设计至少三种触摸屏和PLC控制方案并实施。

项目三

→ "触摸屏+PLC+变频器（伺服）" 通信与控制

在工业自动化控制系统中最为常见的是触摸屏、PLC和变频器的组合应用，并且产生了多种多样的PLC控制变频器的方法，其中采用RS-485通信方式实施控制的方案得到广泛的应用。因为它抗干扰能力强、传输速率高、传输距离远且造价低廉等被广大用户采用。本项目通过学习控制变频器的不同方式，为用户提供触摸屏+PLC+变频器的优质高效、低成本的电气控制方案。

二十大报告
知识拓展3

任务一　触摸屏 +PLC+三菱变频器E740专用协议监控

任务目标

（1）建立PLC与变频器的RS-485接口通信，PLC通过三菱专用协议控制变频器运行；

（2）实施触摸屏监控画面组态设计；

（3）掌握触摸屏通过PLC及编程指令控制变频器运行。

任务描述

通过触摸屏上的启动、停止按钮控制电动机运行与停止；触摸屏可设置运行频率，显示运行时间、当前时间、通信状态、运行频率；当按下急停按钮时，电动机立即停止，松开急停按钮后，电动机继续工作，并累计运行时间。

任务训练

1 系统方案

PLC对变频器实现通信控制，PLC连接了特殊功能模块FX3U-485-BD，如图3-1所示。FX3U-485-BD模块从上往下依次有RDA、RDB、SDA、SDB、SG这5个端子，其中RD表示接收端子，SD表示发送端子。后面的字母A和B表示信号采用的是差分信号，正负不能相反。

PLC通过RS-485连接，采用三菱专用的变频器通信协议与指令，通信控制变频器的运行，并在触摸屏上进行监控和显示，通信控制系统方案连接如图3-2所示。

变频器本体上的通信接口为"PU"接口，为RJ-45网络插口模式，PU接口在外观上与以太网接口相一致，虽然有8个接线端子，但是真正用到的只有5个。

变频器通信接口的具体功能和内容如图3-3所示。采用568B标准的网络线，其制作顺序为，水晶头接触点水平放置，从左到右顺序依次为：白橙、橙、白绿、蓝、白蓝、绿、白棕、棕。对应的接线为白橙线接SG端，白蓝线接SDA端，绿线接RDB端，白绿线接RDA端，蓝线接SDB端。

图3-1　FX3U-485-BD外观

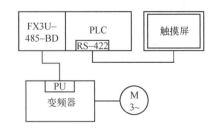

图3-2　通信控制系统方案连接

图3-3　变频器通信接口内容

通信网络线与FX3U-485-BD模块连接时，对应的接线方式为：白橙线、白蓝线、绿线、白绿线、蓝线分别接FX3U-485-BD模块的SG端、RDA端、SDB端、SDA端及RDB端。

2　PLC与变频器专用指令及编程

（1）三菱专用指令

PLC与变频器的通信采用三菱专用协议和专用指令，常用的专用指令有IVCK、IVDR、IVRD、IVWR、OVBWR等，如图3-4所示。

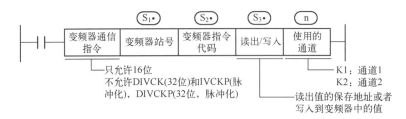

图3-4　变频器通信指令

三菱变频器通信专用指令功能表如表3-1所示。

表3-1　三菱变频器通信专用指令功能表

指　　令	功　　能	指　　令	功　　能
IVCK	变频器的运行监视	IVWR	写入变频器的参数
IVDR	变频器的运行控制	IVBWR	变频器参数的成批写入
IVRD	读出变频器的参数	IVMC	变频器的多个命令

（2）样例程序

本任务中主要用到IVCK和IVDR指令，IVCK为通信监控变频器指令，IVDR为通信控制变频器指令，参考样例程序如图3-5所示。

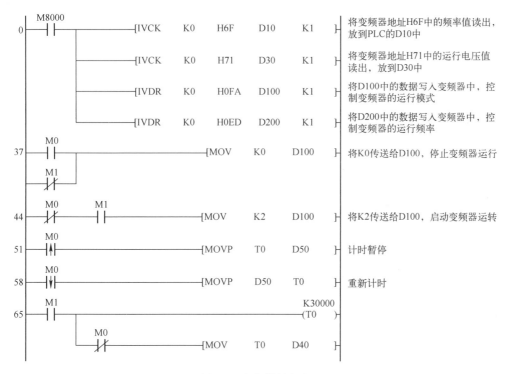

图3-5　参考样例程序

（3）变频器参数设置

FR-E700系列变频器的参数设置如表3-2所示。

扫一扫

变频器通信
专用协议
PLC编程

表3-2　FR-E700系列变频器的参数设置

参数号	参数名称	默认值	设置值	设置值含义
P117	PU通信站号	0	1	变频器站号指定，1台控制器连接多台变频器时要设定每台变频器的站号
P118	PU通信速率	192	96	48、96、192、384通信速率，设定值*100=通信速率
P119	PU通信停止位长	1	10	停止位长为1位，数据位长为7位
P120	PU通信奇偶校验	2	2	奇校验1，偶校验2
P121	PU通信再试次数		9999	即使发生通信错误变频器也不会跳闸
P122	PU通信校验时间间隔		9999	不进行通信校验（断线检测）
P123	PU通信等待时间设定		9999	
P340	通信启动模式选择		10	
P549	协议选择	0	0	0：三菱变频器（计算机连接）协议 1：Modbus-RTU协议

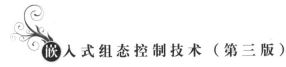

3 **组态工程**

新建工程"PLC和三菱变频器E740专用协议控制"。

4 **设备组态**

在工作台中激活设备窗口。在设备工具箱中，按先后顺序双击"通用串口父设备"和"三菱_FX系列编程口"添加至组态画面。提示是否使用三菱FX系列编程口默认通信参数设置父设备，单击"是"按钮退出，如图3-6、图3-7所示，然后关闭设备窗口，返回工作台。

设备属性名	设备属性值
[内部属性]	设置设备内部属性
采集优化	1-优化
设备名称	设备0
设备注释	三菱_FX系列编程口
初始工作状态	1 – 启动
最小采集周期(ms)	100
设备地址	0
通讯等待时间	200
快速采集次数	0
CPU类型	4 – FX3UCPU

图3-6 设备数据连接   图3-7 数据连接设置

5 **窗口组态**

（1）组态界面设计

在用户窗口新建一个窗口，完成组态界面设计，标题文字由"标签构件" A 完成，启动按钮、停止按钮及反转按钮由"标准按钮构件" ▬ 完成，频率输入框、频率显示框由"输入框构件" ab 完成，最终效果如图3-8所示。

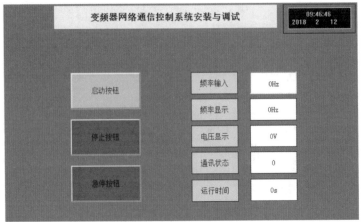

图3-8 组态界面示意图

● 扫一扫

变频器通信专用协议组态设计

频率输入框用来设置变频器的运行频率。

频率值显示框用来显示变频器当前运行的频率值。

启动、停止和急停三个按钮分别控制变频器的运行，实现相应的按钮控制功能。

（2）系统的变量对应关系

触摸屏控制系统的变量对应关系如表3-3所示。

表3-3　TPC与PLC变量对应关系

TPC变量	急停按钮	启停按钮	频率显示	电压显示	运行时间	频率值
PLC变量	M0	M1	D10	D30	D40	D200

按钮设置：选择工具箱中的标准按钮，启动按钮设置如图3-9所示，数据对象值置1。停止按钮设置如图3-10所示，数据对象值清0。急停按钮设置如图3-11所示，数据对象值取反操作。

图3-9　启动按钮设置　　　　　　　　　　图3-10　停止按钮设置

频率输入框设置如图3-12所示。选择一个输入框，在输入框的操作属性中设置数据对象：频率。

图3-11　急停按钮设置　　　　　　　　　　图3-12　频率输入框设置

同时在用户窗口中选择循环脚本，循环时间100 ms，脚本为：d200=频率*100，如图3-13

所示。把输入的频率值扩大100倍，传送给PLC，PLC再控制变频器运行频率。

频率、电压、运行时间及通信状态显示：运行频率的显示如图3-14所示，频率值*0.01，缩小100倍。变频器运行电压的显示如图3-15所示，读出电压值*0.1，缩小10倍。变频器运行时间的显示如图3-16所示，因为PLC计时器为100 ms，运行时间值必须除以10，缩小10倍。通信状态的关联和显示如图3-17及图3-18所示。

图3-13　频率脚本设置

图3-14　运行频率的显示设置

图3-15　变频器运行电压的显示

图3-16　变频器运行时间的显示

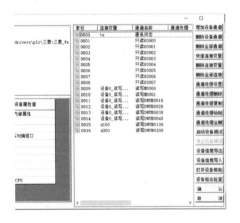

图3-17　通信状态的关联

图3-18　通信状态的显示

6 运行调试

功能测试表和评分表如表3-4、表3-5所法。

表3-4 功能测试表

观察项目 操作步骤 结果	频率显示 D10	电压显示 D30	运行时间 D40	频率值 D200
初始状态				
输入频率值（30）				
按下启停按钮M1				
按下急停按钮M0				
按下启停按钮M1				

表3-5 评 分 表

评 分 表 _____学年		工作形式 □个人 □小组分工 □小组	工作时间/min _____	
任务	训练内容	训练要求	学生自评	教师评分
触摸屏+PLC+三菱变频器E740专用协议监控	工作步骤及电路图样，20分	训练步骤；电路图；PLC程序		
	通信功能及通信连接，20分	TPC与PLC监控；PLC与触摸屏通信		
	工程组态，组态界面制作，20分	设备组态；窗口组态		
	测试与功能，整个装置全面检测，30分	按钮功能；标签显示框功能；输入框功能		
	职业素养与安全意识，10分	现场安全保护；工具、器材、导线等处理操作符合职业要求；分工合作，配合紧密；遵守纪律，保持工位整洁		

练习与提高

1. 工程中FX3U模块进行通信控制，如何测试其是否正常工作？

2. 如果要调整加速和减速时间，怎样进行变频器参数的设置和修改？

3. 若通信时，输入的频率值带两位小数位，数据如何处理？

4. 分析本任务变频器控制方式与项目三中任务五"触摸屏+三菱PLC+三菱变频器多段速控制"的优缺点。

任务二 触摸屏＋PLC＋三菱变频器Modbus协议监控

任务目标

（1）能建立PLC与变频器的RS-485接口通信，掌握Modbus协议及专用指令控制变频器运行；

（2）熟练掌握触摸屏监控画面组态设计；

（3）掌握触摸屏、PLC、变频器控制系统的集成方法和方案。

任务描述

通过触摸屏上的启动、停止按钮控制电动机运行与停止；通过触摸屏改变运行频率，显示运行时间、当前时间、通信状态、运行频率；当按下急停按钮时，电动机立即停止，松开急停按钮后，电动机继续工作，并累计运行时间。

任务训练

1 系统设计

PLC通过与变频器的RS-485接口通信，采用标准的Modbus RTU协议与指令，控制变频器运行，其运行频率和运行状态由触摸屏设定和控制。控制系统方案设计如图3-19所示。

此方案中，PLC增加了特殊功能模块FX3U-485ADP-MB，FX3U-485ADP-MB支持Modbus协议，FX3U-485ADP-MB上有RDA、RDB、SDA、SDB、SG这5个端子，其中RD表示接收端子，SD表示发送端子。

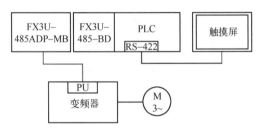

图3-19 控制系统方案设计

变频器通信接口为"PU"接口，为RJ-45网络插口模式，PU接口在外观上与以太网接口一致，虽然有8个接线端子，但是真正用到的只有5个。

变频器通信接口的功能如图3-20所示。采用568B标准的网络线。568B标准的做线顺序为，水晶头接触点水平放置，从左到右顺序依次为白橙、橙、白绿、蓝、白蓝、绿、白棕、棕。对应的接线为白橙线接SG端，白蓝线接SDA端，绿线接RDB端，白绿线接RDA端，蓝线接SDB端。

水晶头插针编号	PLC侧名称	变频器侧名称	变频器中的内容
1	SG	SG	接地
2	—	—	—
3	SDA	RDA	变频器接收+
4	RDB	SDB	变频器发送−
5	RDA	SDA	变频器发送+
6	SDB	RDB	变频器接收−
7	SG	SG	接地
8	—	—	—

变频器本体（插座侧）从正面看 ①～⑧

白橙 白绿 白蓝 白棕
橙 绿 蓝 棕
1 2 3 4 5 6 7 8

T568B

图3-20 变频器通信接口功能

2 PLC与变频器设计

（1）变频器通信参数设置

FR-E700系列变频器的通信参数设置如表3-6所示。

表3-6　FR-E700系列变频器的参数设置

参数号	参数名称	默认值	设置值	设置值含义
P117	PU通信站号	0	1	变频器站号指定，1台控制器连接多台变频器时要设定每台变频器的站号
P118	PU通信速率	96	192	48、96、192、384通信速率，设定值*100=通信速率
P119	PU通信停止位长	1	0	停止位长为1位，数据位长为8位
P120	PU通信奇偶校验	2	2	奇校验1，偶校验2
P121	PU通信再试次数		9999	即使发生通信错误变频器也不会跳闸
P122	PU通信校验时间间隔		9999	不进行通信校验（断线检测）
P123	PU通信等待时间设定		9999	
P340	指定电源接通时的运行模式	0	10	
P342	通信EEPROM写入选择	0	1	通过通信写入参数时，写入到RAM，防止频繁写入参数导致EEPROM寿命缩短
P549	协议选择	0	1	0表示三菱变频器（计算机连接）协议，1表示Modbus-RTU协议

（2）变频器Modbus通信寄存器

变频器的Modbus通信寄存器地址及内容解释、说明如表3-7所示。

表3-7　变频器的Modbus通信寄存器地址表

4区寄存器地址	编程地址	内容解释	说　明
40002	H0002	变频器复位写入	写入值可任意设定
40003	H0003	参数清除写入	写入值请设定为H965A
40004	H0004	参数全部清除写入	写入值请设定为H99AA
40009	H0009	运行状态/控制输入命令读取及写入	参考表3-8、表3-9
40010	H000A	运行模式/变频器设定读取及写入	参考表3-8、表3-9
40014	H000E	运行频率（RAM值）读取及写入	根据Pr.37的设定，可切换频率和转速
40015	H000F	运行频率（EEPROM值）写入	

注：Modbus地址编址时，地址必须减"1"。需要频繁变更参数时，请将Pr.342的设定值设定为"1"，选择写入到RAM。频繁写入参数到EEPROM会导致EEPROM寿命缩短。

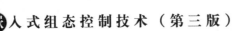

变频器的40009寄存器中，运行状态/控制输入命令的值如表3-8所示。

表3-8 变频器寄存器的运行状态/控制输入命令

数据位	规定内容	
	控制输入命令	变频器状态
0	停止指令	RUN（变频器运行中）
1	正转指令	正转中
2	反转指令	反转中
3	RH（高速指令）	SU（频率到达）
4	RM（中速指令）	OL（过载）
5	RL（低速指令）	0
6	0	FU（频率检测）
7	RT（第2功能选择）	ABC（异常）
8	AU（电流输入选择）	0
9	0	0
10	MRS（输出停止）	0
11	0	0
12	RES（复位）	0
13	0	0
14	0	0
15	0	异常发生

变频器运行模式的设定内容如表3-9所示。

表3-9 变频器运行模式的设定内容

运行模式	模式读取值	模式写入值
EXT	H0000	H0010
PU	H0001	—
EXT JOG	H0002	—
PU JOG	H0003	—
NET	H0004	H0014
PU＋EXT	H0005	—

变频器实时监视数据寄存器地址及内容分配如表3-10所示。

表3-10 变频器实时监视数据寄存器地址及内容分配

寄存器地址	寄存器内容	数据单位	寄存器地址	寄存器内容	数据单位
40201	输出频率/转速	0.01 Hz/无	40214	输出电力	0.01 kW
40202	输出电流	0.01 A	40220	累计通电时间	1 h
40203	输出电压	0.1 V	40223	实际运行时间	1 h
40205	频率设定值/转速设定值	0.01 Hz/无	40224	电动机负载率	0.1%
40207	电动机转矩的百分比值	0.1%	40225	累计电力	1 kW·h
40208	变流器输出电压	0.1 V	40252	PID目标值	0.1%
40209	再生制动器使用率	0.1%	40253	PID测量值	0.1%
40210	电子过电流保护负载率	0.1%	40254	PID偏差	0.1%
40211	输出电流峰值	0.01 A	40261	电动机过电流保护负载率	0.1%
40212	变流器输出电压峰值	0.1 V	40262	变频器过电流保护负载率	0.1%

（3）PLC程序设计

PLC作为Modbus主站，对从站进行通信控制时，必须使用Modbus读写指令：ADPRW。ADPRW功能代码样例如图3-21所示。

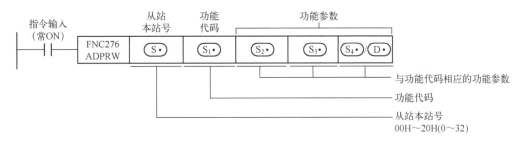

图3-21 ADPRW功能代码样例

例如：ADPRW H1 H6 H9C4E K1 D220

H1：Modbus从站本站号；

H6：功能码，'H6'代表'写入'；

H9C4E：要写入的变频器内部的地址编号，即十进制的寄存器40014；

K1：要写入的寄存器个数，这里代表写入1个寄存器；

D220：要写入到从站的数据起始地址。

整条指令的意思是：把PLC里面的D220寄存器的值写入到站号为1的变频器设备内部地址H9C4E（寄存器40014）中。

PLC主站程序设置如图3-22～图3-24所示。

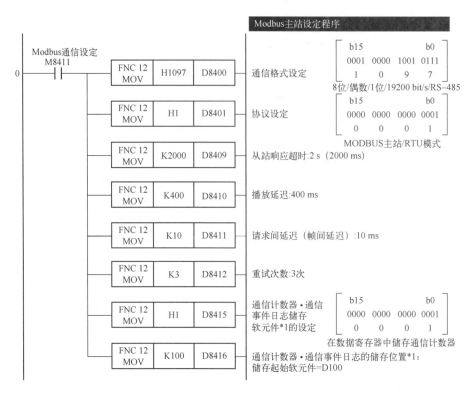

图3-22　PLC通信设置

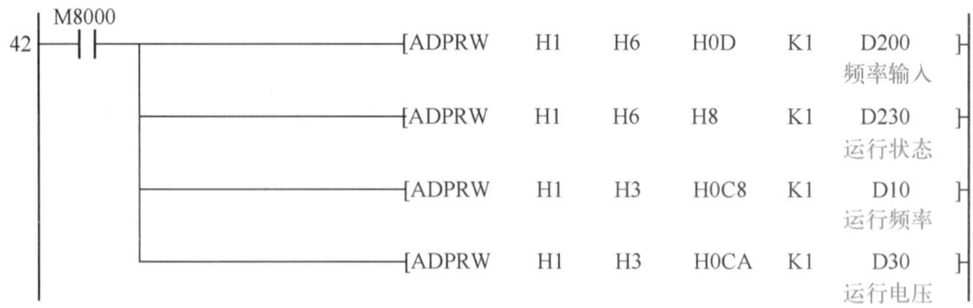

图3-23　通信读写参数数据

扫一扫

PLC 程序
编写

图3-24　启停控制程序

3 **建立组态工程**

新建工程"PLC和三菱变频器Modbus协议控制"，单击"保存"按钮。

4 **设备组态**

建立三菱_FX系列编程口与触摸屏通信数据连接，如图3-25所示。

设备属性名	设备属性值
[内部属性]	设置设备内部属性
采集优化	1-优化
设备名称	设备0
设备注释	三菱_FX系列编程口
初始工作状态	1 – 启动
最小采集周期(ms)	100
设备地址	0
通讯等待时间	200
快速采集次数	0
CPU类型	4 – FX3UCPU

图3-25 设备数据连接

5 **窗口组态**

（1）组态界面设计

新建一个用户窗口，根据任务要求进行组态界面设计，标题文字由"标签构件"**A**完成，启动按钮、停止按钮及反转按钮由"标准按钮构件"**⏎**完成，频率输入框、频率显示框由"输入框构件"**abl**来完成，最终效果如图3-26所示。

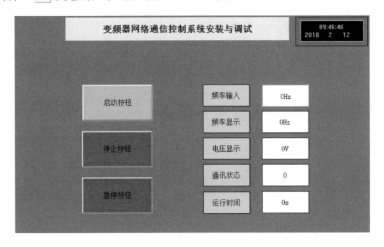

图3-26 组态界面示意图

扫一扫

组态设计

（2）系统的变量对应关系

系统的变量对应关系如表3-11所示。

表3-11 TPC与PLC变量对应关系

TPC变量	急停按钮	启停按钮	频率显示	电压显示	运行时间	频率值	运行状态
PLC变量	M0	M1	D10	D30	D40	D200	D230

频率输入框用来设置变频器的运行频率。

频率值显示框用来显示变频器当前运行的频率值。

启动、停止和急停三个按钮分别控制变频器的运行，实现相应的按钮控制功能。

6 运行调试

功能测试表和评分表如表3-12、表3-13所示。

● 扫一扫

运行调试

表3-12 功能测试表

观察项目 结果 操作步骤	频率显示	电压显示	运行时间	频率值	运行状态
	D10	D30	D40	D200	D230
初始状态					
输入频率值（20）					
按下启停按钮M1					
按下急停按钮M0					
按下启停按钮M1					

表3-13 评 分 表

评 分 表 学年		工作形式 □个人 □小组分工 □小组	工作时间/min	
任务	训练内容	训练要求	学生 自评	教师 评分
触摸屏＋ PLC＋三 菱变频器 Modbus 协议监控	工作步骤及电路图样， 20分	训练步骤；电路图；PLC程序		
	通信功能实现及通信连接，20分	触摸屏与PLC通信；PLC与变频器的通信		
	工程组态，组态界面制作，20分	设备组态；窗口组态		
	测试与功能，整个系统全面检测，30分	按钮功能；标签显示功能；输入框功能		
	职业素养与安全意识， 10分	现场安全保护；工具、器材、导线等处理操作符合职业 要求；分工合作，配合紧密；遵守纪律，保持工位整洁		

练习与提高

1. 若PLC通过FX3U-485ADP-MB模块与变频器通信时，变频器需要选择什么接口？采用什么通信协议？需要修改哪个参数？

2. 请尝试使用一台三菱FX3U系列的PLC，通过FX3U-485ADP-MB模块与两台变频器进行通信，要求按下启动按钮SB1后，第一台变频器以15 Hz的频率运行，等待5 s后，第二台变频器以25 Hz的频率运行。按下停止按钮SB2后，系统停止运行。

任务三　"触摸屏+PLC+变频器"监控

任务目标

（1）建立TPC7062K与PLC的通信，PLC通过脉冲和模拟量控制变频器运行；

（2）实施触摸屏监控界面组态；

（3）掌握触摸屏控制变频器启、停、反转及显示控制变频器频率的脉冲、模拟量的值。

任务描述

　TPC7062K通过与PLC的通信，控制MD320型变频器启、停、反转及运行频率，并显示脉冲和模拟量的值。系统由TPC7062K、H2U系列PLC、H2U-4DA模拟量模块、MD320型变频器、数据通信线、24 V开关电源等组成。

任务训练

1 建立工程

新建工程："触摸屏+PLC+变频器控制系统设计"，单击"保存"按钮。

2 设备组态

TPC变量与PLC变量对应关系见表3-14。

表3-14　TPC变量与PLC变量对应关系

TPC变量	正转按钮	停止按钮	反转按钮	脉冲值显示标签	模拟量值显示标签	频率输入
PLC变量	M0	M1	M2	D10	D20	D0

在工作台中激活设备窗口。在设备工具箱中，先后双击"通用串口父设备"和"三菱_FX系列编程口"添加至组态界面。提示是否使用三菱FX系列编程口默认通信参数设置父设备，单击"是"按钮退出，如图3-27所示，然后关闭设备窗口，返回工作台。

3 用户窗口组态

在用户窗口新建一个窗口，完成组态界面设计，标题文字由"标签构件" A 完成，启动按钮、停止按钮及反转按钮由"标准按钮构件" ⌐ 完成，频率输入构件、模拟量值显示、脉冲值显示由"输入框构件" abl 完成，组态界面示意图如图3-28所示。

频率输入框用来设置变频器的运行频率。

模拟量值显示输入框用来显示输给变频器的模拟量的值，脉冲值显示输入框用来显示输给变频器的脉冲频率值。

三个按钮分别控制PLC中三个辅助继电器实现按钮控制的功能。

代码

触摸屏 +PLC
+ 变频器组态
设计

图3-27　设备数据连接

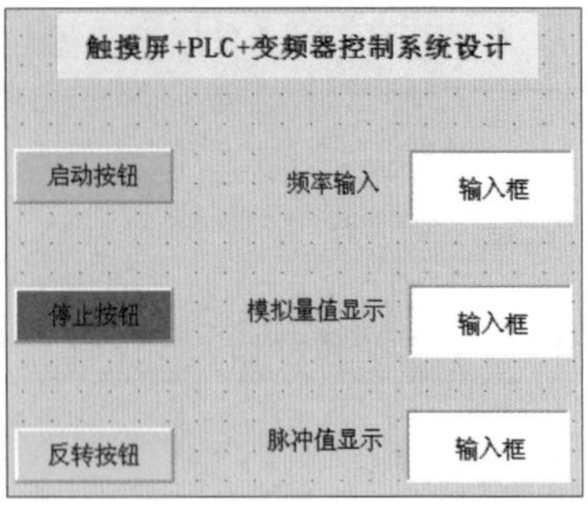

图3-28　组态界面示意图

4　硬件连接

　　方案一：PLC通过模拟量给定控制变频器的运行，变频器的运行模式采用外部端子控制模式，运行频率值由PLC通过4DA模块输出的模拟量来决定，硬件连接如图3-29所示。

　　方案二：PLC通过输出脉冲控制变频器的运行频率，变频器的运行模式采用外部端子控制模式，运行频率值由PLC通过Y0输出的脉冲频率值来决定，硬件连接如图3-30所示。

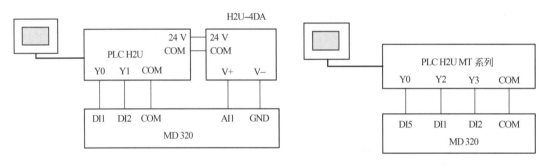

图3-29　PLC模拟量给定示意图

图3-30　PLC脉冲给定示意图

5　PLC与变频器设计

代码

方案一　PLC
设计

　　根据任务要求及以上两种方案的设计，PLC与变频器的参数和程序设置方案有以下两种：

　　方案一：PLC对变频器实现模拟量控制。PLC连接了特殊功能模拟量模块H2U-4DA。

　　H2U-4DA 是具有四路模拟量输出通道，最大分辨率为八位的模拟量I/O模块，模拟量输入和输出方式均可以选择电压或电流。

　　H2U-4DA 输出通道主要性能见表3-15。

表3-15　H2U-4DA 输出通道主要性能

BFM 特殊缓存器	R/W 读写属性	内　　容
#0	RW	输出模式选择，每个HEX位代表1个输入通道，4DA(R)：最高位为CH4，最低位为CH1；（默认值 = H0000）；2DA(R)：取低8位中的高HEX位为CH2，低HEX位为CH1；（默认值 = H00）。 0 = −10～10 V；对应数字输出：−2000～2000

续表

BFM 特殊缓存器	R/W 读写属性	内 容	
#0	RW	1 = 4～20 mA，对应数字输出：0～1000。 2 = 0～20 mA，对应数字输出：0～1000。 3 = 本通道关闭。 4 = -10～10 V，对应数字输出：-10000～10000。 5 = 4～20 mA，对应数字输出：0～10000。 6 = 0～20 mA，对应数字输出：0～10000	
#1	RW	通道1	通道输出值，初始值为0
#2	RW	通道1	
#3	RW	通道1	
#4	RW	通道1	
#20	RW	初始值 = 0，当写入1时，所有BFM单元将初始化为默认值。	
#29	R	错误状态字	
#30	R	模块识别码，4DA(R)模块的识别码为K3020，2DA(R)为K3021	

例如：将H2U-4DA模拟量输出模块安装在特殊功能模块#0号位置，其中CH1端口输出-10～10 V的电压信号，CH2输出4～20 mA的电流信号，CH3/CH4未使用；通过D0、D1设置通道CH1、CH2的输出值。相关程序如图3-31所示。

图3-31 相关程序

变频器参数设置：

MD320系列变频器的参数要进行相应的调整，变频器的参数设置如表3-16所示。

表3-16 变频器的参数设置

参数号	参数名称	默认值	设置值	设置值含义
F0-02	命令源选择	0	1	端子命令通道为外控方式
F0-03	主频率源设定	0	2	主频率由AI1输入端子确定
F4-00	DI1端子功能	1	1	正转运行
F4-01	DI2端子功能	4	2	反转运行
F4-11	端子命令方式	0	0	两线式模式

PLC程序设计如图3-32所示。

再加一个启、保、停电路控制变频器运行，梯形图程序如图3-33所示。

方案二：PLC对变频器实现脉冲控制。在该方案中，PLC必须采用晶体管输出型，Y0必须接到变频器的DI5端子上，PLC输出COM端和变频器的COM端相连，如图3-30所示。Y0点

代码

方案二 PLC设计

发出脉冲，脉冲给定信号规格为9～30 V、频率范围0～50 kHz，该频率范围对应0～50 Hz的输出频率。启停用Y2，Y3来控制。

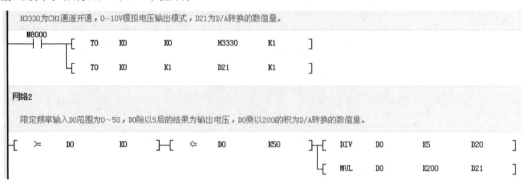

图3-32 PLC程序设计

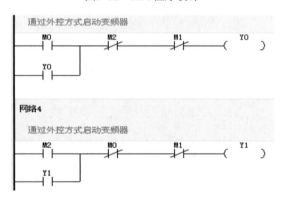

图3-33 梯形图程序

变频器参数设置：

MD320系列变频器的参数要进行相应的调整，变频器的参数设置如表3-17所示：

表3-17 变频器的参数设置

参数号	参数名称	默认值	设置值	设置值含义
F0-02	命令源选择	0	1	端子命令通道为外控方式
F0-03	主频率源设定	0	5	主频率由AI1输入端子确定
F4-00	DI1端子功能	1	1	正转运行
F4-01	DI2端子功能	4	2	反转运行
F4-11	端子命令方式	0	0	两线式模式

PLC程序设计如图3-34所示。

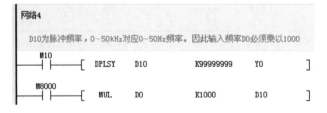

图3-34 梯形图程序

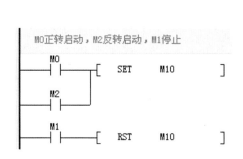

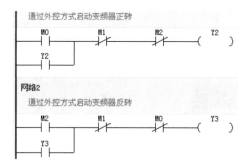

图3-34　梯形图程序（续）

6 运行调试

测试通信功能。将组态程序下载到TPC7062K上，再将TPC7062K与H2U系列的PLC相连接，方案一和方案二的具体连接方法请参考图3-29和图3-30。

将PLC程序下载到H2U系列PLC，再将触摸屏与H2U系列PLC连接，设置频率值，单击正转或反转按钮，按照给定的频率值控制电动机运转，并能实时显示当前的模拟量值或脉冲值。

功能测试表和评分表分别见表3-18和表3-19。

表3-18　功能测试表

操作步骤 ＼ 结果 ＼ 观察项目	D0		D10		D20	
	输入框	PLC	标签显示	PLC	标签显示	PLC
初始状态						
输入频率值（30）						
按下正转按钮						
按下反转按钮						
按下停止按钮						

表3-19　评　分　表

评 分 表 ＿＿＿＿＿学年		工作形式 □个人 □小组分工 □小组		工作时间/min ＿＿＿＿＿	
任务	训练内容及配分	训练要求		学生自评	教师评分
"触摸屏+PLC+变频器"监控	工作步骤及电路图样，20分	训练步骤；电路图；PLC程序清单			
	通信连接，20分	TPC与PLC通信			
	工程组态，20分	设备组态；窗口组态			
	功能测试，30分	按钮功能；指示灯功能；输入框功能			
	职业素养与安全意识，10分	现场安全保护；工具、器材、导线等处理操作符合职业要求；有分工有合作，配合紧密；遵守纪律，保持工位整洁			

学生：＿＿＿＿　教师：＿＿＿＿　日期：＿＿＿＿

练习与提高

1. 工程中H2U-4DA模块进行模拟量输出，如何测试是否输出正常？
2. 如果要调整加速和减速时间，怎样进行变频器参数的设置和修改？
3. 若D/A转换时，输入的频率值带一位小数位，数据如何处理？
4. 分析本任务变频器控制方式与项目二中任务四、任务五中串口通信的区别。

任务四　"触摸屏+PLC+变频器（一主二从）"监控

任务目标

（1）建立触摸屏与PLC、变频器的Modbus协议通信；

（2）熟悉触摸屏与PLC、变频器通信的组态以及调试运行过程；

（3）掌握触摸屏控制PLC、变频器启、停、反转控制及运行频率显示。

任务描述

以触摸屏为主站，通过Modbus协议监控H2U系列PLC，MD320变频器（一主二从），变频器频率值由触摸屏通信给定，变频器的启、停、反转运行控制模式为外部控制模式，由触摸屏通信给定PLC，控制PLC输出点来实现。

任务训练

1 建立工程

双击嵌入式组态环境图标，新建"触摸屏+PLC+变频器通信与监控（一主二从）"工程，单击"保存"按钮。

2 设备组态

TPC变量与PLC变量的对应关系如表3-20所示。

表3-20　TPC变量与PLC变量的对应关系

TPC变量	正转按钮	停止按钮	反转按钮	频率输入	频率显示
PLC变量	M0	M1	M2	D0	D10

组态设计界面如图3-35所示。

系统包含三个按钮，一个频率输入框，一个频率显示框。

系统的设备硬件连接如图3-36所示。

设置数据通信格式。在设备窗口添加"通用串口父设备"及两个"莫迪康ModbusRTU"设备，设备0与变频器相连，设备1与H2U系列PLC相连，如图3-37所示。

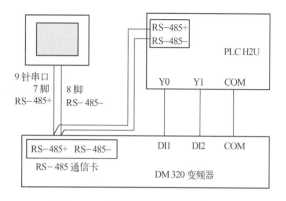

图3-35　组态设计界面　　　　　　　　图3-36　系统的设备硬件连接

代码

组态软件
设计

双击"通用串口父设备0"弹出"通用串口设备属性编辑"对话框，设置如图3-38所示；双击"莫迪康ModbusRTU"子设备，设置如图3-39和图3-40所示。

图3-37　设备窗口组态　　　　　　　　图3-38　通用串口父设备设置

设备属性名	设备属性值
[内部属性]	设置设备内部属性
采集优化	1-优化
设备名称	设备0
设备注释	莫迪康ModbusRTU
初始工作状态	1 - 启动
最小采集周期(ms)	100
设备地址	2
通讯等待时间	200
快速采集次数	0
16位整数解码顺序	0 - 12
32位整数解码顺序	0 - 1234
32位浮点数解码顺序	0 - 1234

图3-39　设备0驱动设备设置

设备属性名	设备属性值
[内部属性]	设置设备内部属性
采集优化	1-优化
设备名称	设备1
设备注释	莫迪康ModbusRTU
初始工作状态	1 - 启动
最小采集周期(ms)	100
设备地址	3
通讯等待时间	200
快速采集次数	0
16位整数解码顺序	0 - 12
32位整数解码顺序	0 - 1234
32位浮点数解码顺序	0 - 1234

图3-40　设备1驱动设备设置

按钮设置：设置好设备窗口后，回到用户窗口进行组态的连接，首先双击"正转按钮"，切换到"操作属性"选项卡，选中"数据对象值操作"复选框，选择"按1松0"选项，如图3-41所示，再单击 ? 按钮，弹出"变量选择"对话框，选择"根据采集信息生成"单选按钮，选择采集设备为"设备1[莫迪康ModbusRTU]"，通道类型为"[0区输出继电器]"，通道地址为"1"（Modbus协议地址从1开始）。读写类型为"读写"，然后单击"确认"按钮，如图3-42所示。另两个停止按钮和反转按钮参照此法设置，通道地址分别

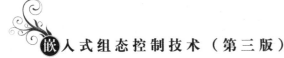

改为"2"和"3"。

图3-41　按钮设置　　　　　　　　　　　　图3-42　按钮变量连接

频率输入框设置：首先双击"频率输入"的输入框，切换到"操作属性"选项卡，如图3-43所示，再单击 ? 按钮，弹出"变量选择"对话框，选择"根据采集信息生成"单选按钮，选择采集设备为"设备0[莫迪康ModbusRTU]"，通道类型为"[4区]输出寄存器"，数据类型为"16位　无符号二进制数"，通道地址为"4097"（即H1000加1），读写类型为"只写"，然后单击"确认"按钮，如图3-44所示。

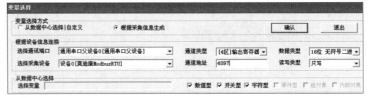

图3-43　输入框设置　　　　　　　　　　　图3-44　输入框变量连接

频率显示框设置：首先双击"频率显示"的标签，切换到"操作属性"选项卡，如图3-45所示，再单击 ? 按钮，弹出"变量选择"对话框，选择"根据采集信息生成"单选按钮，选择采集设备为"设备0[莫迪康ModbusRTU]"，通道类型为"[3区]输入寄存器"，数据类型为"16位　无符号二进制数"，通道地址为"4098"（即H1001加1），读写类型为"只读"，然后单击"确认"按钮，如图3-46所示。

图3-45　标签属性设置　　　　　　　　　　图3-46　标签变量连接

MD320变频器通过Modbus协议通信时，由于频率值输入时为频率值的百分比，0～50 Hz对应了0～10000的百分比，所以扩大了200倍，对于通道1的"设备0_只写4WUB4097"，需要在"设备窗口"的"设备0-- [莫迪康ModbusRTU]"子设备下，单击"设备0_只写4WUB4097"，再单击"通道处理设置"按钮进行工程量转换处理，如图3-47和图3-48所示。

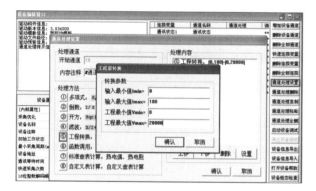

图3-47　通道处理选择

图3-48　"工程量转换"对话框

PLC程序设计如图3-49所示。

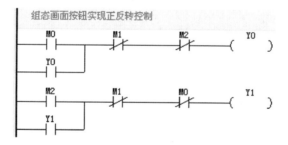

图3-49　梯形图程序

变频器参数设置：

MD320系列变频器的参数要进行相应的调整，变频器的参数设置如表3-21所示。

表3-21　变频器的参数设置

参数号	参数名称	默认值	设置值	设置值含义
F0-02	命令源选择	0	1	端子命令通道为外控方式
F0-03	主频率源设定	0	9	主频率由通信给定
F4-00	DI1端子功能	1	1	正转运行
F4-01	DI2端子功能	4	2	反转运行
F4-11	端子命令方式	0	0	两线式模式

3 调试运行

首先将嵌入式组态工程下载到触摸屏中。触摸屏通过9针串口的7引脚和8引脚实现RS-485通信，7引脚和8引脚分别接H2U系列可编程控制器COM1口的RS-485+和RS-485-，然后再分别接变频器扩展通信卡的RS-485+和RS-485-，牢记"+"和"+"相连，"-"和"-"相连。调试步骤：

（1）通电后，观察通信状态，0表示通信成功；其他数值表示通信有误。如通信异常，通过检查硬件接线、软件设置进行解决。

（2）设置变频器频率值，如30 Hz。

（3）按下"正转按钮"，变频器频率由0 Hz，逐渐上升至30 Hz，电动机正向旋转。

（4）按下"反转按钮"，变频器频率由30 Hz，逐渐下降至0 Hz，然后反转上升到反向的30 Hz。

（5）按下"停止按钮"，变频器频率由当前值，逐渐下降至0 Hz，电动机停转。

（6）填写调试记录表（见表3-22）和评分表（见表3-23）。

表3-22 调试记录表

操作步骤 ＼ 观察项目	通信状态	运行频率	Y0点	Y1点
设置频率值				
正转按钮				
反转按钮				
停止按钮				

表3-23 评 分 表

评分表 ___学年		工作形式 □个人 □小组分工 □小组		工作时间/min ___
任务	训练内容及配分	训练要求	学生自评	教师评分
"触摸屏+PLC+变频器（一主二从）"监控	工作步骤及电路图样，20分	训练步骤：变频器、PLC通信手册学习；变频器参数面板设置练习		
	通信连接，20分	通信数据线连接；TPC与变频器通信设置；TPC与PLC通信设置		
	工程组态，20分	设备组态；窗口组态		
	功能测试，30分	按钮功能；数据显示功能		
	职业素养与安全意识，10分	现场安全保护；工具、器材、导线等处理操作符合职业要求；有分工有合作，配合紧密；遵守纪律，保持工位整洁		

学生：_____ 教师：_____ 日期：_____

练习与提高

1. Modbus通信时，设备地址如何设置？请分别用变频器和PLC举例。

2. 若系统的第一台从站是PLC，第二台从站是变频器，组态里面的设备窗口如何设置？

3. 参考变频器手册，修改变频器的通信参数，使之能和触摸屏的9600波特率，8位数据位，无校验，2位停止位相连接，并通信正常。

4. 如何设置显示变频器的电压、电流、转速等其他运行参数？

5. 阐述一下触摸屏有RS-232、RS-485两个接口的意义？分析与项目二中任务四各个串口通信的区别。

任务五 触摸屏 +三菱PLC +三菱变频器多段速控制

任务目标

（1）会建立PLC与触摸屏的通信；

（2）能设计变频器多段速模拟调试和运行监控组态；

（3）掌握变频器多段速控制技术及控制方案。

任务描述

全国职业院校技能大赛"自动化生产线安装与调试"赛项中分拣站安装图如图3-50所示。其中部分控制要求如下：

扫一扫

多段速控制要求

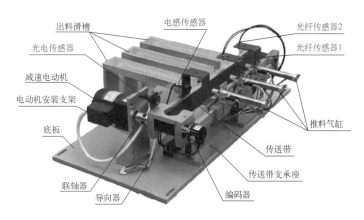

图3-50 自动化生产线分拣站安装图

（1）按下启动按钮，系统进入待机状态，当金属物料经落料口放置传送带，光电传感器检测到物料电动机以10 Hz频率启动正转运行，拖动传送带运载物料向电感传感器方向运动；行至电感传感器，电动机以30 Hz频率加速正转运行；行至光纤传感器1时，电动机以20 Hz频率减速正转运行；

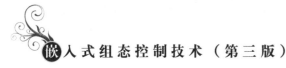

（2）当物料行至光纤传感器2时，电动机以20 Hz频率反转带动物料返回；当物料行至光纤传感器1时，电动机加速以30 Hz频率反转运行；当物料行至电感传感器，电动机以10 Hz减速反转运行；

（3）当物料行至落料口，光电传感器检测到物料，重复上述的过程；

（4）按下停止按钮，系统停止运行。

任务训练

1　电气系统硬件设计

（1）系统组成

根据系统控制要求，电气系统控制框图如图3-51所示。PLC采用多段速控制技术控制变频器实现10 Hz、20 Hz和30 Hz三段速控制，三相电动机连接通用型旋转编码器，PLC通过编码器输入信号采集电动机实时运行频率。

扫一扫

多段速控制
方案设计

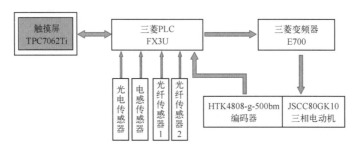

图3-51　电气系统控制框图

（2）多段速控制方案

变频器在外部操作模式或组合操作模式2下，可以通过外接的开关器件的组合通断改变输入端子的状态来实现调速，这种控制频率的方式称为多段速控制功能。FR-E700变频器的速度控制端子是RH、RM和RL。通过三个控制端子的组合可以实现七段速的控制，对应的控制端状态和变频器参数关系如图3-52所示。

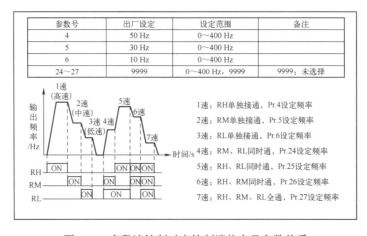

参数号	出厂设定	设定范围	备注
4	50 Hz	0～400 Hz	
5	30 Hz	0～400 Hz	
6	10 Hz	0～400 Hz	
24～27	9999	0～400 Hz，9999	9999：未选择

图3-52　多段速控制对应控制端状态及参数关系

本任务为三段速，可由两个速度端子组合构成，也可由RH、RM和RL单个通断来实现。本任务采用后者。硬件接线图如图3-53所示。其中STF为正转端子，STR为反转端子。

CAD 原理图
设计

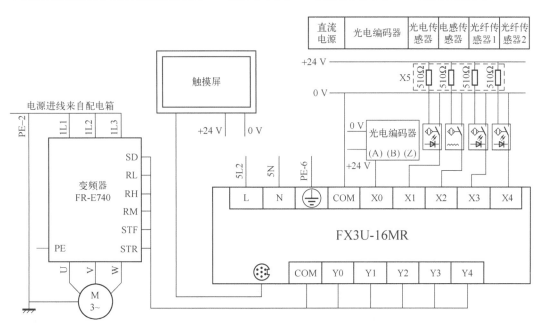

图3-53　PLC多段速控制变频器硬件接线图

（3）PLC I/O地址分配

任务中规定电动机多段速运行，启动、停止在触摸屏实现，本任务中将编码器A相接入PLC，PLC的I/O分配表如表3-24所示。

表3-24　自动化生产线分拣站PLC的I/O分配表

输入信号			输出信号		
序号	PLC输入	信号名称	序号	PLC输出	信号名称
1	X000	编码器A相	1	Y000	STF正转
2	X001	进料口光电传感器	2	Y001	STR反转
3	X002	电感传感器	3	Y002	RL低速
4	X003	光纤传感器1	4	Y003	RM中速
5	X004	光纤传感器2	5	Y004	RH高速

（4）变频器参数设置

根据前面的分析，变频器参数设置如表3-25所示。

表3-25　变频器参数设置

参数号	参数名称	默认值	设置值	设置值含义
Pr.79	运行模式选择	0	2	使用控制电路端子实现多段速为变频器"外部运行模式"；设置值为2时为固定外部运行模式，可以在外部、网络运行模式之间切换运行

续表

参数号	参数名称	默认值	设置值	设置值含义
Pr.1	上限频率	120 Hz	50 Hz	输出上限频率为50 Hz
Pr.2	下限频率	0 Hz	0 Hz	输出下限频率为0 Hz
Pr.4	多段速设定高速	50 Hz	30 Hz	变频器高速时输出频率40 Hz
Pr.5	多段速设定中速	30 Hz	20 Hz	变频器中速时输出频率30 Hz
Pr.6	多段速设定低速	10 Hz	10 Hz	变频器低速时输出频率20 Hz
Pr.7	加速时间	5 s	0.5 s	从停止到加减速基准频率的加速时间为0.1 s
Pr.8	减速时间	5 s	0.1 s	从加减速基准频率到停止的减速时间为1 s

扫一扫

组态界面
设计

2 ▶ 触摸屏监控界面设计分析

为方便模拟调试和运行监控，本系统共设计三个界面窗口："首页界面""模拟调试""运行监控"。

（1）"首页界面"如图3-54所示。从首页界面可分别进入模拟调试和运行监控画面。

图3-54 首页界面

（2）"模拟调试"如图3-55所示，在该界面中设置启动和停止按钮，用四个按钮模拟系统中四个传感器信号，当变频器在不同速度下按要求显示低速、中速和高速，实时显示变频器频率、电动机转速，并记录工件从入料口运行至光纤传感器2又回到入料口的循环次数。

（3）"运行监控"可监视生产线分拣站实际运行状态，界面中设置工作指示灯以及四个传感器工作状态，同时能实时显示变频器频率，电动机转速，并记录循环次数，如图3-56所示。

3 ▶ 建立组态工程

新建工程"变频器多段速控制工程"，单击"保存"按钮。

4 ▶ 设备组态

在工作台中激活设备窗口。在设备工具箱中，按先后顺序双击"通用串口父设备"和"三菱_FX系列编程口"添加至组态画面。提示是否使用三菱FX系列编程口默认通信参数设置父设备，单击"是"按钮退出，然后关闭设备窗口，返回工作台。

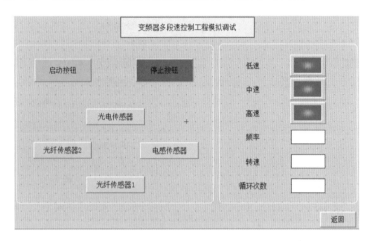

图3-55　模拟调试

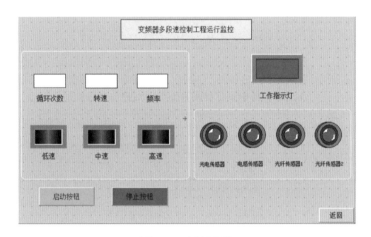

图3-56　运行监控

5　首页窗口组态

（1）在用户窗口新建一个窗口，窗口名称为"首页界面"。双击窗口空白处，将窗口背景色设置为绿色。

（2）标题由"标签构件" A 完成，输入文字"变频器多段速控制系统工程"，属性设置为：填充颜色黄色，没有边线，字体设置为黑色，宋体，一号。

（3）制作人由"标签构件" A 完成，制作人属性设置为：没有边线，没有填充，字体设置为黑色，宋体，小四。

（4）添加按钮。单击"标准按钮构件" ⌐，在窗口中添加两个按钮，分别命名为模拟调试和运行监控，字体设置为黑色、宋体、二号。

双击"模拟运行"按钮，弹出"标准按钮构件属性设置"对话框，切换至"操作属性"选项卡，单击"抬起功能"按钮，选中"打开用户窗口"复选框，选择"模拟调试"选项，如图3-57所示。单击"确认"按钮。同样的方法设置运行监控按钮，如图3-58所示。

图3-57　模拟调试按钮属性设置　　　　图3-58　运行监控按钮属性设置

6　模拟调试窗口组态

在本任务模拟调试界面中使用PLC中间继电器模拟传感器信号，系统的变量对应关系如表3-26所示。

表3-26　模拟调试界面TPC与PLC变量对应关系

TPC	PLC	TPC	PLC
启动	M0	高速	Y0
光电传感器	M1	中速	Y1
电感传感器	M2	低速	Y2
光纤传感器1	M3	正转	Y3
光纤传感器2	M4	反转	Y4
停止	M5	循环次数	D1
		频率标签	D2
		转速标签	D3

（1）在实时数据库中建立五个开关量，如图3-59所示，命名为正转、反转、低速、中速、高速，然后在设备编辑窗口连接变量到对应通道，如图3-60所示。

（2）在用户窗口新建"模拟调试"窗口，单击工具箱中"圆角矩形" ⬡，在窗口中画出两个矩形，属性为没有填充，线型颜色为白色。

（3）标题由"标签构件" Ⓐ 完成，启动按钮、停止按钮、光电传感器、电感传感器、光纤传感器1和光纤传感器2、返回由"标准按钮构件" ⎫ 完成。

按钮和PLC辅助继电器对应关系如表3-26所示，使用PLC程序分别控制M辅助继电器实现按钮控制的功能。

界面中标准按钮"操作属性"中"数据对象值操作"都选择"按1松0"，以启动按钮为例，单击 ⬚ 按钮，弹出"变量选择"对话框，选中"根据采集信息生成"单选按钮，通道类型下拉菜单选择"M辅助寄存器"，通道地址为"0"，读写类型选择"读写"，设置完成后单击"确认"按钮，如图3-61所示。使用相同的方法设置停止按钮、光电传感器、电感传感器、光纤传感器1和光纤传感器2。

图3-59　实时数据库变量

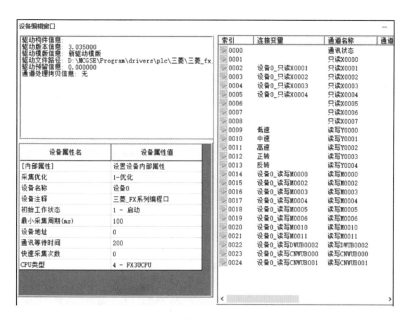

图3-60　设备编辑窗口通道

返回按钮操作属性如图3-62所示。

（4）低速、中速、高速指示灯由"插入元件"中"指示灯17"完成。双击低速指示灯，单击 ? 并选择低速，如图3-63所示。使用同样的方法设置中速和高速指示灯。

（5）频率、转速、循环次数由"标签构件" A 完成。双击频率标签，在弹出的"标签动画组态属性设置"中选择填充颜色为白色，并选中"显示输出"复选框，"显示输出"选中后会增加一个"显示输出"选项卡，如图3-64所示。切换至"显示输出"选项卡，设置如图3-65所示。用同样的方法完成转速和循环次数"标签构件"属性设置。

图3-61　启动按钮操作属性　　　　图3-62　返回按钮操作属性

图3-63　低速指示灯单元属性设置

图3-64　频率标签属性设置　　　　图3-65　频率标签显示输出属性设置

7 运行监控窗口组态

运行监控界面中系统的变量对应关系如表3-27所示。

表3-27 运行监控界面TPC与PLC变量对应关系

TPC	PLC	TPC	PLC
启动	M0	高速	Y0
光电传感器	X1	中速	Y1
电感传感器	X2	低速	Y2
光纤传感器1	X3	正转	Y3
光纤传感器2	X4	反转	Y4
停止	M5	循环次数标签	D1
工作指示灯	M10	频率标签	D2
		转速标签	D3

（1）在用户窗口新建"运行监控"窗口，单击工具箱中"圆角矩形" ▢ ，在窗口中画出两个矩形，属性为没有填充，线型颜色为白色。

（2）标题由"标签构件" Ⓐ 完成，启动按钮、停止按钮、返回由"标准按钮构件" ⌐ 完成。按钮和PLC辅助继电器对应关系如表3-27所示，使用PLC程序分别控制M辅助继电器实现按钮控制的功能。

返回按钮操作属性如图3-66所示。

（3）频率、转速、循环次数由"标签构件" Ⓐ 完成。设置方法与模拟调试界面中设置方法相同。

图3-66 返回按钮操作属性

（4）工作指示灯由"插入元件"中"指示灯6"完成，低速、中速、高速指示灯由"插入元件"中"指示灯18"完成。传感器指示灯由"插入元件"中"指示灯14"完成。该窗口中传感器指示灯单元属性设置，选择根据采集信息生成，并对应实际通道信息进行关联，如图3-67所示。其余构件属性设置与调试界面相同。

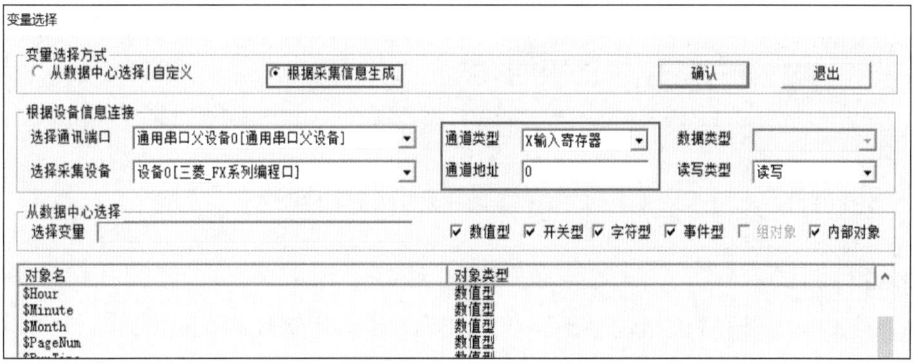

图3-67 传感器指示灯单元属性设置

93

8 PLC程序设计

根据控制要求，系统程序流程图如图3-68所示。程序设计可采用步进程序，按照系统控制要求步进执行。

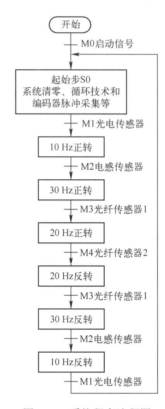

图3-68 系统程序流程图

● 扫一扫

主要梯形图
设计

编码器脉冲数采集程序如图3-69所示，SPD指令时将脉冲输入口X0在指定时间1000 ms (1 s)内的脉冲数放入D0。本任务中编码器分辨率为500 p/r，可计算出电动机转速为：脉冲数 (D0) ÷500 p/r。最后根据电动机转速与频率对应关系可以计算出D0中脉冲数与变频器实际输出频率的关系，经过计算与调试，变频器输出频率放入D2中。完整程序请读者自行完成。

*启动编码器脉冲速度检测程序，将编码器脉冲放入D0

图3-69 编码器脉冲数及频率采集程序

● 扫一扫

系统运行
调试

9 运行调试

将组态程序下载到TPC7062Ti上，将PLC程序下载到FX3U系列PLC，再将TPC7062Ti与FX3U系列的PLC使用编程口相连接。系统测试评分表如表3-28所示。

表3-28　系统测试评分表

任务	评分项目	评分点	配分	评分标准	学生自评	教师评分
触摸屏+三菱PLC+三菱变频器多段速控制	电路设计与安装（15分）	电路设计	5	按要求设计出PLC和变频器接线图		
		电路安装	5	（1）按图接线。 （2）正确连接PLC和触摸屏通信、触摸屏编写及下载		
		变频器参数设置	5	正确设置变频器参数		
	首页界面（15分）	界面设计	5	按照系统要求制作相应界面：具有模拟调试及运行监控按钮，设计美观大方		
		功能测试	10	（1）按下模拟调试按钮，能够进入模拟调试界面，并能够返回。 （2）按下运行监控按钮，能够进入运行监控界面，并能够返回		
	模拟调试（30分）	界面设计	1	按照系统要求制作相应界面： （1）按钮设计：具有启动按钮和停止按钮。 （2）按钮设计：具有模拟传感器的四个按钮。 （3）具有低速、中速和高速指示灯显示。 （4）具有频率、正转计数和反转计数标签构件。 （5）设计美观大方		
		启动功能	2	按下启动按钮，按下传感器按钮时，变频器能够正确启动		
		停止功能	2	按下停止按钮，再次按下传感器按钮，变频器不启动		
		多段速功能	25	（1）第一次按下光电传感器按钮，变频器频率从0 Hz上升至10 Hz，电动机正转。低速指示灯亮，频率、转速实时显示。 （2）第一次按下电感传感器按钮，电动机继续正转，变频器频率从10 Hz上升至30 Hz。高速指示灯亮，频率、转速实时显示。 （3）第一次按下光纤传感器1按钮，电动机继续正转，变频器频率从30 Hz减速至20 Hz。中速指示灯亮，频率、转速实时显示。 （4）按下光纤传感器2按钮，变频器频率从20 Hz下降至0 Hz，然后反转上升至20 Hz。中速指示灯亮，频率、转速实时显示。 （5）第二次按下光纤传感器1按钮，电动机继续反转，变频器频率从20 Hz上升至30 Hz。高速指示灯亮，频率、转速实时显示。 （6）第二次按下电感传感器按钮，电动机继续反转，变频器频率从30 Hz降至10 Hz。低速指示灯亮，频率、转速实时显示。 （7）第二次按下光电传感器，变频器从反转10 Hz降到0 Hz，然后正转上升至10 Hz重复以上过程。低速指示灯亮，频率、转速实时显示，循环次数+1		
		界面设计	1	按照系统要求制作相应界面： （1）按钮设计：具有启动按钮和停止按钮。 （2）具有工作指示灯显示。 （3）具有低速、中速和高速指示灯显示。 （4）具有传感器工作指示。 （5）具有频率、正转计数和反转计数标签构件。 （6）设计美观大方		
		启动功能	2	按下启动按钮，光电传感器检测到有工件时，变频器能够正确启动		
		停止功能	2	按下停止按钮，再次放下工件，变频器不启动		

续表

任务	评分项目	评分点	配分	评分标准	学生自评	教师评分
触摸屏+三菱PLC+三菱变频器多段速控制	模拟调试（30分）	多段速功能	25	（1）光电传感器第一次检测到工件，变频器频率从0 Hz上升至10 Hz，电动机正转。低速指示灯亮，频率、转速实时显示。 （2）工件经过电感传感器，电动机继续正转，变频器频率从10 Hz上升至30 Hz。高速指示灯亮，频率、转速实时显示。 （3）工件经过光纤传感器1，电动机继续正转，变频器频率从30 Hz降至20 Hz。中速指示灯亮，频率、转速实时显示。 （4）工件经过光纤传感器2，变频器频率从20 Hz下降至0 Hz，然后反转上升至20 Hz。中速指示灯亮，频率、转速实时显示。 （5）工件返回经过光纤传感器1，电动机继续反转，变频器频率从20 Hz上升至30 Hz。高速指示灯亮，频率、转速实时显示。 （6）工件返回经过电感传感器，电动机继续反转，变频率从30 Hz降至10 Hz。低速指示灯亮，频率、转速实时显示。 （7）工件回到光电传感器处，变频器从反转10 Hz降到0 Hz，然后正转上升至10 Hz重复以上过程。低速指示灯亮，频率、转速实时显示，循环次数+1		
	职业素养与安全意识（10分）	职业素养与安全意识	10	（1）不遵守现场安全保护及违规操作，扣1～6分。 （2）工具、器材等处理操作不符合职业要求，扣0.5～2分。 （3）不遵守纪律，未保持工位整洁，扣0.5～2分		

学员：_____ 教师：_____ 日期：_____

练习与提高

1. 若PLC与变频器使用RS-485通信，该如何显示频率，变频器参数又该如何修改？PLC参数如何设置？若PLC使用模拟量控制变频器，又该如何实现？

2. 如果系统要增加急停按钮，组态界面该如何修改，PLC程序又该如何修改？

3. 本任务中编码器只接了A相，如果A相和B相都接，那么就可以判断编码器旋转方向是正转还是反转，请读者自行完成。Z相编码器每旋转一圈，Z相只在一个固定的位置发一个脉冲，那Z相又有何作用？

4. 工件从入料口运行至光纤传感器2位置再回到入料口位置为循环一次，那么循环一次需要多长时间？如何计算？

任务六　"触摸屏 +PLC+伺服器+丝杠"控制

任务目标

（1）建立触摸屏与三菱FX3U系列PLC通信，掌握PLC驱动伺服和丝杠定位原理；

（2）会设置三菱MR-JE-10A伺服驱动器位置控制模式参数；

（3）掌握触摸屏组态设计、模拟调试和联机调试方法。

任务描述

2017年全国职业院校技能大赛"现代电气控制系统安装与调试"赛项部分任务要求，采用PLC控制伺服系统驱动丝杠平台按下列设计要求运行，触摸屏实时监视与控制。

（1）按下触摸屏上的启动按钮，伺服电动机旋转，拖动工作台从原点开始向右行驶，到达A点，停5 s，然后继续向右行驶，到达B点，停5 s，然后继续向右行驶，到达C点，停8 s，电动机反转返回原点，然后循环运行。

（2）若工作台不在原点位置，系统不能启动，必须按下复位按钮后，工作台回到原点位置复位后，系统方能启动。复位过程中，复位指示灯亮；按一下急停按钮，系统暂停，急停指示灯以1 Hz闪烁报警；再按一下急停按钮，系统从当前状态继续运行，急停指示灯灭；按下启动按钮，系统正常运行时，工作指示灯常亮；按下停止按钮，系统停止运行时，工作指示灯灭。

（3）工作台在丝杠上的运行位置和原点、A、B、C处传感器的检测状态能够实时同步显示，同时能显示滑台当前位置实时数据，并可以手动设置滑台原点位置偏移初始值数据和滑台运行速度。

扫一扫
伺服系统控制要求

任务训练

1 系统组成

按照设计要求，该系统组成框图如图3-70所示。在该控制系统中，触摸屏实现监视与控制，与PLC进行数据的双向传输；PLC连接控制伺服驱动器，驱动伺服电动机带动丝杠平台运行。

扫一扫
伺服系统总体方案设计

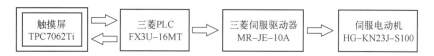

图3-70　系统组成框图

根据系统控制要求，主要部件选用清单如表3-29所示。

扫一扫
主要部件介绍

表3-29　主要部件选用清单

序号	名称	型号	单位	数量	元件图片
1	触摸屏	TPC7062Ti	台	1	
2	三菱伺服驱动器	MR-JE-10A	台	1	

续表

序号	名称	型号	单位	数量	元件图片
3	三菱伺服电动机	HG-KN23J-S100	台	1	
4	三菱伺服电动机编码器数据线	MR-J3ENCBL3M-A1-L	根	1	
5	三菱伺服电动机动力线	MR-PWS1CBL3M-A1-L	根	1	
6	I/O控制信号接插线	MR-J3CN1（C）	套	1	
7	三菱FX系列PLC	FX3U-16MT	台	1	
8	明纬牌24 V开关电源	MDR-60-24	个	1	
9	OMRON原点接近开关	TL-W3MC1	个	1	
10	抗法牌电感式传感器	LJ12A3-4-Z/BX	个	3	

续表

序号	名称	型号	单位	数量	元件图片
11	丝杠平台		套	1	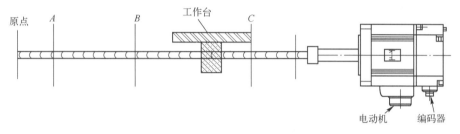

丝杠平台结构示意图如图3-71所示，丝杠平台安装实物如图3-72所示。丝杠的螺距为4 mm，原点、*A*、*B*、*C*处传感器均为接近开关，左右极限位置安装微动开关进行限位保护。

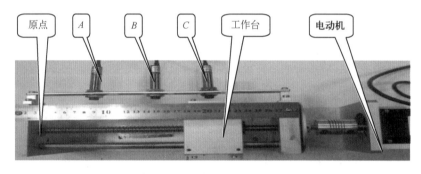

图3-71　丝杠平台结构示意图

图3-72　丝杠平台安装实物

2 控制电路图样设计

首先进行I/O分配，确定输入输出点及对应及功能，如表3-30所示。

表3-30　I/O分配表

输入信号		输出信号	
名　称	定　义	名　称	定　义
原点接近开关	X0	输出脉冲	Y0
C点接近开关	X2	脉冲方向	Y1
B点接近开关	X3		
A点接近开关	X4		

然后根据I/O分配表设计控制电路图，因为输入信号比较简单单一，这里不再赘述。此处，重点展示PLC与伺服驱动器I/O控制信号接插线CN1 50针插口的硬件连接，如图3-73所示。

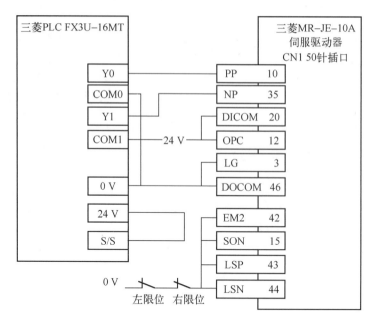

图3-73　PLC与伺服驱动器I/O控制信号接插线CN1插口的接线图

3 组态监视画面设计分析

根据设计任务要求，组态画面需要包含以下要素方能实现全部控制功能。

（1）工作、急停和复位指示灯合计三个。

（2）原点、A点、B点和C点传感器指示灯合计四个。

（3）启动、停止、急停和复位按钮合计四个。

（4）初始值和速度设定输入合计两个。

（5）滑台当前位置显示输出一个。

（6）能够实时显示丝杠平台运行情况的滑动输入器一个。

因此，触摸屏组态监视画面可以参考图3-74所示。

扫一扫

组态界面的
使用说明

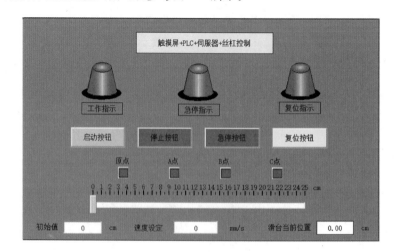

图3-74　丝杠控制组态参考画面

4 建立工程

双击组态环境快捷方式，单击"文件"菜单中"新建工程"选项，弹出"新建工程设置"对话框，选择 "TPC7062Ti"选项后，在"文件"菜单中"工程另存为"文件名栏内输入"触摸屏+PLC+伺服器+丝杠控制工程"，单击"保存"按钮。

扫一扫 ●⋯⋯⋯

组态界面
设计
●⋯⋯⋯

5 设备组态

（1）在工作台中激活设备窗口，鼠标双击 设备窗口 按钮进入设备组态画面，单击 ✕ 按钮打开"设备工具箱"，如图3-75所示。

（2）在设备工具箱中，按顺序先后双击"通用串口父设备"和"三菱_FX系列编程口"添加至组态画面窗口，如图3-76所示。

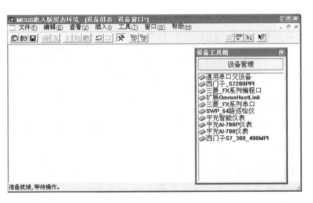

图3-75　设备工具箱 　　　　　　　　图3-76　添加子设备

（3）双击"通用串口父设备0—通用串口父设备"，数据校验方式选择"2-偶校验"，如图3-77所示；双击"设备0—[三菱_FX系列编程口]"，CPU类型选择"4-FX3UCPU"，如图3-78所示。所有操作完成后关闭设备窗口，返回工作台。

图3-77　串口设备校验设置 　　　　　　图3-78　CPU类型选择设置

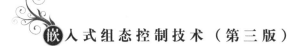
6 窗口组态

窗口组态的具体步骤如下：

（1）在工作台中激活用户窗口，单击"新建窗口"按钮，建立新画面"窗口0"。

（2）单击"窗口属性"按钮，在"用户窗口属性设置"，将"窗口名称"修改为"触摸屏+PLC+伺服器+丝杠控制工程"后保存。

（3）在用户窗口进入"触摸屏+PLC+伺服器+丝杠控制工程"动画组态，打开"工具箱"。

（4）建立基本元件。

① 按钮：从工具箱中单击"标准按钮"构件，在窗口编辑位置按住鼠标左键，拖放出一定大小后，松开鼠标左键，一个按钮构件就绘制在窗口画面中；双击该按钮打开"标准按钮构件属性设置"对话框，在基本属性页中将"文本"修改为启动按钮，"背景色"改为绿色，单击"确认"按钮保存；按照同样的操作分别绘制另外三个按钮，文本修改为停止按钮、急停按钮和复位按钮。按住【Ctrl】键，然后单击，同时选中四个按钮，使用工具栏中的等高宽、上（下）对齐和横向等间距对四个按钮进行排列对齐。最终效果图如图3-79所示。

启动按钮、停止按钮和复位按钮均为点动按钮制作，双击该按钮打开"标准按钮构件属性设置"对话框，在操作属性页中选择"数据对象操作"，选择"按1松0"，单击"确认"按钮保存。急停按钮为自锁按钮，选择"取反"，如图3-80所示。

图3-79 按钮制作

图3-80 启动按钮属性设置

② 标签：单击工具箱中的"标签"构件，拖放出一定大小的"标签"。双击进入该标签，弹出"标签动画组态属性设置"对话框，在扩展属性页，在"文本内容输入"中输入工作指示，单击"确认"按钮。用同样的方法，添加另外五个标签，文本内容输入急停指示、复位指示、初始值、速度设定、滑台当前位置以及单位，如图3-81所示。再添加一个标签，"属性设置"中的"输入输出连接"设置为"显示输出"，"表达式"设置为"滑台当前位置"，"输出值类型"设置为"数值输出"，"单位"设置为"cm"，如图3-82所示。

③ 输入框：单击工具箱中的"输入框"构件，拖放出一定大小的"输入框"。双击进入该输入框，弹出"输入框构建属性设置"对话框，在操作属性页，在"对应数据对象的名称"中输入"初始值"，单击"确认"按钮。因为没有设置新增数据初始值的"数据对象属性"，

组态会报警错误，单击"是"按钮，如图3-83所示。设置数据对象属性，如图3-84所示。

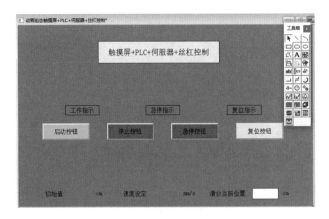

图3-81 标签制作

图3-82 标签属性设置

图3-83 输入框构建属性设置

图3-84 新增数据对象属性设置

设置完毕后，初始值会增加进入"实时数据库"中，如图3-85所示。同样的方法，添加"速度设定"输入框。完成后的组态画面如图3-86所示。

图3-85 输入框数据创建后的实时数据库

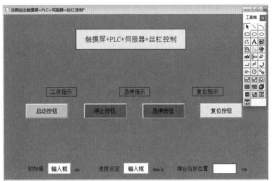

图3-86 插入输入框画面

④ 插入元件：单击工具箱中的"插入元件"构件，进入对象元件库管理中的指示灯，分

别选择指示灯8、指示灯9和指示灯6，调整至合适的大小和位置，如图3-87所示，完成后的组态画面如图3-88所示。

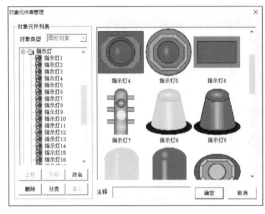

图3-87　插入元件　　　　　　　　　　　图3-88　插入指示灯画面

⑤ 滑动输入器的制作方法，步骤如下：

a. 选中"工具箱"中的滑动输入器图标，当鼠标呈"+"后，拖动鼠标到适当大小。调整滑动块到适当的位置。

b. 双击滑动输入器构件，进入图3-89所示的属性设置窗口。

按照下面的值设置各个参数：

"基本属性"选项卡中，滑块指向：指向左（上）；

"刻度与标注属性"选项卡中，"主划线数目"：25，"次划线数目"：2；小数位数：0；

"操作属性"选项卡中，对应数据对象名称为"滑台当前位置"；滑块在最左（下）边时对应的值：0；滑块在最右（上）边时对应的值：25；其他为默认值。

其他类似制作，效果如图3-90所示。

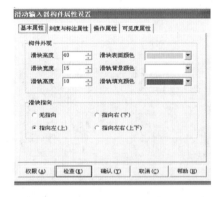

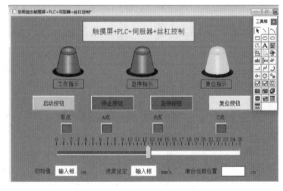

图3-89　滑动输入器属性设置　　　　　　　图3-90　运行画面

7　建立数据链接

根据触摸屏监视与控制要求，集中规划并列出了数据链接对照表，如表3-31所示。该表格中的输入/输出变量均对应于组态设计画面中的各构建要素，同时也将严格对应于后续PLC编程的内部存储器。

表3-31 数据链接对照表

输入变量		输出变量	
名　称	定　义	名　称	定　义
原点限位开关	X0	工作状态	M10
C点接近开关	X2	复位状态	M20
B点接近开关	X3	复位指示灯	M30
A点接近开关	X4	工作指示灯	M40
启动按钮	M0	急停指示灯	M50
停止按钮	M1	输出脉冲频率	D20
急停按钮	M2	输出脉冲数寄存器	D0
复位按钮	M3		
速度设定值	D10		

（1）按钮：双击启动按钮，弹出"标准按钮构件属性设置"对话框，切换到"操作属性"选项卡，默认"抬起功能"按钮为按下状态，选中"数据对象值操作"复选框，选择"按1松0"选项，如图3-91所示。单击 ? 按钮，弹出"变量选择"对话框，选择"根据采集信息生成"单选按钮，通道类型下拉菜单选择"M辅助寄存器"，通道地址为"0"，读写类型选择"读写"，如图3-92所示，设置完成后单击"确认"按钮。

图3-91 操作属性设置

图3-92 变量选择

同样的方法，双击停止按钮，弹出"标准按钮构件属性设置"对话框，切换到"操作属性"选项卡，默认"抬起功能"按钮为按下状态，选中"数据对象值操作"复选框，选择"按1松0"选项。在"变量选择"对话框，选择"根据采集信息生成"单选按钮，通道类型下拉菜单选择"M辅助寄存器"，通道地址为"1"，读写类型选择"读写"，设置完成后单击"确认"按钮。

双击急停按钮，弹出"标准按钮构件属性设置"对话框，切换到"操作属性"选项卡，默认"抬起功能"按钮为按下状态，选中"数据对象值操作"复选框，选择"取反"选项。在"变量选择"对话框，选择"根据采集信息生成"单选按钮，通道类型下拉菜单选择"M辅助寄存器"，通道地址为"2"，读写类型选择"读写"，设置完成后单击"确认"按钮。

双击复位按钮，弹出"标准按钮构件属性设置"对话框，切换到"操作属性"选项卡，默认"抬起功能"按钮为按下状态，选中"数据对象值操作"复选框，选择"按1松0"选项。在"变量选择"对话框，选择"根据采集信息生成"单选按钮，通道类型下拉菜单选择"M辅助寄存器"，通道地址为"3"，读写类型选择"读写"，设置完成后单击"确认"按钮。

（2）指示灯：双击工作指示灯，弹出"单元属性设置"对话框，在数据对象中的填充颜色，单击?按钮，弹出"变量选择"对话框，选择"根据采集信息生成"单选按钮，通道类型选择"M辅助寄存器"，通道地址为"40"，读写类型选择"读写"，如图3-93、图3-94所示，设置完成后单击"确认"按钮。同样的方法，设置急停指示灯和复位指示灯。

图3-93　数据连接　　　　　　　　　　图3-94　变量选择

双击原点指示灯，弹出"单元属性设置"对话框，在数据对象中的填充颜色，单击?按钮，弹出"变量选择"对话框，选择"根据采集信息生成"单选按钮，通道类型选择"X输入寄存器"，通道地址为"0"，读写类型选择"只读"，如图3-95、图3-96所示。同样的方法，设置A点、B点和C点指示灯。

（3）输入框：双击速度设定输入框，弹出"输入框构建属性设置"对话框，切换到"操作属性"选项卡，单击"对应数据对象的名称"中的?按钮，弹出"变量选择"对话框，选择"从数据中心选择"单选按钮，通道类型选择"D数据寄存器"，通道地址为"10"，数据类型选择"32位 无符号二进制"，读写类型选择"读写"，如图3-97、图3-98所示。

（4）滑台当前位置表达式编写：双击滑台当前位置显示输出标签，弹出"标签动画组态属性设置"对话框，在"显示输出"选项卡，单击?按钮，弹出"变量选择"对话框，选择"从数据中心选择"单选按钮，通道类型选择"D数据寄存器"，通道地址为"0"，数据类型选择"32位无符号二进制"，读写类型选择"读写"。要正确显示滑台当前位置，需要将输出脉冲数按照比例进行转换。丝杠的螺距为4 mm，伺服电动机转一周要1 000个脉冲，即1 cm对应2 500脉冲。因此滑台当前位置（单位：cm）表达式修改为：（设备0_读写DDUB0000/2500)+初始值，如图3-99、图3-100所示。

图3-95　数据连接

图3-97　输入框数据连接

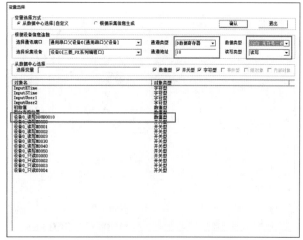

图3-96　变量选择

图3-98　输入框变量选择

此处的运算符号须在英文半角状态下输入，如果在中文状态下输入，组态检查将不能通过，出现语法错误，如图3-101、图3-102所示。

（5）脚本程序编写：单击工作台界面，切换至"用户窗口"选项卡，选中对应编辑窗口文件右侧的"窗口属性"，或双击用户窗口的组态画面，如图3-103所示，进入"用户窗口属性设置"对话框，切换至"循环脚本"选项卡，将循环时间（ms）修改为"100"，如图3-104所示。

图3-99　表达式编写　　　　　　　　　　图3-100　变量选择

图3-101　组态错误　　　　　　　　　　图3-102　语法错误

图3-103　工作台界面窗口属性　　　　　图3-104　"循环脚本"选项卡

　　打开脚本程序编辑器，在右侧的数据对象中选择需要的数据，将"滑台当前位置=（设备0_读写DDUB0000/2500)+初始值"输入脚本程序，然后单击"确定"按钮，退出脚本编辑器，再单击"确认"按钮，退出用户窗口属性设置，如图3-105所示。

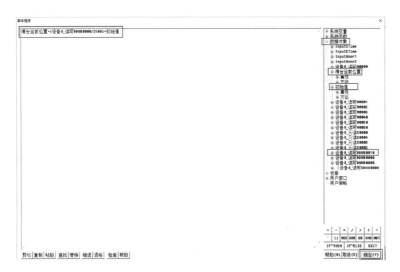

图3-105　脚本程序编辑器

扫一扫

伺服参数
设置

8 伺服参数设置

首先将伺服上电，设置表3-32所示的参数，其余均为初始值。设置完毕后，把系统断电，重新启动，则参数有效。

表3-32　伺服MR-JE-10A位置控制模式要设置的参数

参数	名　称	出厂值	设定值	说　明
Pr.PA05	每转指令输入脉冲数	10000	1000	设置成上位机发出1 000个脉冲，伺服电动机转一周。当Pr.PA21设置成1＿＿时，参数设置有效
Pr.PA13	脉冲指令输入形态	0100 h	0001 h	正逻辑：脉冲串+方向信号 PP NP　H　L
Pr.PA21	功能选择A-3	0001 h	1001 h	电子齿轮比选择1:1

9 程序设计

根据控制要求，写出控制程序流程图。程序主要分为两大部分，第一部分是初始化程序段，主要功能是系统初始化、相关数据的采集和换算以及各种标志位的标定；第二部分是工作流程主程序，主要功能是运用步进指令按步骤完成控制要求，如图3-106所示。

因步进指令工作流程很清晰，故不赘述。此处重点讲解PLC的初始化控制梯形图程序，如图3-107所示。

工作台移动的速度是用触摸屏（数据寄存器D10，单位mm/s）设置的，丝杠的螺距为4 mm，伺服电动机转一周要1 000个脉冲，则计算出产生脉冲的频率寄存器D20 = (D10*1000/4) Hz。伺服脉冲数换算程序如图3-108所示。

代码

PLC 程序

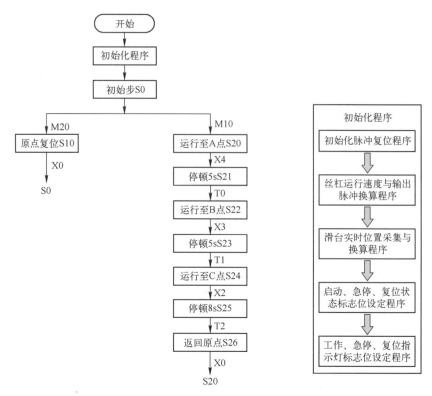

图3-106　流程图和初始化程序功能图

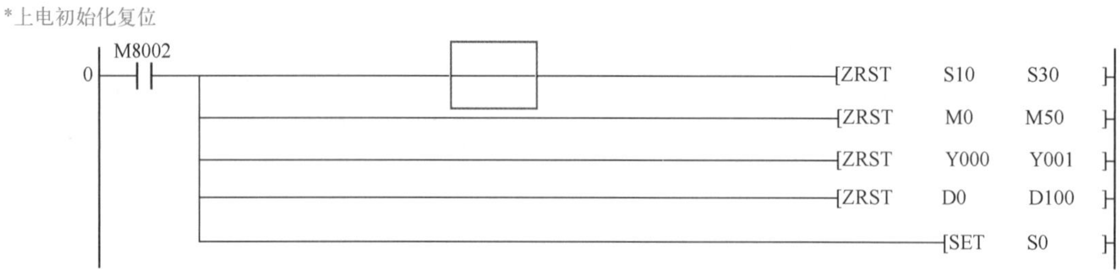

```
       M8002
  0 ───┤├─────────────────────────────────────[ZRST    S10    S30 ]
        │                                       [ZRST    M0     M50 ]
        │                                       [ZRST    Y000   Y001]
        │                                       [ZRST    D0     D100]
        └───────────────────────────────────────────────[SET    S0  ]
```

图3-107　PLC初始化梯形图程序

*伺服1000脉冲每转，丝杠4mm螺距，脉冲当量为250/mm

```
       M8000
 23 ───┤├──────────────────────────[DMUL    D10    K250    D20 ]
```

图3-108　伺服脉冲数换算程序

　　用D4转存在原点或C点脉冲数据，D30转存D8140实时脉冲数，根据伺服电动机的转向，对D4和D30进行加减运算，从而得到实时脉冲数据D0。通过脚本程序"滑台当前位置=（设备0_读写DDUB0000/2500)+初始值"计算，得出滑台当前位置数据。滑台当前位置数据运算程序如图3-109所示。

　　启动、复位、急停和停止按钮设定标志位的联锁程序，如图3-110所示。

　　启动、复位、急停指示灯标志位设定的联锁程序，原点归零后复位标志自复位程序，如图3-111所示。

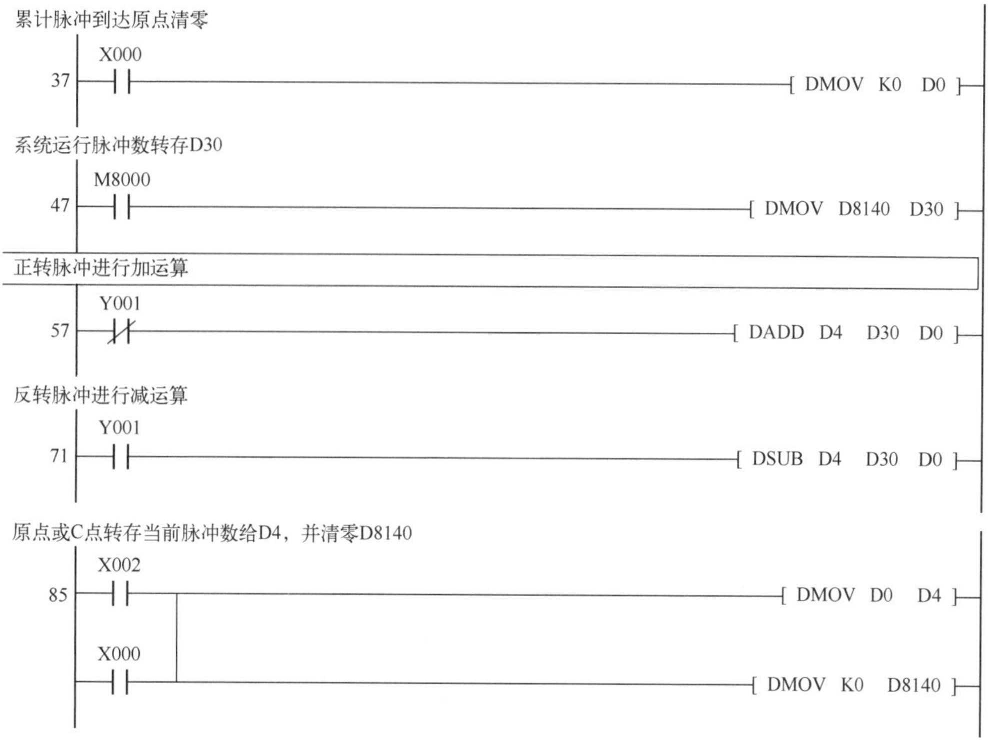

累计脉冲到达原点清零

```
       X000
37     ├┤├──────────────────────────────────┤ DMOV  K0   D0 ├
```

系统运行脉冲数转存D30

```
       M8000
47     ├┤├──────────────────────────────────┤ DMOV  D8140  D30 ├
```

正转脉冲进行加运算

```
       Y001
57     ├┤/├──────────────────────────────────┤ DADD  D4   D30   D0 ├
```

反转脉冲进行减运算

```
       Y001
71     ├┤├──────────────────────────────────┤ DSUB  D4   D30   D0 ├
```

原点或C点转存当前脉冲数给D4，并清零D8140

```
       X002
85     ├┤├──────┬───────────────────────────┤ DMOV  D0   D4 ├
       X000     │
       ├┤├──────┴───────────────────────────┤ DMOV  K0   D8140 ├
```

图3-109　滑台当前位置数据运算程序

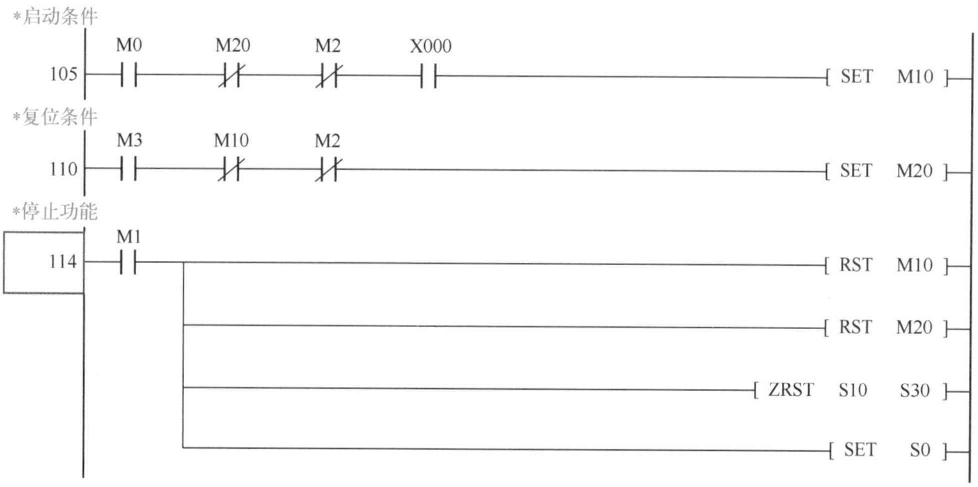

*启动条件
```
       M0    M20   M2    X000
105    ├┤├──┤/├──┤/├──┤┤├──────────────────┤ SET   M10 ├
```
*复位条件
```
       M3    M10   M2
110    ├┤├──┤/├──┤/├──────────────────────┤ SET   M20 ├
```
*停止功能
```
       M1
114  ┌─├┤├──────┬──────────────────────────┤ RST   M10 ├
     │          │
     │          ├──────────────────────────┤ RST   M20 ├
     │          │
     │          ├──────────────────────┤ ZRST   S10   S30 ├
     │          │
     └──────────┴──────────────────────────┤ SET   S0 ├
```

图3-110　启动、复位、急停和停止按钮设定标志位的联锁程序

系统流程选择性分支程序如图3-112所示。

复位归零流程具有急停和停止功能，其程序如图3-113所示。

工作流程同样具有急停和停止功能，其程序如图3-114所示。

启动指示灯
```
        M2    M10                                            ( M40 )
117 ───┤/├───┤├──────────────────────────────────────────────
```

急停指示灯
```
        M2    T11                                              K5
120 ───┤/├───┤/├─────────────────────────────────────────────( T10 )
```

```
        T10                                                    K5
125 ───┤├───┬───────────────────────────────────────────────( T11 )
            │
            └────────────────────────────────────────────────( M50 )
```

复位指示灯
```
        M2    M20                                            ( M30 )
130 ───┤/├───┤├──────────────────────────────────────────────
```

复位标志清零
```
        M20   X000
133 ───┤├───┤├──────────────────────────────────────[ RST  M20 ]
```

图3-111　启动、复位、急停指示灯标志位联锁程序

系统流程
```
136 ──────────────────────────────────────────────────[ STL  S0 ]
```

归零流程条件
```
        M20   X000
137 ───┤├───┤/├──────────────────────────────────────[ SET  S10 ]
```

启动流程条件
```
        M10   X000
141 ───┤├───┤├───────────────────────────────────────[ SET  S20 ]
```

图3-112　系统流程选择性分支程序

复位归零流程
```
145 ──────────────────────────────────────────────────[ STL  S10 ]
```

未按急停按钮，反转复位归零
```
        M2
146 ───┤/├───┬────────────────────────────[ PLSY  D20  K0  Y000 ]
             │
             └────────────────────────────────────────( Y001 )
```

到达原点或按下停止按钮，复位归零运行停止
```
        M10
155 ───┤/├───┬────────────────────────────────────────[ SET  S0 ]
        X000 │
      ───┤├──┴───────────────────────────[ MOV  K0  D8140 ]
```

图3-113　复位归零急停和停止程序

按下启动按钮，运行流程
```
164 ──────────────────────────────────────────────────[ STL  S20 ]
```

按下急停按钮，运行流程暂停
```
        M2
165 ───┤/├────────────────────────────────[ PLSY  D20  K0  Y000 ]
```

按下停止按钮，运行流程结束复位S0
```
        M10
173 ───┤├─────────────────────────────────────────────[ SET  S0 ]
```

到达C点位置，停顿5s
```
        X004
176 ───┤├─────────────────────────────────────────────[ SET  S21 ]
```

图3-114　工作流程急停和停止程序

10 ▶ 调试运行

（1）模拟调试：单击工具条中的下载![download]按钮，进行下载配置。选择"模拟运行"后，单击"工程下载"按钮，进入模拟运行画面。

（2）联机运行：PLC程序下载，设置伺服参数，启动伺服联机运行。单击"工程下载"按钮进行触摸屏运行画面。将PLC和触摸屏通过串口连接，实现数据交换。

在调试中，按照功能测试评分标准（见表3-33）中的评分标准，根据评分表（见表3-34）对任务完成情况做出评价。

扫一扫 ●······

伺服系统的
整体调试

表3-33　功能测试评分标准

评分项目	评分点	配分	评分标准
电路设计与安装（25分）	器件安装	5	（1）器件每少安装一个扣0.5分，扣完为止； （2）器件未按图纸布局安装，每处扣0.5，最高扣3分
	线路连接	20	（1）接线错误，每处扣1分，扣完为止； （2）未按图接线，每处扣0.5分，最高扣5分； （3）未按要求使用导线及选择颜色，每处扣0.5分，最高扣3分； （4）号码管全部未套或未标注，扣3分，部分完成，酌情扣0.5～1.2分； （5）全部未使用管型绝缘端子或U型插片，扣2分，部分完成，酌情扣0.5～1.2分； （6）线槽盖未盖每处扣0.2分，最高扣1分
触摸屏界面（20分）	触摸屏界面	20	按照系统要求制作相应界面： （1）指示灯设计7分：具有急停、工作和复位，原点、A点、B点、C点指示灯，每少一项扣1分； （2）按钮设计4分：具有启动、停止、急停和复位按钮，每少一项扣1分； （3）输入/输出显示设计6分：具有滑台初始值输入、运行速度设置及滑台当前位置显示，每少一项扣2分； （4）滑块实时位置显示功能，3分
功能测试与运行（45分）	参数设置	3	伺服驱动器参数设置：设置不正确，每处扣1分
	复位功能测试	4	（1）滑台运行速度设置10 mm/s后，按下复位按钮，复位指示灯长亮，2分； （2）滑台按照设定速度向原点运行，完成复位功能后，停止在原点，2分
	启动和停止功能测试	4	系统复位完成后，重新设置运行速度20 mm/s。 （1）按下启动按钮，运行指示灯长亮，滑台按设定速度运行，2分； （2）按下停止按钮，运行指示灯灭，滑台停止，2分
	急停功能测试	4	（1）系统在复位或者运行过程中，按一下急停按钮，急停指示灯闪烁，系统暂停运行，2分； （2）再按一下急停按钮，急停指示灯灭，系统恢复复位或者继续运行状态，2分
	滑台实时位置与传感器显示测试	6	系统复位完成后，按下启动按钮进行以下测试，测试完成后按下停止按钮。 （1）设定滑台初始值，与机械原点标定一致，1分； （2）滑台当前位置显示值与滑块实时位置同步，显示正确，3分； （3）原点、A点、B点、C点传感器显示正确，2分
	控制系统整体功能测试	24	按步骤进行系统功能整体测试，输入滑台初始值和运行速度。 （1）滑台未复位到原点位置，系统无法启动，2分； （2）滑台复位原点后，按下启动按钮，系统按照任务流程循环运行，16分； （3）滑台在复位原点或运行过程中任意位置，按下停止按钮，复位指示灯灭，系统运行停止，2分； （4）在系统运行中，按一下急停按钮，急停指示灯闪烁，系统暂停在当前流程步；再按一下急停按钮，急停指示灯灭，系统继续余下流程，2分； （5）触摸屏画面滑块实时位置指示和当前位置显示值同步、准确，2分
职业素养与安全意识（10分）	职业素养与安全意识	10	（1）不遵守现场安全保护及违规操作，扣1～6分； （2）工具、器材等处理操作不符合职业要求，扣0.5～2分； （3）不遵守纪律，未保持工位整洁，扣0.5～2分

表3-34 评 分 表

评 分 表 _____学年		工作形式 □个人 □小组分工 □小组		工作时间/min	
任务	训练内容	训练要求		学生自评	教师评分
触摸屏+丝杠控制工程	电路设计与安装，25分	触摸屏、伺服、PLC、丝杠等选择，电路设计与安装			
	触摸屏界面设计，完成组态界面制作，20分	设备组态；窗口组态；程序编写；参数设置			
	功能测试，整个装置全面检测，45分	按钮输入功能；指示灯功能；滑台移动；数据显示功能；伺服系统按控制要求运行			
	职业素养与安全意识，10分	现场安全保护；工具、器材等处理操作符合职业要求；分工合作，配合紧密；遵守纪律，保持工位整洁			

练习与提高

1. 如何进行循环次数统计，程序和画面如何设计？

2. 如何按下急停按钮，滑台停止，松开后继续运行，程序如何设计？

3. 如进行单周期运行，程序和画面如何设计？

4. 如进行单步测试，如何设计程序和画面？

项目四

➡ "触摸屏+PLC+传感器" 水位控制工程

根据水位控制工程经典案例，熟悉系统集成及调试的步骤，掌握组态设计、设备管理、权限设置、报表制作、曲线输出、模板应用等功能。一套完整的工控系统主要包括：控制系统（例如，PLC、触摸屏）、测量元件（例如，流量计、温度计、压力传感器）、控制元件（例如，各种调节仪表）、执行元件（例如，调节阀、执行机构）。工业控制系统网络化浪潮又将诸如嵌入式技术、多标准工业控制网络互联、无线技术等多种当今流行技术融合进来，从而拓展了工业控制领域的发展空间，带来新的发展机遇。

任务一 水位控制工程组态设计

🐇 任务目标

（1）了解水位控制工程要求；

（2）掌握水位控制工程用户窗口组态设计。

🦅 任务描述

通过控制水泵的启动和停止，实现水罐1自动注水；通过调节阀的开和关，自动调节水灌1的液位高度在合适的位置；调节阀和出水阀共同控制水罐2中液位在合适的位置。完成水位控制工程的工程建立、界面设计、定义数据对象、动画连接等功能。

🏋 任务训练

1 水位控制工程运行效果图

水位控制工程组态完成后，最终运行效果如图4-1、图4-2所示。图4-1包括大小两个水罐、一个水泵、一个调节阀和一个出水阀组成了水位控制工程的工艺流程图，此外，还有水位报警信息、报警指示灯和水位指示仪表等。图4-2使用报表和曲线分别显示了水位控制工程的实时数据、历史数据、实时曲线和历史曲线。

水位控制工程需要采集两个数值型数据：液位1（最大值10 m），液位2（最大值6 m）。三个开关型数据：水泵、调节阀、出水阀。其中开关量输出变量有：水泵的启动和停止；调节阀的开启和关闭；出水阀的开启和关闭。水罐1和水罐2的液位变量为模拟量输入。

水位控制工程工艺要求：当"水罐1"的液位达到 9 m，"水泵"关闭；"水罐1"液位不足 9 m，"水泵"打开。当"水罐2"的液位不足 1 m 时，关闭"出水阀"，否则打开

二十大报告
知识拓展 4

扫一扫 ●······

水位控制工
程组态设计
●······

"出水阀"。当"水罐1"的液位大于 1 m，同时"水罐2"的液位小于 6 m 时，打开"调节阀"，否则关闭"调节阀"。

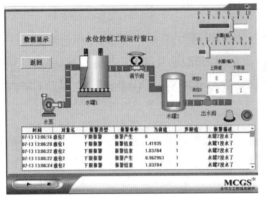

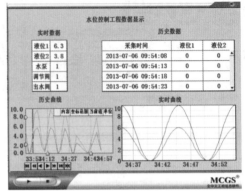

图4-1　水位控制工程主界面　　　　　　　　图4-2　水位控制工程数据显示

2 建立水位控制工程

双击组态环境快捷方式图标，选择"文件"菜单后，在其弹出的下拉菜单中选择"新建工程"命令，弹出"新建工程设置"对话框，选择"TPC7062KS"后单击"确定"按钮，选择"文件"菜单后，在其弹出的下拉菜单中选择"工程另存为"命令，选择文件保存的路径（如D:\），在"文件名"文本框内输入"水位控制工程"，如图4-3所示，单击"保存"按钮，打开工程如图4-4所示。

图4-3　保存水位控制系统工3程　　　　　　图4-4　打开新建的水位控制工程

3 用户窗口组态

（1）新建用户窗口。在图4-4中，在"用户窗口"选项卡中单击右侧的"新建窗口"按钮，则产生新"窗口0"，如图4-5所示。如果再次单击"新建窗口"按钮，可产生其他的用户窗口。

用鼠标选中"窗口0"，单击右侧"窗口属性"按钮，弹出"用户窗口属性设置"对话框，如图4-6所示。

将"窗口名称"改为"水位控制"；将"窗口标题"改为"水位控制"；然后单击"确认"按钮。这时可以看到，刚刚新建的窗口名称已经改名为"水位控制"了，如图4-7所示。双击"水位控制"图标，进入动画组态制作界面，如图4-8所示。

（2）添加图元。在图4-8中，单击工具条中"工具箱"按钮 🛠，弹出"工具箱"对话框。 单击"插入元件"按钮 📇，弹出"对象元件库管理"对话框。打开"对象元件列表"中的"储藏罐"文件夹，如图4-9所示，从中选取中意的罐，例如选择罐17，罐53。

图4-5 新建用户窗口　　　　　　　　　图4-6 设置用户窗口属性

图4-7 水位控制用户窗口　　　　　　　图4-8 动画组态制作界面

选择好的需要的水罐后，单击"确定"按钮，则所选中的罐出现在组态界面的左上角，如图4-10所示。可以使用鼠标改变其大小及位置。

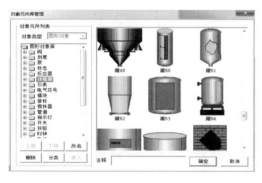

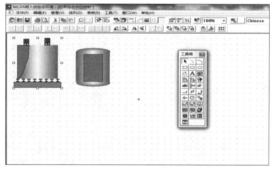

图4-9 添加水罐　　　　　　　　　　图4-10 添加罐17和罐53

同样的方法，从"对象元件库管理"对话框中的"阀"文件夹和"泵"文件夹中选取2个阀（阀44、阀58）、1个泵（泵40）。调整泵和两个阀到窗口合适的位置，如图4-11所示。

（3）绘制流动块。流动的水是由MCGS动画工具箱中的"流动块"构件制作成的。单击"工具箱"的"流动块"按钮┃▐▭┃。移动鼠标至窗口的预订位置（鼠标的指针变成十字形状），单击并移动，在鼠标指针后形成一条虚线，拖动一定距离后，再单击，生成一段流动块，再拖动鼠标（可沿原来方向，也可垂直原来方向），生成下一段流动块。若想结束绘制，双击即可，图4-11添加流动块后如图4-12所示。

图4-11　放置图形

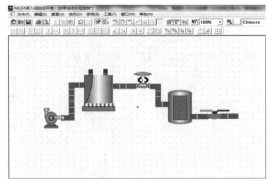

图4-12　添加流动块

（4）添加文字标注。图形构件放置完毕后，需要在窗口中加上文字标注，这样工程界面更易于理解。在"水位控制"用户窗口中，单击"工具箱"的"标签"按钮 A，鼠标的指针变成十字形状，在窗口任意位置拖动鼠标，绘出一个定大小的矩形。建立矩形框后，光标在其内闪烁，可直接输入文字"水位控制工程"，按回车键或在窗口任意位置单击一下，文字输入过程就会结束。如果用户想改变矩形内的文字，先选中文字标签，按回车键，光标显示在文字起始位置，即可进行文字修改。按照相同的方法，在相应的图形构件下面添加"水泵""水罐1""水罐2""调节阀"和"出水阀"五个标签。为了使文字标注美观大方，可对文字的显示颜色和大小等进行调整。选中"水位控制工程"文字框，单击工具条中的"填充色"按钮 ，设定文字框的背景颜色；同样，再次选中该文字框，单击工具条中的"线色"按钮 ，改变文字框的边线颜色。同样的设定的方法，对窗口中的其他文字框分别进行设定。选中"水位控制工程"文字框，单击工具条中的"字符字体"按钮 Aa，改变文字字体和大小。单击工具条中的"字符色"按钮 A，改变文字颜色。同样的方法，对其他文字标注进行字体和颜色的设定，最后的文字显示效果如图4-13所示。

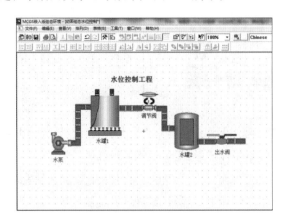

图4-13　最后的文字显示效果

关于标签文字的效果修改，也可以通过双击文字框来进行修改。至此，已经绘制好了基本的水位控制工程的静态图形。选择"文件"菜单后，在其弹出的下拉菜单中选择"保存窗口"命令，保存完成的界面，进入运行环境查看模拟运行。

4 定义数据变量

为了实现组态动画功能，需要在实时数据库中添加变量。这里一共添加10个数据对象：三个开关型（水泵、调节阀、出水阀）、六个数值型（液位1、液位2、液位1上限、液位1下限、液位2上限、液位2下限）和一个组对象（液位组）。其中，液位1范围为0～10 m，液位2范围为0～6 m，水泵、调节阀、出水阀有0（停）和1（启）两个状态。水位控制工程中使用的数据对象见表4-1。

表4-1　水位控制工程中使用的数据对象

序　号	对象名称	对象类型	注　释
1	水　泵	开关型	控制水泵"启动""停止"的变量
2	调节阀	开关型	控制调节阀"打开""关闭"的变量
3	出水阀	开关型	控制出水阀"打开""关闭"的变量
4	液位1	数值型	水罐1的水位高度，用来控制1#水罐水位的变化
5	液位2	数值型	水罐2的水位高度，用来控制2#水罐水位的变化
6	液位1上限	数值型	用来在运行环境下设定水罐1的上限报警值
7	液位1下限	数值型	用来在运行环境下设定水罐1的下限报警值
8	液位2上限	数值型	用来在运行环境下设定水罐2的上限报警值
9	液位2下限	数值型	用来在运行环境下设定水罐2的下限报警值
10	液位组	组对象	用于历史数据、历史曲线、报表输出等功能构件

新建数据对象的步骤是"水位控制工程"工作台中，先单击"实时数据库"按钮，再单击"新增对象"按钮后，双击新增对象，弹出"数据对象属性设置"对话框，按照表4-1修改"对象名称"和"对象类型"即可。

上述方法为逐一增加变量，也可单击"成组增加"按钮，批量添加数据对象。单击"成组增加"按钮后，弹出"成组增加数据对象"对话框，"增加的个数"改为10即可一次增加10个数据对象，然后同样按照表4-1修改"对象名称"和"对象类型"即可完成数据对象的添加。

定义组对象类型数据对象与其他类型数据对象有所不同。在"数据对象属性设置"对话框中，切换到"存盘属性"选项卡，选择"定时存盘，并将存盘周期设为5秒"，如图4-14所示；切换到"组对象成员"选项卡，将左侧"数据对象列表"中的"液位1"、"液位2"增加到右边"组对象列表"中，如图4-15所示。

图4-14　组对象存盘属性设置

图4-15　组对象成员设置

5 动画连接

组态中由图形对象搭制而成的图形界面是静止不动的，需要对这些图形对象进行动画设计，真实地描述外界对象的状态变化，达到过程实时监控的目的。MCGS实现图形动画设计的主要方法是将用户窗口中图形对象与实时数据库中的数据对象建立相关性连接，并设置相应的动画属性。在系统运行过程中，图形对象的外观和状态特征，由数据对象的实时采集值进行驱动，从而实现了图形的动画仿真效果。

（1）水罐动画连接。在"用户窗口"选项卡中，双击"水位控制"图标，进入组态界面，双击水罐1，弹出"单元属性设置"对话框如图4-16所示。切换到"动画连接"选项卡，选中"折线"命令，则会出现 > 按钮。单击 > 按钮，弹出"动画组态属性设置"窗口，各项设置如图4-17所示，其他属性不变。

 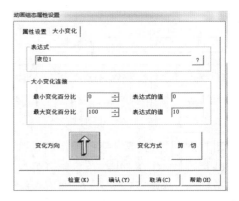

图4-16　水罐1属性设置　　　　　　图4-17　水罐大小变化设置

各项内容设置好后，单击"确认"按钮，再单击"确认"按钮，水罐1的对象变量连接就成功了。水罐2的对象变量连接方法与水罐1的相同，只需要把"表达式"连接中的"液位1"改为"液位2"；"最大变化百分比"为"100"，对应的"表达式的值"由"10"改为"6"即可。

（2）调节阀动画连接。在"水位控制"窗口中，双击调节阀，弹出调节阀的"单元属性设置"对话框。切换到"动画连接"选项卡，如图4-18所示。选中最下端"组合图符"命令，出现 > 按钮，如图4-18所示。单击 > 按钮，弹出"动画组态属性设置"对话框，按图4-19所示进行修改，其他属性不变。

图4-18　调节阀动画连接属性窗口　　　　图4-19　调节阀填充颜色属性设置

单击图4-19中"表达式"右侧的 ? 按钮,可以从实时数据库中选择已经定义好的对象变量。这里选择"调节阀"。也可以直接在"表达式"文本框中输入要连接的对象变量名称。

表达式连接设置好后,切换到图4-19中的"按钮动作"选项卡,进入按钮动作属性设置,如图4-20所示。在图4-20所示的"按钮对应的功能"中,选择"数据对象值操作"复选框,单击 ? 按钮,连接对象变量"调节阀",设置在按钮动作的情况下,"调节阀"对象变量执行"取反"操作。设置完成后,单击"确认"按钮,再单击"确认"按钮,调节阀的变量连接就成功了。

(3)水泵动画连接。水泵的动画属性设置跟调节阀属性设置的方法类似,如图4-21所示。在图4-21中,单击"组合图符"命令,按照设置调节阀相同的方法进行水泵的按钮动作设置,设置完成后,单击"确认"按钮回到图4-21状态,再单击"矩形"命令,切换到"填充颜色"选项卡,在表达式中连接变量"水泵"。单击"确认"按钮退出后,水泵的动画组态属性就设置完成了。

图4-20 调节阀按钮动作设置

图4-21 水泵单元属性设置

(4)出水阀动画连接。本工程选用的出水阀具有两个把手,绿色把手代表阀门打开,红色把手代表阀门关闭。下面进行出水阀的单元属性设置。双击出水阀,如图4-22所示,切换到"动画连接"选项卡。在图4-22中选择"组合图符"命令,单击 > 按钮,弹出"动画组态属性设置"对话框,切换到"按钮动作"选项卡,按图4-23所示进行"数据对象值操作"设置。

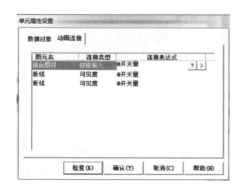

图4-22 出水阀动画连接设置

图4-23 出水阀按钮动作设置

按钮动作设置完成后,单击"确认"按钮,屏幕显示如图4-24所示。选择"折线"命令，单击▷按钮，弹出"动画组态属性设置"对话框，切换到"可见度"选项卡，如图4-25所示。"表达式"文本框中输入"出水阀=1"，"当表达式非零时"选择"对应图符可见"单选按钮。

在图4-25中切换到"属性设置"选项卡，显示如图4-26所示，在该图中不用做任何设置，注意此时的"填充颜色"要为"绿色"，单击"确认"按钮，屏幕显示如图4-27所示。

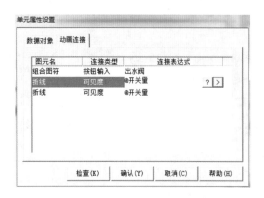

图4-24　出水阀动画连接设置

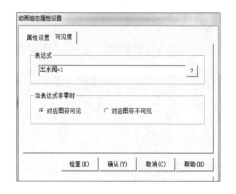

图4-25　可见度设置

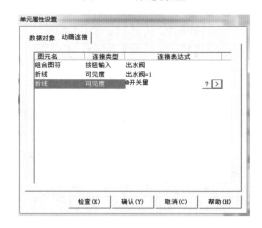

图4-26　出水阀折线属性设置

图4-27　出水阀动画连接设置

在图4-27中，选择最下端的"折线"命令，单击▷按钮，弹出"动画组态属性设置"对话框，如图4-28所示。注意此时的"填充颜色"为"红色"。

在图4-28中切换到"可见度"选项卡，进入折线可见度属性设置，如图4-29所示。注意此时"表达式"虽然还是"出水阀=1"，但是"当表达式非零时"选择"对应图符不可见"单选按钮。或者"表达式"中改为"出水阀=0"，"当表达式非零时"选择"对应图符可见"单选按钮，也可以实现相同的动画功能。

（5）流动块动画连接。在完成的静态图形中，现在就流动块的动画属性还没有进行设置了。如果工程中不对流动块进行动画属性设置，那么工程运行起来后，流动块默认是流动状态。

在"水位控制"窗口中，双击水泵右侧的流动块，弹出"流动块构件属性设置"对话框。只需进行流动块的"流动属性"设置。修改"表达式"连接的对象变量，其他属性不变，设置方式如图4-30所示。

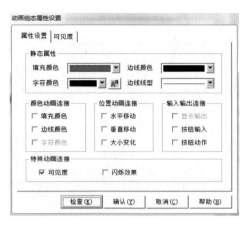

图4-28 折线属性设置

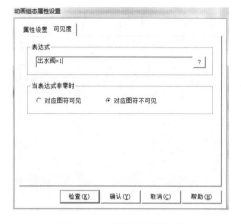

图4-29 折线可见度设置

与调节阀相连的流动块在"流动块构件属性设置"对话框中，只需要把"表达式"文本框相应改为"调节阀=1"即可，如图4-31所示。

图4-30 水泵流动块属性设置

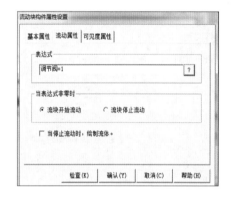

图4-31 调节阀流动块属性设置

与出水阀相连的流动块在流动块构件"流动属性"选项卡中，只需要把"表达式"文本框相应改为"出水阀=1"即可，如图4-32所示。

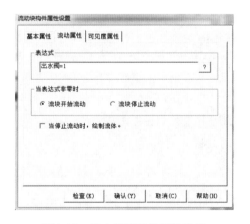

图4-32 出水阀流动块属性设置

至此动画连接已经设置完毕，可以进入运行环境观看动画模拟运行效果。评分表见表4-2。

表4-2 评 分 表

评 分 表 ——————— 学年		工 作 形 式 □个人 □小组分工 □小组		工作时间/min	
任务	训练内容及配分	训练要求		学生 自评	教师 评分
水位 控制 工程 组态 设计	组态工程建立，5分	TPC型号选择是否正确；组态工程保存路径是否正确			
	组态窗口制作，40分	水罐制作；调节阀制作；出水阀制作；流动块制作文字标签制作			
	组态动画连接，40分	水罐动画连接；调节阀动画连接；出水阀动画连接；流动块动画连接			
	功能测试，15分	模拟运行整个组态动画功能是否正常			

学生：_____ 教师：_____ 日期：_____

练习与提高

1. 选中对象元件库管理中的图形，右击选择"分解"命令，观察图形是如何组成的？
2. 如何添加新的图形进入对象元件库管理？
3. 实时数据库中数据对象有哪些类型？
4. 组对象数据对象使用时有什么注意事项？组对象类型数据对象成员要什么要求？
5. 流动块中有的流向不一致，可能由哪些因素造成的？如何修改？
6. 水罐1水罐大小变化设置中将表达式的值改为100，会出现什么现象？为什么？
7. 水罐2水罐最大变化百分比设为50，会出现什么现象？为什么？
8. 试利用可见度功能实现水位控制工程标题闪烁效果。
9. 试利用标签构件添加水罐中液位的工程单位。

●扫一扫

水位控制脚本程序编写

任务二 水位控制脚本程序编写

任务目标

（1）掌握运用组态软件脚本程序编写控制流程；
（2）掌握手动调节液位的方法。

任务描述

利用组态脚本程序编写控制流程，采用滑动输入器实现手动调节液位大小变化的方法，实现水泵、调节阀和出水阀的自动开启和关闭。

任务训练

1 利用滑动输入器手动调节水位

在"用户窗口"选项卡中选中"水位控制"图标，右击，如图4-33所示，选择"设置为启动窗口"命令，这样工程运行后会自动进入"水位控制"窗口。

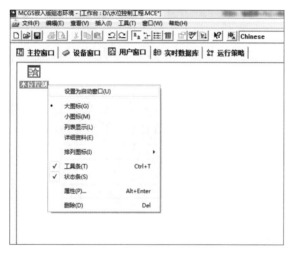

图4-33　设置启动窗口

选择"文件"菜单后，在其弹出的下拉菜单中选择"进入运行环境"命令或直接按【F5】或直接单击工具条中 图标，都可以进行运行环境。在弹出的"下载配置"对话框中，如图4-34所示，先单击"模拟运行"按钮，然后单击"工程下载"按钮，下载完毕后，如图4-35所示，最后单击"启动运行"按钮，进入运行环境。

图4-34　下载配置设置

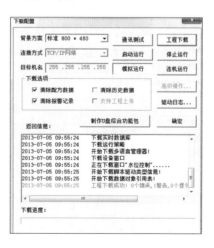

图4-35　完成工程下载

进入运行环境后，看见的画面并不能动，移动光标到"水泵""调节阀""出水阀"上面的红色部分，会出现一只小"手"，单击一下，红色部分变为绿色，同时流动块相应地运动起来。但此时水罐仍没有变化，这是由于没有信号输入的原因，同时也没有人为地改变液

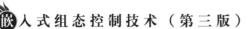

位值导致的。现在可以用下面的方法改变两个水罐的液位值，使水罐里的液位动起来。

再次进入"水位控制"窗口，在"工具箱"中选中"滑动输入器"按钮 ⊶，当光标变为"+"后，拖动鼠标到合适大小，如图4-36所示。

双击图4-36中的"滑动输入器"构件，弹出"滑动输入器构件属性设置"对话框，如图4-37所示。"滑块指向"选择"指向左（上）"单选按钮。

以对象变量液位1为例，在图4-38所示"滑动输入器构件属性设置"对话框中的"操作属性"选项卡中把"对应数据对象的名称"改为"液位1"；也可以单击图4-38中的 ? 按钮，到实时数据库中选择相应对象变量。"滑块在最右（下）边时对应的值"为"10"。

在图4-39"滑动输入器构件属性设置"对话框的"刻度与标注属性"选项卡中，把"主划线 数目"改为"5"，即能被10整除，"小数位数"改为"0"，其他不变。

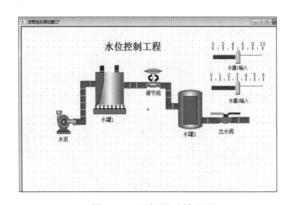

图4-36 添加滑动输入器

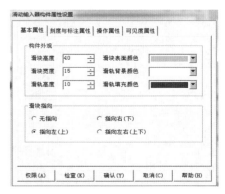

图4-37 滑动输入器构件基本属性

同样的设置方法，对另一个"滑动输入器"构件连接对象变量"液位2"，在"水位控制"窗口中对两个"滑动输入器"构件使用"标签"进行注释"水罐1输入"和"水罐2输入"。进入运行环境模拟调试，拖动滑动输入器可使水罐中的液面动起来。

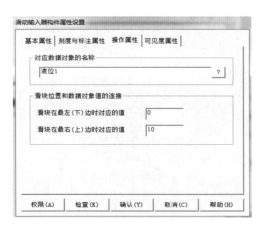

图4-38 滑动输入器构件的操作属性设置对话框

图4-39 滑动输入器构件的刻度与标注属性设置

▶ 2 编写控制流程脚本程序

前面实现了水罐液位的手动调节，那么如何通过编写脚本程序来实现阀门根据水罐中的水位变化自动开启的控制流程呢？

控制流程：假设当"水罐1"的液位达到9 m，"水泵"关闭；"水罐1"液位不足9 m，"水泵"打开。当"水罐2"的液位不足1 m时，关闭"出水阀"，否则打开"出水阀"。当"水罐1"的液位大于1 m，同时"水罐2"的液位小于6 m时，打开"调节阀"，否则关闭"调节阀"。具体操作如下：

在工作台中切换到"运行策略"选项卡，在"运行策略"中，双击"循环策略"命令，双击 图标进入"策略属性设置"对话框，如图4-40所示，把"策略执行方式"中的循环时间设为200，单击"确认"按钮。

在策略组态中，单击工具条中的"新增策略行"按钮 ，则屏幕显示如图4-41所示。

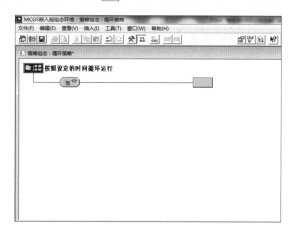

图4-40 循环策略属性设置　　　　图4-41 新建策略行

在策略组态中，单击工具条中的"工具箱"按钮 ，弹出"策略工具箱"对话框，如图4-42所示。

单击"策略工具箱"中的"脚本程序"命令，把鼠标移出"策略工具箱"，会出现一个小手，把小手放在图4-41中的 图标上，单击，则屏幕显示如图4-43所示。

图4-42 策略工具箱

双击 按钮进入脚本程序编辑环境，输入程序如图4-44所示。

图4-43 添加脚本程序构件　　　　图4-44 水位控制脚本程序

单击"确认"按钮，退出脚本程序编辑环境，则脚本程序就编写好了。

3 运行调试

（1）将工程下载进入触摸屏中，手动调节水罐1、水罐2对应的滑动输入器，观察水罐1、水罐2中的水位是否跟随滑动输入器数值大小变化而变化。

（2）水罐1、水罐2中液位变化后，水泵、调节阀、出水阀是否自动开启和关闭，流动块是否相应流动和停止。

功能测试表如表4-3所示，评分表如表4-4所示。

表4-3 功能测试表

操作步骤 \ 观察项目（结果）	水泵状态	水泵颜色	调节阀状态	调节阀颜色	出水阀状态	出水阀颜色
液位1<9 m 同时液位2=0						
液位2>1 m 同时液位1=0						
液位1>1 m 同时液位2<6 m						

表4-4 评 分 表

评分表 ___学年		工作形式 □个人 □小组分工 □小组	工作时间/min	
任务	训练内容及配分	训练要求	学生自评	教师评分
水位控制脚本程序编写	滑动输入器制作，10分	滑动输入器选择是否正确；滑动输入器设置是否正确		
	组态控制流程脚本程序，40分	循环策略是否设置正确；脚本程序是否正确		
	功能测试，40分	滑动输入器是否能调节液位大小；液位1+、液位1-、液位2+、液位2-是否能调节液位大小；水泵、调节阀、出水阀是否能自动开启和关闭；流动块是否动作		
	职业素养与安全意识，10分	现场安全保护；工具、器材、导线等处理操作符合职业要求；分工合作，配合紧密；遵守纪律，保持工位整洁		

学生：_____ 教师：_____ 日期：_____

练习与提高

1. 进入运行环境后，窗口无画面可能是什么原因？

2. 从信号输入来说，利用滑动输入器和PLC控制输入模拟调节液位大小上有何不同？实际的液位信号怎么取得？

3. 通用串口父设备的作用是什么？

4. 三菱_FX系列编程口属性设置参数有哪些？

5. 三菱_FX系列编程口设备增加的通道类型有哪些？分别与PLC哪些寄存器所对应？

6. 如何完成组态实时数据库变量与PLC通道的连接？

7. 若用INCP、DECP指令来完成PLC控制液位大小变化，组态工程应如何修改？

8. 尝试利用组态图库中的旋转仪表实现手动调节水位功能。

9. 为提高液位大小变化精度，试完成以每次0.1的步进增大或减小液位1。

10. 参考图4-45，试制作一个组态界面，模拟水壶加热烧水功能。具体控制要求：水温小于100 ℃，电子水壶中水温显示呈蓝色；水温大于100℃，电子水壶中水温显示呈红色，进行实时报警。水温仪表显示当前烧水温度，并制作报表和曲线。

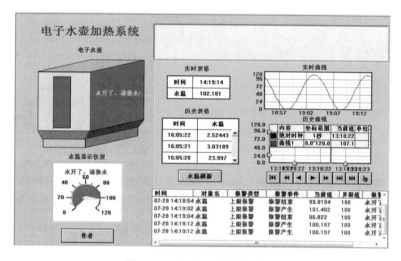

图4-45 水壶加热烧水参考图

任务三 水位控制PLC编程

任务目标

（1）掌握运用PLC编程来代替脚本程序编程；

（2）实现水位控制流程的方法。

任务描述

水位控制流程改用PLC编程来代替脚本程序，实现水泵、调节阀、出水阀的开启/关闭，采用PLC内部寄存器实现手动调节液位大小变化，PLC输出端Y1、Y2、Y3显示水泵、调节阀、出水阀的开关状态。

任务训练

1 利用PLC内部寄存器手动调节水位

前面使用"滑动输入器"构件来实现水罐中液位的变化调节，那么是否能通过PLC来实现该功能呢？这里将用到组态软件与PLC的数据链接。PLC所用到的内部寄存器如表4-5所示。

入式组态控制技术（第三版）

表4-5 PLC所用到的内部寄存器

PLC内部寄存器	M100	M101	D120	M200	M201	D220
功　用	增大液位1	减小液位1	液位1数据	增大液位2	减小液位2	液位2数据

在"水位控制"窗口中，打开"工具箱"，单击"工具箱"中的"标准按钮"按钮，拖动到合适的位置，双击标准按钮，弹出"标准按钮构件属性设置"对话框，切换到"基本属性"选项卡，如图4-46所示，在"文本"文本框中输入"液位1+"，表示通过该按钮手动增大液位1。同样的方法，完成"液位1-""液位2+""液位2-"的设置，如图4-47所示。

图4-46　标准按钮构件基本属性设置　　　　图4-47　放置液位手动调节按钮

在工作台中切换到"设备窗口"选项卡，然后选中"设备窗口"图标，单击"设备组态"按钮，如图4-48所示。

在"设备窗口"中单击"工具箱"按钮，弹出"设备工具箱"对话框，单击"设备管理"按钮，弹出"设备管理"对话框，如图4-49所示。在"可选设备"的"PLC"文件夹中先打开"三菱"选项，再打开"三菱_FX系列编程口"选项，双击"三菱_FX系列编程口"命令，确认后，在"选定设备"中就会出现"三菱_FX系列编程口"命令，单击"确认"按钮，退出"设备管理"对话框。在"设备工具箱"对话框中，先双击"通用串口父设备"命令，再双击"三菱_FX系列编程口"命令，弹出"是否使用'三菱_FX系列编程口'驱动的默认通信参数设置串口父设备参数？"，如图4-50所示，单击"是"按钮，则会在"设备管理"对话框中加入"三菱_FX系列编程口"，如图4-51所示。

双击"设备窗口"中的 设备0--[三菱 FX系列编程口]，进入三菱_FX系列编程口属性设置。具体操作如下：在"设备编辑窗口"中，如图4-52所示，单击"内部属性"命令，会出现 ... 按钮。

单击 ... 按钮弹出"三菱_FX系列编程口通道属性设置"对话框，如图4-53所示，单击"增加通道"按钮，分别增加M辅助寄存器和D数据寄存器两个通道，如图4-54和图4-55所示。设置好后单击"确认"按钮退到"设备编辑窗口"对话框。

图4-48 设备窗口

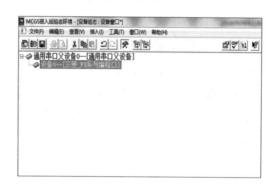

图4-49 设备工具箱

图4-50 设备窗口添加三菱_FX系列编程口

图4-51 完成添加三菱_FX系列编程口

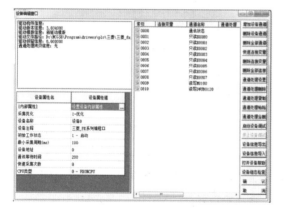

图4-52 三菱_FX系列编程口设备编辑窗口

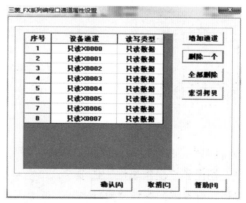

图4-53 三菱_FX系列编程口通道属性设置

图4-54 增加M辅助寄存器通道

图4-55 增加D数据寄存器通道

在"设备编辑窗口"对话框右侧可进行"通道连接变量"，如图4-56所示。对于"读写M0100"通道，单击选择后，右击，在"选择变量"文本框内输入"M100"，如图4-57所示，单击"确认"，回到"设备编辑窗口"对话框。

图4-56　M辅助寄存器通道连接变量　　　　　　图4-57　变量选择输入M100

对于"读写DWUB0120"通道，选择变量"液位1"，单击"确认"按钮，回到"设备编辑窗口"对话框，如图4-58所示。单击"设备编辑窗口"对话框右下角"确认"按钮，弹出对话框提示"数据对象M100数据对象"，如图4-59所示，单击"全部添加"按钮，完成设备窗口设置。此时，查看"实时数据库"，可看见新增的M100开关型数据对象。

图4-58　设备编辑窗口　　　　　　　　图4-59　实时数据库完成新增变量的添加

回到"水位控制"窗口，双击"液位1+"按钮，弹出"标准按钮构件属性设置"对话框，切换到"操作属性"选项卡，单击"抬起功能"按钮，如图4-60所示，选中"数据对象操作"复选框，选择"按1松0"，单击 ? 按钮，选择数据对象"M100"，如图4-61所示。

完成后将组态工程下载到触摸屏中，然后利用PLC编程软件输入PLC程序（见图4-62），并下载到PLC中。

最后，用数据线将触摸屏和PLC连接，通信成功后，按住按钮"液位1+"，可以看到水罐1中的液位不断上升；松开按钮"液位1+"，水罐1中的液位停止上升，维持不变。至此，利用PLC进行手动控制液位1上升的功能调试已完成。利用同样的方法，在设备窗口增加M101、M200、M201、D200等通道后，可自行完成"液位1-""液位2+""液位2-"的PLC手动控制，以每次1为步进增大或减小液位1和液位2的PLC参考程序如图4-62所示。

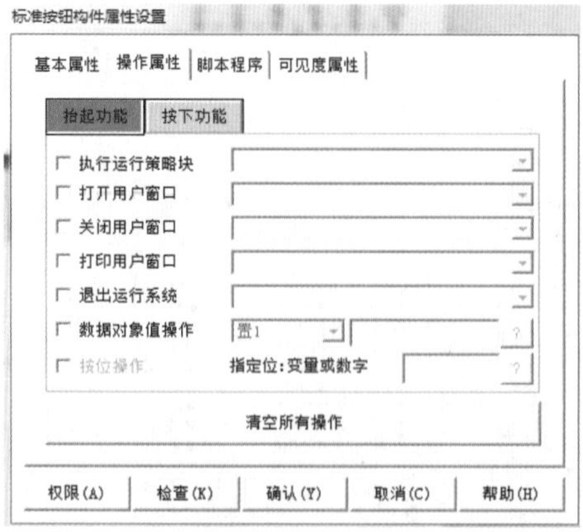

图4-60 标准按钮操作属性设置 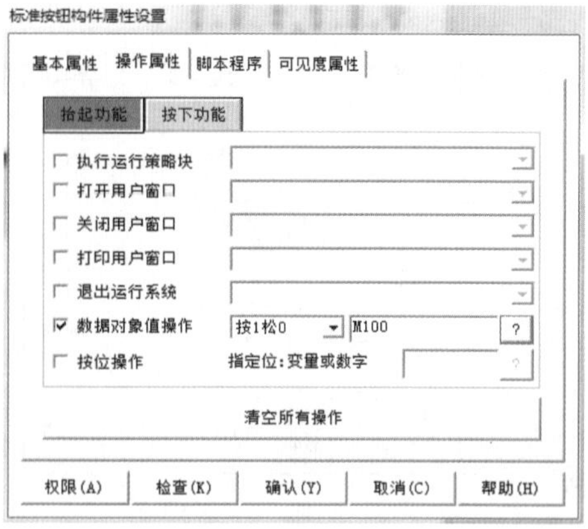   图4-61 数据对象值操作设置

图4-62 PLC程序

2 增加Y输出寄存器通道

在任务二中学习了在"三菱_FX系列编程口"设备窗口中增加通道，并将通道与组态软件实时数据库中的变量相连接，实现了PLC与触摸屏的数据通信。根据本任务要求，下面来完成水泵、调节阀、出水阀与PLC输出端子Y1、Y2、Y3的连接。

在工作台中切换到"设备窗口"选项卡，然后选中"设备窗口"图标，单击"设备组态"按钮，双击"设备窗口"中的 设备0--[三菱 FX系列编程口]，弹出"三菱_FX系列编程口属性设置"对话框。具体操作如下：在"设备编辑窗口"对话框中，如图4-63所示，单击"内部属性"命令，会出现 ... 按钮。

单击 ... 按钮，弹出"三菱_FX系列编程口通道属性设置"对话框，如图4-64所示，单击"增加通道"按钮，增加三个Y输出寄存器通道，如图4-65和图4-66所示。设置好后单击"确认"按钮退到"设备编辑窗口"界面。

在"设备编辑窗口"对话框右侧可进行"通道连接变量"，如图4-67所示。对于"读写Y0001"通道，单击选择后，右击，选择变量"水泵"，单击"确认"按钮，回到"设备编辑窗口"对话框。

同样的方法，设置"读写Y0002"通道连接调节阀、"读写Y0003"通道连接出水阀，

嵌入式组态控制技术（第三版）

完成后如图4-68所示。

图4-63　三菱_FX系列编程口设备编辑窗口　　　　图4-64　三菱_FX系列编程口通道属性设置

图4-65　增加三个Y输出寄存器通道　　　图4-66　三菱_FX系列编程口通道属性设置

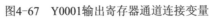

图4-67　Y0001输出寄存器通道连接变量　　　图4-68　完成Y输出寄存器通道变量连接

　　下面在"水位控制"窗口中，增加三个指示灯，用来观察水泵、调节阀、出水阀对应的PLC输出指示灯的状态变化。

　　双击打开"水位控制"窗口，单击工具条中"工具箱"按钮，弹出"设备工具箱"。单击"插入元件"按钮，弹出"对象元件库管理"对话框。打开"对象元件库管理"中的"指示灯"文件夹，如图4-69所示，从中选取中意的指示灯，例如选择指示灯3。选好后放置在组态界面合适位置，加上文字标签，如图4-70所示。

　　双击"水泵"对应指示灯，弹出"单元属性设置"对话框，切换到"动画连接"选项

134

卡，如图4-71所知，选择第一行"组合图符"命令，单击后面的 > 按钮，弹出"动画组态属性设置"对话框，在"表达式"文本框中输入"水泵=1"，如图4-72所示。

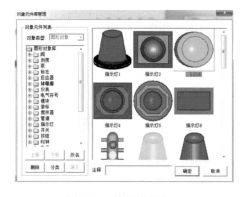

图4-69 选择指示灯

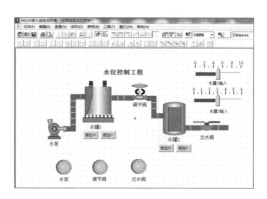

图4-70 Y输出端指示灯组态示意图

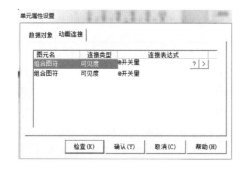

图4-71 指示灯单元属性设置

图4-72 Y输出端指示灯动画组态属性设置

完成后单击"确认"按钮，回到图4-71所示"单元属性设置"对话框，选择第二行"组合图符"命令，单击后面的 > 按钮，弹出"动画组态属性设置"对话框，同样在"表达式"文本框中输入"水泵=1"，其他不变，单击"确认"按钮完成。这时进入运行环境，可以看到水泵打开时，指示灯为"绿色"，水泵关闭时，指示灯为"红色"。采用同样的方法，完成调节阀、出水阀的指示灯设置。

3 PLC编程实现水位控制流程

在任务二中利用"脚本程序"功能完成了水位控制流程的编写，本任务中改用PLC程序来实现控制流程。

在工作台中切换到"运行策略"选项卡，在"运行策略"中选择"循环策略"命令，弹出"循环策略"后双击按钮， 按钮进入脚本程序编辑环境，全选脚本程序后按键盘【Delete】键删除，单击"确认"按钮，退出脚本程序编辑环境，单击存盘 按钮，完成工程修改保存。

完成删除后将组态工程下载到触摸屏中，然后编写控制流程参考PLC程序（见图4-73），并下载到PLC中。

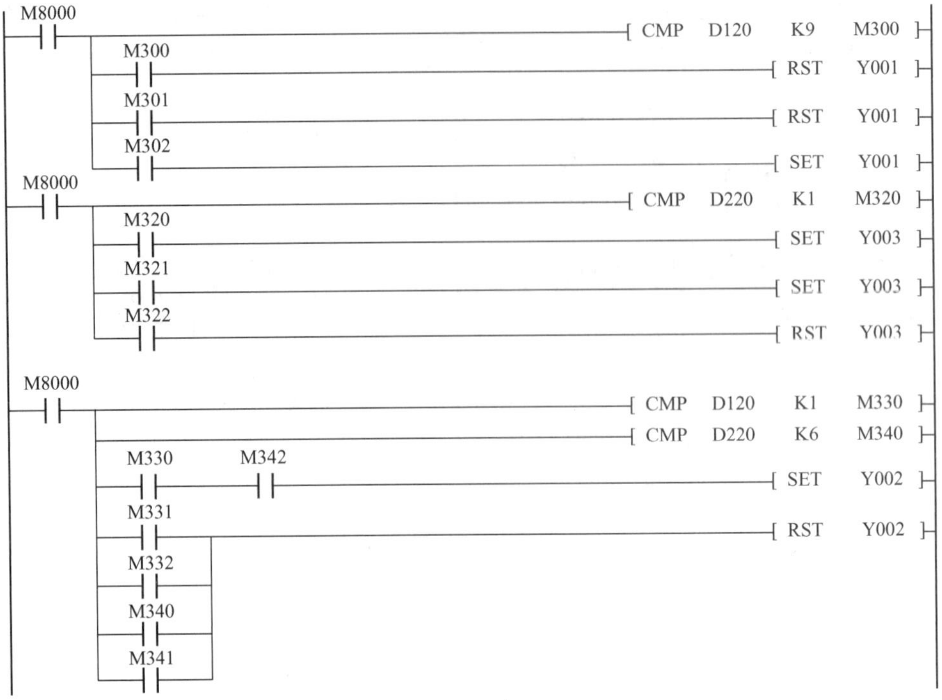

图4-73 程序梯形图

4 运行调试

（1）用数据线将触摸屏和PLC连接，通信成功后，单击"液位1+"和"液位1-"按钮，当液位1<9 m时，水泵会自动打开，水泵指示灯变为"绿色"，PLC Y1输出端指示灯点亮；不在此范围内水泵自动关闭，指示灯显示为"红色"，PLC Y1输出端指示灯熄灭。若现象不正确，检查排除故障。

（2）单击"液位2+"和"液位2-"按钮，当液位2>1 m时，出水阀会自动打开，对应指示灯为"绿色"，PLC Y3输出端指示灯点亮；不在此范围内出水阀自动关闭，对应指示灯为"红色"，PLC Y3输出端指示灯熄灭；若现象不正确，检查排除故障。

（3）当液位1>1 m同时液位2<6 m时，调节阀自动打开，对应指示灯为"绿色"，PLC Y2输出端指示灯点亮；不满足此条件时，调节阀自动关闭，对应指示灯为"红色"，PLC Y2输出端指示灯熄灭。若现象不正确，检查排除故障。请根据调试现象，完成功能测试表见表4-6。评分表见表4-7。

表4-6 功能测试表

观察项目 结果 操作步骤	Y1		Y2		Y3	
	水泵 指示灯	PLC 指示灯	调节阀 指示灯	PLC 指示灯	出水阀 指示灯	PLC 指示灯
液位1<9 m						
液位2>1 m						
液位1>1 m 同时液位2<6 m						

表4-7 评 分 表

评 分 表 _____学年		工作形式 □个人 □小组分工 □小组	工作时间/min	
任务	训练内容及配分	训练要求	学生 自评	教师 评分
水位 控制 PLC 编程	PLC内部寄存器设置,20分	设备窗口选择设备是否正确;设备窗口添加通道是否正确;通道连接变量是否正确;PLC程序是否正确		
	增加Y输出寄存器通道,20分	设备窗口选择设备是否正确;设备窗口添加通道是否正确;通道连接变量是否正确		
	PLC控制流程程序编写,30分	PLC程序是否正确		
	测试与功能,20分	液位1+、液位1-、液位2+、液位2-是否能调节液位大小;水泵、调节阀、出水阀是否能自动开启和关闭;水泵、调节阀、出水阀组态界面指示灯是否工作正常;水泵、调节阀、出水阀对应PLC输出指示灯是否正常		
	职业素养与安全意识,10分	现场安全保护;工具、器材、导线等处理操作符合职业要求;分工合作,配合紧密;遵守纪律,保持工位整洁		

学生: _____ 教师: _____ 日期: _____

练习与提高

1. 进入运行环境后,组态窗口水泵指示灯工作,PLC输出端指示灯没变化,可能是什么原因?

2. 水泵指示灯组态可见度设置中,"表达式"文本框改为"水泵=0",指示灯显示将有什么变化?

3. 本任务PLC控制流程中CMP指令是如何工作的?

4. PLC程序无法成功下载,应检查哪些方面?

5. 画出组态实时数据库变量和PLC寄存器变量之间的对应关系表。

6. 对比任务二和任务三运行时,指示灯变化快慢的情况。

7. 将液位增加或减小的步进改为0.1,比较系统运行时的区别。

8. 比较脚本程序与PLC变成各有什么特点和优势?

任务四 水位控制工程模拟调试

任务目标

掌握模拟设备调节液位变化的方法。

任务描述

添加模拟设备代替手动调节液位大小变化,通过PLC编写水位工程控制流程,完成水泵、调节阀、出水阀根据液位大小的变化情况自动开启和关闭的功能。

扫一扫●····

水位控制工程模拟调试

任务训练

1 添加模拟设备

在"设备窗口"中单击"工具箱"按钮 🗙，打开"设备工具箱"，单击"设备管理"按钮，弹出"设备管理"对话框，如图4-74所示。在"可选设备"的"通用设备"文件夹中打开"模拟数据设备"选项，双击"模拟设备"命令，确认后，在"选定设备"中就会出现"模拟设备"命令，单击"确认"按钮，退出"设备管理"对话框。在"设备工具箱"对话框中，双击"模拟设备"命令，则会在"设备管理"对话框中加入"模拟设备"。

图4-74　设备工具箱

双击"设备窗口"中的 🖳设备0--[模拟设备]，进入模拟设备属性设置。具体操作如下：

在"设备编辑窗口"对话框中，如图4-75所示，单击"内部属性"命令，会出现 **…** 按钮。单击 **…** 按钮弹出"内部属性"对话框，如图4-76所示，设置好曲线的运行周期和最大最小值，单击"确认"按钮退到"设备编辑窗口"对话框。

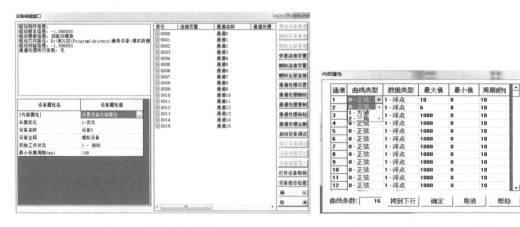

图4-75　模拟设备编辑窗口　　　　　　　图4-76　模拟设备内部属性

在"设备编辑窗口"对话框右侧可进行"通道连接变量"，单击选择所要连接的通道（如通道0），然后右击，在实时数据库中选择"液位1"。同样的方法，完成"液位2"的通道连接，连接完成后效果如图4-77所示。

单击"设备编辑窗口"对话框右侧"启动设备调试"按钮，拖动"设备编辑窗口"对话框下方"滚动条"，可看到数据的变化，如图4-78所示。

图4-77　模拟设备通道连接　　　　　　　　图4-78　模拟设备的设备调试

这时再进入"运行环境"，就能看到所做的"水位控制工程"自动地运行起来了。

2 模拟调试

参照任务三中控制流程参考PLC程序完成PLC编程，删除利用INC、DEC完成手动调节液位1、液位2的PLC程序，下载到PLC中。完成后将组态工程下载到触摸屏中，用数据线将PLC与触摸屏连接进行模拟调试。

可以看到液位1、液位2自动按正弦曲线规律进行高低变化。当液位1<9 m时，水泵会自动打开，水泵指示灯变为"绿色"，PLC Y1输出端指示灯点亮，不在此范围内水泵自动关闭，指示灯显示为"红色"，PLC Y1输出端指示灯熄灭；当液位2>1 m时，出水阀会自动打开，对应指示灯为"绿色"，PLC Y3输出端指示灯点亮，不在此范围内出水阀自动关闭，对应指示灯为"红色"，PLC Y3输出端指示灯熄灭；当液位1>1m同时液位2<6 m时，调节阀自动打开，对应指示灯为"绿色"，PLC Y2输出端指示灯点亮，不满足此条件时，调节阀自动关闭，对应指示灯为"红色"，PLC Y2输出端指示灯熄灭。

模拟调试步骤如下：

（1）完成TPC7062K与三菱FX2N PLC的硬件连接。

（2）在PC上进入设备窗口，完成模拟设备组态设置，完成三菱FX系列编程口的组态设置，然后下载到TPC中，在PC中完成控制流程的编程。

（3）整个系统联机调试，观察系统是否能正常运行，若有问题，检查软硬件是否存在故障，直至故障解决。

请根据调试过程，完成功能测试表4-8。评分表见表4-9。

表4-8 功能测试表

观察项目 结果 操作步骤	Y1		Y2		Y3	
	水泵 指示灯	PLC 指示灯	调节阀 指示灯	PLC 指示灯	出水阀 指示灯	PLC 指示灯
液位1<9 m						
液位2>1 m						
液位1>1 m 同时液位2<6 m						

表4-9 评 分 表

评 分 表 _____学年		工作形式 □个人 □小组分工 □小组	工作时间/min _____	
任务	训练内容及配分	训 练 要 求	学生 自评	教师 评分
水位 控制 工程 模拟 调试	通信连接，10分	TPC与PC通信；TPC与PLC通信；网口下载、USB下载		
	工程组态，40分	组态界面设计；设备组态；窗口组态		
	PLC编程，20分	控制流程编程；程序下载		
	功能测试，20分	动画功能；指示灯功能；		
	职业素养与安全意识， 10分	现场安全保护；工具、器材、导线等处理操作符合职业要求；分工合作，配合紧密；遵守纪律，保持工位整洁		

学生：_____ 教师：_____ 日期：_____

练习与提高

1. 如何在组态工程中添加模拟设备？模拟设备有何用处？

2. 模拟设备信号类型有哪些？如何修改信号周期？

3. 如何进行模拟设备调试？

4. 添加模拟设备后，运行时发现水罐中水位很低是什么原因？如何解决？

5. 要求以30 s为周期的三角波模拟信号，应如何实现？

6. 比较利用模拟设备和PLC输入控制液位大小的不同。

7. 通过本任务的训练，谈谈模拟设备的作用。

8. 课外收集资料，学习模拟设备还能用于哪些场合。

扫一扫

水位控制工
程报警

任务五 水位控制工程报警

🐰 任务目标

（1）掌握水位控制工程报警功能的组态；

（2）掌握运用组态系统函数修改报警上下限的方法。

任务描述

构建设计水位工程的实时报警，调用组态系统函数实现报警上下限的修改，制作报警指示灯显示报警状态。

任务训练

1 报警显示

MCGS把报警处理作为数据对象的属性，封装在数据对象内，由实时数据库来自动处理。当数据对象的值或状态发生改变时，实时数据库判断对应的数据对象是否发生了报警或已产生的报警是否已经结束，并把所产生的报警信息通知给系统的其他部分，同时，实时数据库根据用户的组态设定，把报警信息存入指定的存盘数据库文件中。

对于"液位1"对象变量，在实时数据库中，双击"液位1"图标，弹出"数据对象属性设置"对话框（见图4-79），切换到"报警属性"选项卡，选择"允许进行报警处理"；在"报警设置"中选择"上限报警"复选框，"报警值"设为"9"；"报警注释"为"水罐1的水已达上限值"；在"报警设置"中选择"下限报警"复选框，"报警值"设为"1"；"报警注释"为"水罐1没水了"。

报警属性设置完成后，切换到"存盘属性"对话框，如图4-80所示，在"报警数值的存盘"中选择"自动保存产生的报警信息"命令。

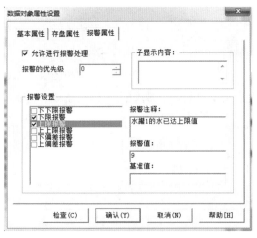

图4-79 液位1报警属性   图4-80 液位1的报警存盘属性

对于"液位2"对象变量来说，只需要把"上限报警"的报警值设为"4"，"下限报警"的报警值设为"1"，"存盘属性"的设置方法与液位1相同。属性设置好后，单击"确认"按钮即可。

实时数据库只负责关于报警的判断、通知和存储三项工作，而报警产生后所要进行的其他处理操作（即对报警动作的响应），则需要在组态时实现。具体操作如下：

在工作台上切换到"用户窗口"选项卡，在"用户窗口"中，选中"水位控制"图标，双击"水位控制"图标或单击"动画组态"按钮进入组态界面。在窗口的工具条中单击"工具箱"按钮，在"工具箱"对话框中单击"报警显示"按钮，光标变"十字形状"后用鼠标拖动到适当位置与大小，如图4-81所示。

双击"报警显示构件"，弹出"报警显示构件属性设置"对话框，如图4-82所示，"对应的数据对象的名称"文本框内输入"液位组"，"最大记录次数"为"6"，其他不变。

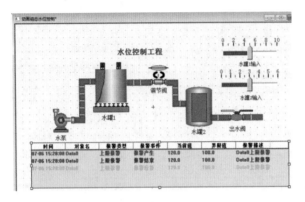

图4-81 报警信息显示框
图4-82 报警显示构件属性设置 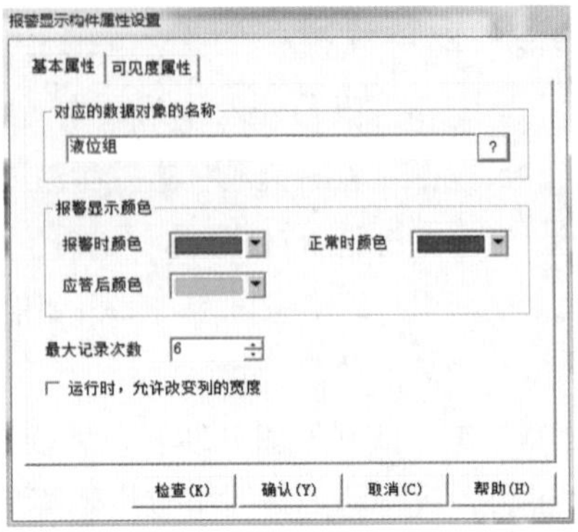

单击"确认"按钮，报警显示设置完毕。进入运行环境，此时报警显示已经可以轻松地实现了。

2 修改报警限值

在"实时数据库"中，MCGS已把"液位1""液位2"的上下限报警都定义好了，如果要在运行环境下根据实际情况随时改变报警上下限值，可以通过如下操作实现：

在"实时数据库"中单击"新增对象"按钮，增加四个对象变量，分别为液位1上限、液位1下限、液位2上限、液位2下限。四个对象变量的具体设置分别如图4-83～图4-86所示。

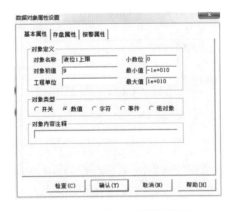
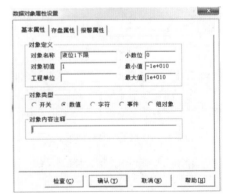

图4-83 液位1上限属性设置
图4-84 液位1下限属性设置

在"用户窗口"选项卡中，选中"水位控制"图标，并双击。在"工具箱"中单击"标签"按钮用于文字注释，单击"输入框"按钮用于输入上下限值，液位上下限组态完成后效果如图4-87所示。

图4-85 液位2上限属性设置　　图4-86 液位2下限属性设置

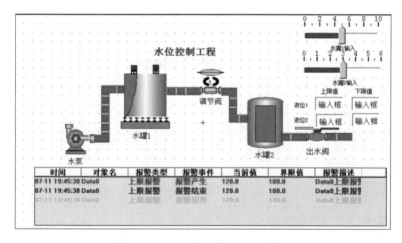

图4-87 液位上下限组态完成后效果

双击图4-85中的"输入框"图标，分别对四个输入框构件进行属性设置，具体设置如图4-88～图4-91所示。

图4-88 液位1上限输入框构件属性设置　　图 4-89 液位1下限输入框构件属性设置

在工作台上，切换到"运行策略"选项卡，在"运行策略"中双击"循环策略"按钮，双击■■■按钮，进入脚本程序编辑环境，在脚本程序编辑环境下输入脚本程序，如图4-92所

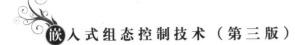

示。注意，脚本程序中所有符号请在英文状态下输入，否则会出现语法错误。

图4-90　液位2上限输入框构件属性设置　　　图4-91　液位2下限输入框构件属性设置

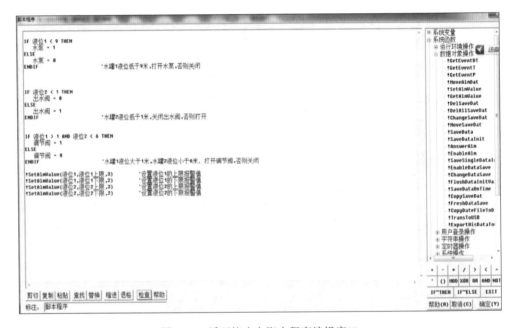

图4-92　循环策略中脚本程序编辑窗口

如果对函数！SetAlmValue不了解，可以求助MCGS软件的"在线帮助"。单击"帮助"按钮，弹出"MCGS帮助系统"对话框，在"索引"文本框中输入"！SetAlmValue"，即可查找到该函数详细的使用信息，在运行环境下可以执行该函数，进行数据对象上下限的灵活修改。

3 报警动画显示

当有报警产生时，除了可以采取上面的"报警显示构件"进行报警数据的显示外，还可以用指示灯进行直观地显示，具体操作如下：

在"用户窗口"选项卡中选中"水位控制"图标，双击进入，单击"工具箱"对话框中的"插入元件"按钮，弹出"对象元件库管理"对话框，从"指示灯"中选取指示灯1和指示灯3，调整大小放在适合位置。指示灯1作为"液位1"的报警指示，指示灯2作为"液位2"的报警指示，分别对两个指示灯进行动画属性设置，设置方法如图4-93～图4-97所示。

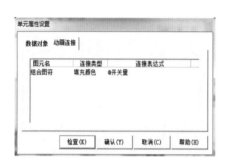
图4-93　液位1指示灯属性设置

图4-94　液位1指示灯填充颜色设置

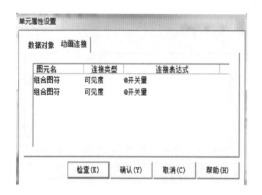
图4-95　液位2指示灯属性设置

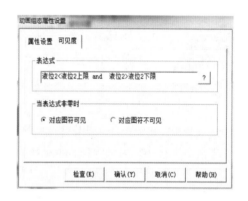
图4-96　液位2指示灯第一行可见度设置

上面这些组态完成后，再进入运行环境，工程运行时的整体效果如图4-98所示。

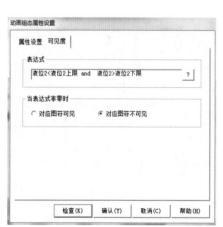
图4-97　液位2指示灯第二行可见度设置

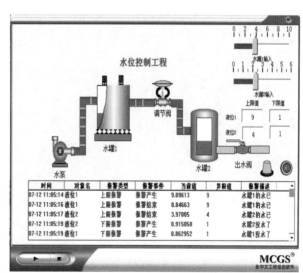
图4-98　工程运行时的整体效果

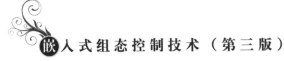

评分表见表4-10。

表4-10 评 分 表

评 分 表 _____学年		工 作 形 式 □个人 □小组分工 □小组	工作时间/min	
任务	训练内容及配分	训 练 要 求	学生 自评	教师 评分
水位控制工程报警	报警显示构件，20分	组态界面设计		
	修改报警上下限值，20分	组态界面设计；脚本程序编写		
	报警指示灯制作，20分	组态界面设计		
	测试与功能，30分	动画功能；指示灯功能		
	职业素养与安全意识，10分	现场安全保护；工具、器材、导线等处理操作符合职业要求；分工合作，配合紧密；遵守纪律，保持工位整洁		

学生：_____ 教师：_____ 日期：_____

练习与提高

1. 如何在组态工程中实现实时数据报警？

2. 液位1报警上限改为8，液位2报警上限改为4，应如何设置？

3. 报警对象选择了液位组，但无报警信息，可能是何原因？

4. 如何在组态运行过程中修改报警限值？

5. ！SetAlmValue函数的作用是什么？说明函数参数的意义。

6. 在组态运行中，液位2上限值输入框修改为7，将会出现什么现象？

7. 自行设计制作报警指示灯，反映报警情况。

8. 报警指示灯中表达式的内容说明表达式不仅仅是数据对象，还可以是什么？

任务六 水位控制工程报表与曲线

 任务目标

（1）掌握实时表格和历史表格的制作；

（2）学会组态实时曲线和历史曲线。

任务描述

根据水位控制工程液位1、液位2、水泵、调节阀和出水阀数据对象，制作完成实时数据、历史数据、实时曲线和历史曲线。

任务训练

1 报表输出

在工程应用中，大多数监控系统需要对数据采集设备采集的数据进行存盘，统计分析，并根据实际情况打印出数据报表。所谓数据报表就是根据实际需要以一定格式将统计分析后

的数据记录、显示和打印出来，例如，实时数据报表、历史数据报表。

实时数据报表是实时地将当前时间的数据对象变量按一定报告格式（用户组态）显示和打印，即对瞬时量的反映。

实时数据报表可以通过MCGS系统的自由表格构件来组态显示实时数据报表。在工作台上，切换到"用户窗口"选项卡，在"用户窗口"中单击"新建窗口"按钮产生一个新窗口，如图4-99所示。

单击"窗口属性"按钮，弹出"用户窗口属性设置"对话框，进行如图4-100的属性设置。

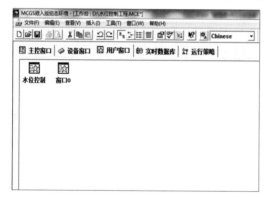

图4-99　新建窗口

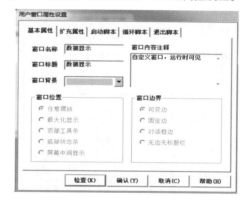

图4-100　用户窗口属性设置

单击"确认"按钮，进入"动画组态数据显示"窗口。单击"工具箱"对话框中的"标签"按钮 **A** 进行注释："水位控制系统数据显示""实时数据""历史数据"。在"工具箱"中单击"自由表格"按钮 ▦，拖动到界面适当位置，如图4-101所示。

双击表格进入，如要改变单元格大小，把光标移到A与B或1与2之间的分隔符，当光标变化为双箭头时，拖动鼠标即可，可以删除不需要的行与列，如图4-102所示，在需要删除的列上右击，选择删除不需要的列。

直接在图4-102中的A列单元格里面双击，输入相关的文字注释，如图4-103所示。

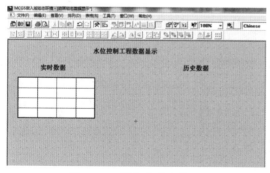

图4-101　添加自由表格

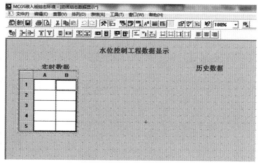

图4-102　自由表格行列调整

在图4-102中选定的单元格中右击，在弹出的快捷菜单中选择"连接"命令或直接按【F9】，在单元格B1处右击，从弹出的实时数据库中选取要连接的对象，对象变量连接完毕后，屏幕显示如图4-104所示。为了使液位1、液位2显示数值为1位小数，可在液位1、液位2对应的B列输入1|0。

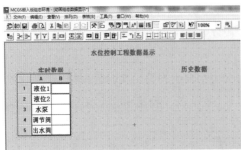

图4-103　实时报表数据链接设置

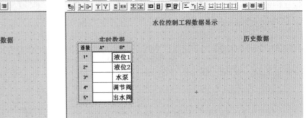

图4-104　实时数据报表对象变量设置

回到"水位控制"窗口，在"工具箱"中单击"标准按钮" <u></u>，放置在合适位置，如图4-105所示。双击"按钮"，弹出"标准按钮构件属性设置"对话框。切换到"基本属性"选项卡，将"文本"文本框中"按钮"改为"数据显示"，如图4-106所示。

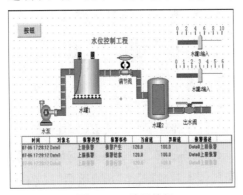

图4-105　放置按钮

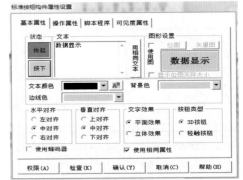

图4-106　按钮基本属性设置

切换到"操作属性"选项卡，单击"抬起功能"按钮，选择"打开用户窗口"复选框，选择"数据显示"选项，如图4-107所示。

单击"确认"按钮，完成设置，并保存工程。按【F5】进入运行环境后，单击"水位控制"窗口中的"数据显示"按钮，运行效果如图4-108所示。报表中数据会根据现场环境不断更新显示输出。

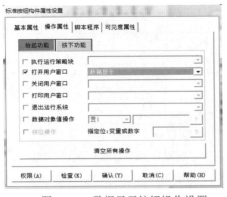

图4-107　数据显示按钮操作设置

图4-108　实时数据报表运行效果图

历史数据报表是从历史数据库中提取存盘数据记录，以一定的格式显示历史数据。在工作台上，切换到"用户窗口"选项卡，在"用户窗口"中双击"数据显示"按钮进入，在

"工具箱"中单击"历史表格"按钮▦，拖放到窗口，如图4-109所示。在图4-109中，双击历史表格，在需要删除的列上右击，选择删除不需要的列。调整后的历史表格如图4-110所示。

图4-109　添加历史表格

图4-110　调整后的历史表格

把光标移到在C1与C2之间，当光标发生变化时，拖动鼠标改变单元格大小：分别在R1C1，R1C2和R1C3中添入注释："采集时间""液位1""液位2"。拖动鼠标从R2C1到R5C3，表格会反黑显示。效果如图4-111所示。

在表格中右击，在弹出的快捷菜单中选择"连接"命令或直接按【F9】，选择"表格"菜单后，在其弹出的下拉菜单中选择"合并表元"命令或直接从编辑条中单击"合并表元"按钮▦，屏幕显示如图4-112所示，显示反斜杠。

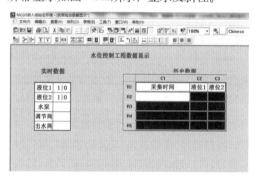

图4-111　历史表格设置

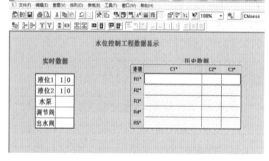

图4-112　历史表格反斜杠显示

双击图4-110中反斜杠，弹出"数据库连接设置"对话框，首先切换到"基本属性"选项卡，如图4-113所示。选择"显示多页记录"复选框，其他设置不变。

在"数据来源"选项卡中设置数据来源，如图4-114所示，"组对象对应的存盘数据"的组对象各选择"液位组"。

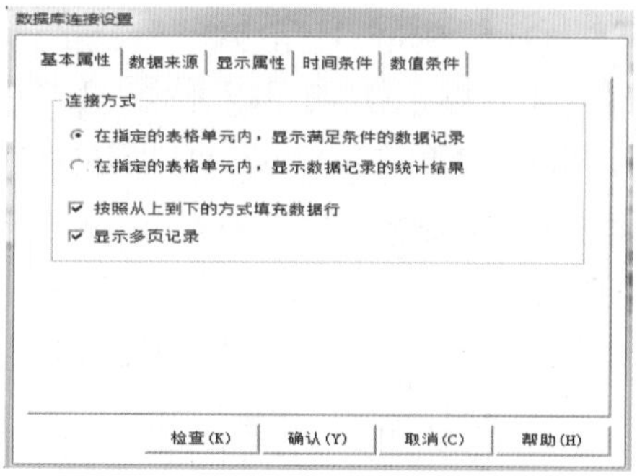

图4-113　历史表格基本属性设置

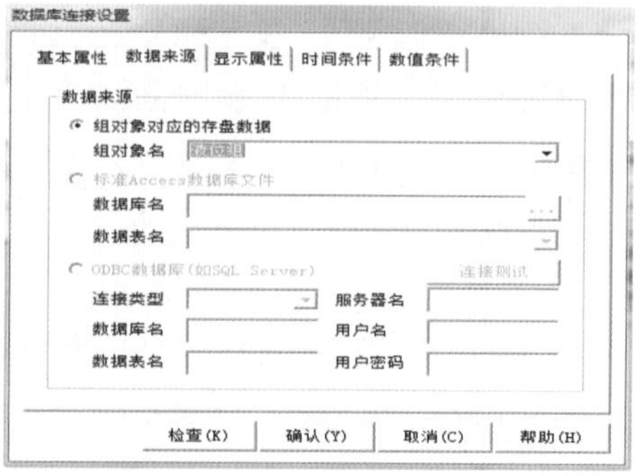

图4-114　历史表格数据来源设置

在"显示属性"对话框中，设置相对数据的显示属性，如图4-115所示。

在"时间条件"对话框中，选择"所有存盘数据"单选按钮，在"排序列名"后面的下拉列表框选择报表显示的排列顺序。如图4-116所示。

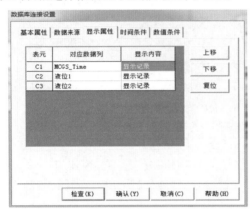

图4-115　历史表格数据显示属性设置　　　　图4-116　历史表格时间条件设置

设置完毕后单击"确认"按钮，退出历史表格属性设置窗口，保存工程。按【F5】进入运行环境后，单击"水位控制"窗口中的"数据显示"，按钮，如图4-117所示，通过右侧的滑动条可以查看以前的数据。

2 曲线显示

在实际生产控制过程中，对实时数据、历史数据的查看和分析是不可缺少的工作。但对大量数据仅做定量的分析还远远不够，必须根据大量的数据信息，画出曲线，分析曲线的变化趋势并从中发现数据变化的规律，同时曲线处理在工控控制系统中也是一个非常重要的部分。

图4-117　历史报表显示效果图

"实时曲线"构件是用曲线显示一个或多个数据对象数值的动画图形，像笔绘记录仪一样实时记录数据对象值的变化情况。

在工作台中，切换到"用户窗口"选项卡，在"用户窗口"中双击"数据显示"图标进入组态窗口，在"工具箱"中单击"实时曲线"按钮，拖放到窗口的适当位置调整大小。同时添加"实时曲线"文字标签进行曲线构建的标注，如图4-118所示。

双击实时曲线，弹出"实时曲线构件属性设置"对话框，如图4-119所示。在"实时曲线构件基本属性"对话框中进行设置，可以修改曲线的线型和背景颜色，可以调整曲线背景网格中主划线和次划线的数目，"曲线类型"选择默认的"绝对时钟趋势曲线"单选按钮。切换到"标注属性"选项卡，屏幕显示如图4-120所示。

"标注属性"选项卡中的内容，需要根据对应对象变量的情况进行修改。具体设置如图4-120所示。"X轴标注"中，选定"X轴长度"设为"20"，"时间单位"设为"秒钟"，"时间格式"设为"MM：SS"；"Y轴标注"中，"最小值"设为"0"，"最大值"设为"10"。

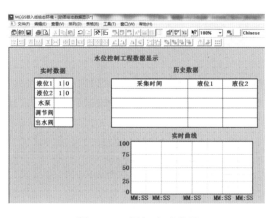

图4-118 添加实时曲线

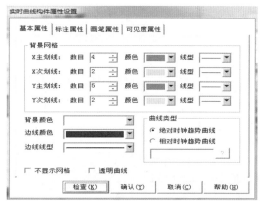

图4-119 实时曲线基本属性设置

切换到"画笔属性"选项卡，屏幕显示如图4-121所示，分别在"曲线1"和"曲线2"文本框中填文本框入对应的对象变量名称，也可以单击图4-121中的 ? 按钮，从实时数据库中调出对象变量。为了便于曲线的区分，修改"液位1"对应的"曲线1"的颜色为"蓝色"，"液位2"对应的"曲线2"的颜色为"红色"。当然还可以根据需要进行"线型"的修改。设置完成后，单击"确认"按钮即可。

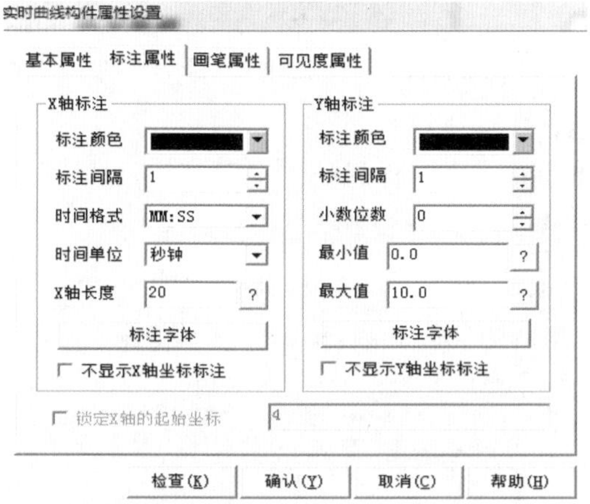

图4-120 实时曲线的标注属性设置

图4-121 实时曲线的画笔属性

在运行环境中单击"水位控制"窗口中的"数据显示"按钮，可看到实时曲线，同时曲线随着液位数据的变化而不停地变化，如图4-122所示。

"历史曲线"构件实现了历史数据的曲线浏览功能。运行时，"历史曲线"构件能够根据需要画出相应历史数据的趋势效果图。历史曲线主要用于事后查看数据和状态变化趋势及总结数据的规律。

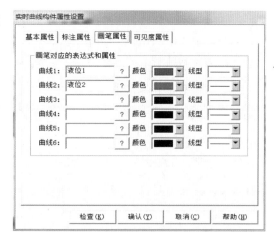

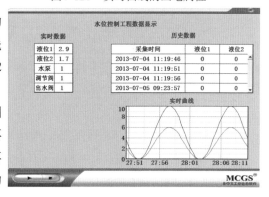

图4-122 实时曲线运行效果

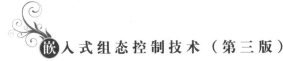

在"用户窗口"中双击"数据显示"图标，进入组态界面，在"工具箱"中单击"历史曲线"按钮⊠，拖放到适当位置调整大小。添加"历史曲线"文字标签进行标注，如图4-123所示。

双击历史曲线，弹出"历史曲线构件属性设置"对话框，如图4-124所示，"曲线名称"设为"液位历史曲线"，"曲线网格"中的"Y主划线"数目设为"5"，其他设置不变。

图4-123 添加历史曲线　　　　　　　图4-124 历史曲线基本属性设置

在图4-124中，切换到"存盘数据"选项卡，屏幕显示如图4-125（a）所示，在"组对象对应的存盘数据"中，选择"液位组"组对象。

切换到"标注设置"选项卡，如图4-125（b）所示。"时间单位"选择"分"，"时间格式"选择"分：秒"，"曲线起始点"选择"当前时刻的存盘数据"单选按钮。

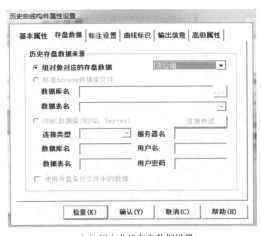

(a) 历史曲线存盘数据设置　　　　　　(b) 历史曲线的标注设置

图4-125 历史曲线构件属性设置

设置完成后，在图4-125（b）中切换到"曲线标识"选项卡，进行历史曲线的标识设置，如图4-126所示。"液位1"的"曲线颜色"设为"绿色"；"液位2"的"曲线颜色"设为"红色"；"最大坐标"设为"10"。注意：在图4-126中的"实时刷新"属性中要分别对应需要刷新的对象变量，否则，工程运行后曲线不能实时刷新。

完成图4-126的曲线标识设置后，"输出信息"属性不用作任何设置，切换到"高级属性"选项卡，如图4-127所示。"运行时自动刷新，刷新周期"选择"1"秒，并设置在"1"秒后，自动恢复刷新状态，其他设置不变。

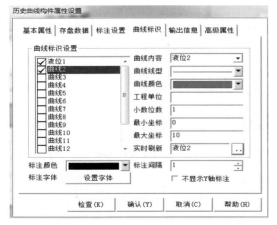

图4-126　历史曲线标识设置　　　　图4-127　历史曲线高级属性设置

为方便从数据显示窗口返回至水位控制窗口，需在数据显示界面中增加返回按钮，步骤如下：在工具箱中选择"标准按钮"选项，双击打开标准按钮属性设置，如图4-128(a)所示；切换到"操作属性"选项卡，选择"按下功能"，选择"打开用户窗口"复选框，选择"水位控制"即可，如图4-128(b)所示。

（a）历史曲线标识设置　　　　　　（b）历史曲线高级属性设置

图4-128　历史曲线标设置

在运行环境中单击"水位控制"窗口中的"数据显示"按钮，就可以看到历史数据的趋势图，如图4-129所示。

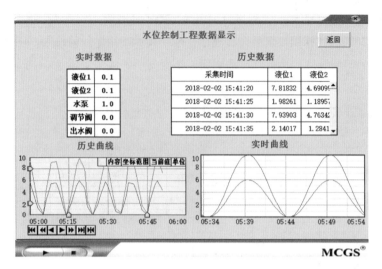

图4-129 历史数据趋势图

评分表见表4-11。

表4-11 评 分 表

评 分 表 ＿＿＿学年		工 作 形 式 □个人　□小组分工　□小组		工作时间/min	
任务	训练内容及配分	训 练 要 求		学生自评	教师评分
水位控制工程报表与曲线	实时表格制作，20分	组态界面设计			
	历史表格制作，20分	组态界面设计			
	实时曲线制作，20分	组态界面设计			
	历史曲线制作，20分	组态界面设计			
	测试与功能，10分	数据显示功能；曲线显示功能			
	职业素养与安全意识，10分	现场安全保护；工具、器材、导线等处理操作符合职业要求；分工合作，配合紧密；遵守纪律，保持工位整洁			

学生：＿＿＿＿ 教师：＿＿＿＿ 日期：＿＿＿＿

练习与提高

1．实时表格和历史表格的作用分别是什么？

2．如何实现实时表格、历史表格中的数据有效小数为2位？。

3．历史表格无数据，可能什么原因造成的？

4．运行环境历史表格中开始数据都为0，是否正确？如何查看有效数据？

5．实时曲线和历史曲线的作用分别是什么？

6．实时曲线运行中，只看到一条曲线，可能是什么原因造成的？如何修改？

7．运行环境中，无法观察到历史曲线，应如何解决？

8．历史曲线在运行环境曲线过密，应在组态里如何调整设置？

9．如何从数据显示窗口返回到水位控制窗口？

任务七 水位控制工程安全机制和权限

任务目标

（1）了解组态工程安全机制的作用；

（2）掌握权限设置的方法。

任务描述

设置用户权限管理完成工程登录，通过菜单操作实现组态运行环境中用户登录、退出登录、修改用户密码和用户管理。

MCGS组态软件提供了一套完善的安全机制，用户能够自由组态来控制菜单、按钮和退出系统的操作权限，只允许有操作权限的操作员才能对某些功能进行操作。MCGS还提供了工程密码、锁定软件狗、工程运行期限等功能，来保护用MCGS组态软件进行开发所得的成果，开发者可利用这些功能保护自己的合法权益。

MCGS系统的操作权限机制采用用户组合用户的概念进行操作权限的控制。同一个用户可以隶属于多个用户组。操作权限的分配是以用户组为单位进行的，即某种功能的操作哪些用户组有权限，而某个用户能否对这个功能进行操作取决于该用户所在的用户组是否具备对应的操作权限。

MCGS系统按用户组来分配操作权限的机制，使用户能方便地建立各种多层次的安全机制。例如，实际应用中的安全机制一般要划分为操作员组、技术员组、负责人组。操作员组的成员一般只能进行简单地日常操作；技术员组负责工艺参数等功能的设置；负责人组能对重要的数据进行统计分析；各组的权限各自对立，但某用户可能因工作需要，能进行所有操作，则只需把该用户同时设为隶属于三个用户组即可。

注意，在MCGS中，操作权限的分配是对用户组来进行的，某个用户具有什么样的操作权限是由该用户所隶属的用户组来确定的。

任务训练

1 安全机制与权限分配

为了整个系统能安全地运行，需要对系统权限进行管理。选择"工具"菜单后，在其弹出的下拉菜单中选择"用户权限管理"命令，弹出"用户管理器"对话框，如图 4-130 (a)所示。在 MCGS 中，固定于一个名为"管理员组"的用户组和一个名为"负责人"的用户，它们的名称不能修改。管理员组中的用户有权利在运行时管理所有的权限分配工作，管理员组的这些特性是由 MCGS 系统决定的，其他所有用户组都没有这些权利。在图 4-130 (a) 中，上半部分为已建用户的用户名列表，下半部分为已建用户组的列表。在窗口底部显示的按钮是"新增用户""复制用户""删除用户"等对用户操作的按钮。当激活用户组名列表时，在窗口底部显示的按钮是"新增用户组""删除用户组"等对用户组操作的按钮,如图 4-130 (b)所示。

(a) 用户管理器

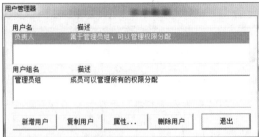

(b) 激活用户组

图4-130　用户管理器设置

在图4-130（b）中，单击"新增用户组"按钮，弹出"用户组属性设置"对话框，如图4-131所示。"用户组名称"改为"操作员组"，"用户组描述"改为"成员仅能进行操作"，单击"确认"按钮，回到"用户管理器"对话框。会在用户组名下面显示新增加的"操作员组"选项，如图4-132所示。

图4-131　用户组属性设置

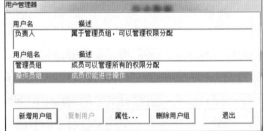

图4-132　"用户管理器"窗口中加入"操作员组"

在图4-132中，单击"用户名"下面的空白处，再单击"新增用户"按钮，会弹出"用户属性设置"对话框，如图4-133所示。"用户名称"、"用户密码"、"用户描述"和"隶属用户组"的设置如图4-133所示。在该窗口中，用户对应的密码要输入两遍。用户所隶属的用户组在下面的列表框中选择（注意：一个用户可以隶属于多个用户组）。单击"确认"按钮，屏幕显示如图4-134所示，完成用户的添加。

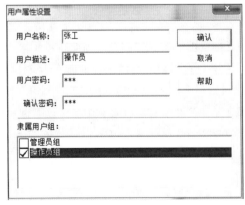

图4-133　用户属性设置

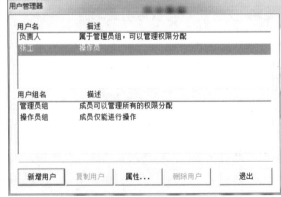

图4-134　"用户管理器"中加入新的用户名

按照同样的步骤，完成技术员组和技术员李工的添加，完成后如图4-135所示。

2 权限管理

（1）系统权限设置

为了更好地保证工程安全、稳定可靠地运行，防止与工程系统无关的人员进入或退出工程系统，MCGS系统提供了对工程运行时进入和退出工程的权限管理。在工作台中切换到"主控窗口"选项卡，再单击"系统属性"按钮，弹出"主控窗口属性设置"对话框，如图4-136（a）所示。

图4-135 完成的"用户管理器"窗口

在图4-136（a）中，选择"进入登录，退出登录"命令。单击"权限设置"按钮，弹出"用户权限设置"对话框，如图4-136（b）所示，选择"所有用户"复选框。

（a）用户权限设置窗口

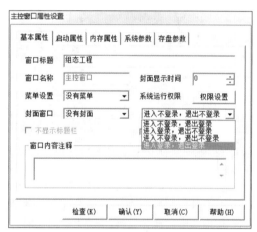

（b）系统运行权限设置

图4-136 主控窗口属性设置

工程下载进入运行环境，就可以看到无论进入或退出运行环境，都需要输入用户名和密码才能完成，如图4-137所示。

（2）操作权限设置

MCGS操作权限的组态非常简单，当对应的动画功能可以设置操作权限时，在属性设置窗口进行相应设置即可。

操作员权限设置：在系统调试窗口（图4-138（a））中，"液位1+""液位1-""液位2+""液位2-"4个按钮可设置为操作员操作的

图4-137 "用户登录"对话框

按钮，即可双击按钮，单击"权限"按钮，在弹出的"用户权限设置"窗口中，选中操作员组前面的复选框即可；其他无需操作员操作的构件，用同样的方法打开"用户权限设置"窗口后，选中其他用户组的复选框即可。

技术员权限设置：在系统运行窗口（图4-138（b））中，液位1、液位2的上下限值可设置为技术员操作的按钮，即可双击按钮，单击"权限"按钮，在弹出的"用户权限设置"窗口中，选中技术员组前面的复选框即可；其他无需技术员操作的构件，用同样的方法打开"用户权限设置"窗口后，选中其他用户组的复选框即可。

管理员权限设置：在数据显示窗口（图4-129）中，实时和历史数据查看可设置为管理员权限，即可双击相应构件，单击"权限"按钮，在弹出的"用户权限设置"窗口中，选中管理员组前面的复选框即可；其他无需管理员操作的构件，用同样的方法打开"用户权限设置"窗口后，选中其他用户组复选框即可。

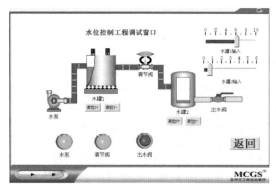

（a）系统调试窗口　　　　　　　　　　（b）系统运行窗口

图4-138　系统调试窗口和运行窗口

"所有用户"作为默认设置，即如果不进行权限组态，则权限机制不起作用，所有用户都能对其操作。在用户权限设置窗口中，选择相应用户组，该组内的所有用户都能对该项工作进行操作。

请注意，一个操作权限可以配置多个用户组。

3　设置菜单管理操作权限

MCGS的用户操作权限在运行时才体现出来。某个用户在进行操作之前首先要进行登录工作，登录成功后该用户才能进行所需的操作，完成操作后退出登录，使操作权限失效。用户登录、退出登录、运行时修改用户密码和用户管理等功能都需要在组态环境中进行一定的组态工作，在脚本程序使用中MCGS提供的四个内部函数可以完成上述工作。

在工作台中，切换到"主控窗口"选项卡，单击"菜单组态"按钮，弹出"菜单组态"对话框。单击工具条中的"新增菜单项"按钮，会产生"操作0"菜单。连续单击"新增菜单项"按钮，增加三个菜单，分别为"操作1""操作2""操作3"，如图4-139所示。

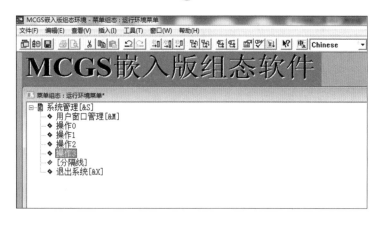

图4-139　新增四个菜单项

依次设置这些菜单的功能，完成登录用户、退出登录、用户管理、修改密码四个菜单的功能设置。

（1）登录用户。"登录用户"菜单项是新用户为获得操作权，向系统进行登录用的。双击"操作0"菜单，弹出"菜单属性设置"对话框。在"菜单属性"选项卡中将"菜单名"改为"登录用户"，如图4-140所示。

切换到"脚本程序"选项卡，在文本框内输入函数"！LogOn()"，如图4-141所示。

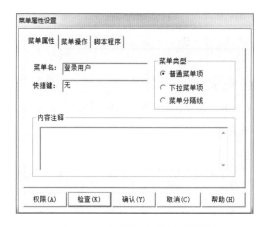

图4-140　登录用户菜单属性设置

图4-141　登录用户菜单脚本程序属性设置

然后回到"主控窗口"，单击"系统属性"，弹出"主控窗口属性设置"对话框，在"基本属性"选项卡中，选择"菜单设置"为"有菜单"，如图4-142所示。执行"登录用户"菜单命令时，系统会调用该函数，弹出"用户登录"对话框，如图4-138所示。输入正确的用户名和密码，单击"确定"按钮，登录成功。

（2）退出登录。用户完成操作后，如想交出操作权，可执行"退出登录"菜单命令。在图4-139中，双击"操作1"菜单，弹出"菜单属性设置"对话框。"菜单名"改为"退出登录"，如图4-143所示。

在图4-143中，切换到"脚本程序"选项卡，输入代码"！LogOff()"（MCGS内部函数），如图4-144所示。

图4-142　主控窗口菜单有无设置

图4-143　退出登录菜单属性设置

在运行环境中执行"退出登录"菜单，弹出如图4-145所示提示框，确定是否退出登录。

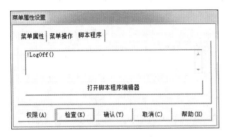

图4 144　退出登录菜单脚本设置

图4-145　提示信息

（3）用户管理。在图4-139中，双击"操作2"菜单，弹出"菜单属性设置"对话框，"菜单名"改为"用户管理"，如图4-146所示。

切换到"脚本程序"选项卡，输入代码"！Editusers()"（MCGS内部函数，功能是允许用户在运行时增加、删除用户，修改密码），如图4-147所示。

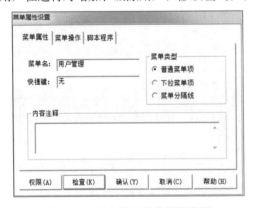

图4-146　用户管理菜单属性设置

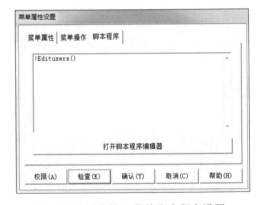

图4-147　用户管理菜单脚本程序设置

运行环境下执行"用户管理"菜单命令，如果不是具有管理员身份登录的用户，打开"用户管理"菜单，会弹出"权限不足，不能修改用户权限设置"的提示信息。

（4）修改密码。在图4-139中，双击"操作3"菜单，弹出"菜单属性设置"对话框，"菜单名"改为"修改密码"，如图4-148（a）所示。

在图4-148（a）中，切换到"脚本程序"选项卡，输入代码"！ChangePass Word()"

（MCGS内部函数，功能是修改用户原来设定的操作密码），如图4-148（b）所示。

运行环境下打开"修改密码"对话框，可以在工程运行的情况下修改登录用户的密码。

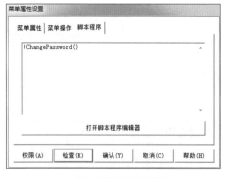

(a) 修改密码脚本程序设置

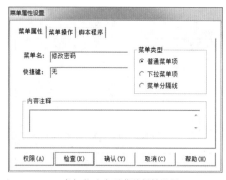

(b) 修改密码菜单属性设置

图4-148　修改密码

4　工程加密

在MCGS组态环境下，如果不想让其他人随便看到组态工程的内容或防止竞争对手了解工程组态细节，可以为工程加密。具体方法是：在"工具"下拉菜单中单击"工程安全管理"按钮，然后再单击"工程密码设置"按钮，弹出"修改工程密码"对话框，如图4-149所示。修改密码完成后单击"确认"按钮，工程加密即可生效，下次打开工程时需要输入密码方可进入组态工程。

图4-149　"修改工程密码"对话框

评分表见表4-12。

表4-12　评　分　表

评 分 表 _____学年		工 作 形 式 □个人　□小组分工　□小组		工作时间/min	
任务	训练内容及配分	训 练 要 求		学生 自评	教师 评分
水位控制工程安全机制和权限	新增用户组和用户，10分	组态界面设计			
	权限管理设置，10分	组态界面设计			
	登录用户设置，10分	组态界面设计			
	退出登录设置，10分	组态界面设计			
	用户管理设置，10分	组态界面设计			
	密码修改设置，10分	组态界面设计			
	功能测试，30分	不同权限用户登录功能测试			
	职业素养与安全意识，10分	现场安全保护；工具、器材、导线等处理操作符合职业要求；分工合作，配合紧密；遵守纪律，保持工位整洁			

学生：_____　教师：_____　日期：_____

练习与提高

1. 如何定义用户和用户组？
2. 管理员组和操作员组权限有什么不同？
3. 如何对主控窗口进行权限设置？
4. 权限设置有何用途？
5. 如何实现在运行环境更换登录用户？
6. 如何实现在运行环境中增加、删除用户？
7. 如何实现在运行环境中修改用户密码？
8. 结合本任务，谈谈对组态工程权限设置的认识。
9. 分别增加管理员和操作员成员，进入系统进行登录、退出、用户管理、密码修改等操作，看有何不同？

任务八　水位控制工程启动窗口

任务目标

（1）掌握启动窗口组态的方法；
（2）能够实施窗口转换。

任务描述

完成一个启动窗口的组态制作，从启动窗口中能分别进入调试窗口和运行窗口，在进入各窗口时要求权限登录。

任务训练

1　启动窗口

新建一个组态工程，在"用户窗口"中新建四个窗口，分别为"启动窗口""调试窗口""运行窗口"和"数据显示"，设置"启动窗口"为组态自动运行窗口。"调试窗口"的内容将任务三完成的组态界面复制过来，"运行窗口"将任务二完成的组态界面复制过来，"数据显示"将任务六完成的组态界面复制过来。

双击打开启动窗口，用单击"工具箱"对话框中的"标签"按钮Ａ注释"水位控制工程"，单击"工具箱"对话框中的"标准"按钮。□绘制标准按钮，将其作为进入其他窗口的连接，分别命名为"调试"和"运行"，如图4-150所示。

双击"调试"按钮，弹出"标准按钮属性设置"对话框，切换到"操作属性"选项卡，设置如图4-151所示。

双击"运行"按钮，弹出"标准按钮属性设置"对话框，切换到"操作属性"选项卡，设置如图4-152所示。

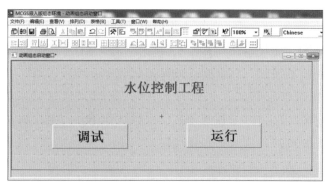

图4-150 启动窗口组态界面

图4-151 调试按钮操作属性设置 图4-152 运行按钮操作属性设置

如果想让启动窗口设计得更美观,可以在窗口中添加背景图片。单击"工具箱"|✕按钮,弹出"工具箱"对话框,单击"位图"按钮🔲构建,放入"启动窗口"拖动到合适大小,然后右击,在弹出的快捷菜单中选择"排列"命令中的"最后面"命令,如图4-153所示。

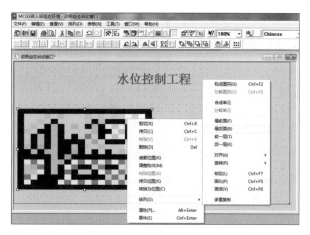

图4-153 "位图"构件图层排列设置

选中"位图"构件,右击,在弹出的快捷菜单中选择"装载位图"命令,弹出"打开"对话框,找到背景图片存放的路径打开即可,请注意支持图片格式为bmp格式。

2 登录权限设置

在工作台中切换到"主控窗口"选项卡，单击"系统属性"按钮，"系统运行权限"设为"进入不登录，退出不登录"，如图4-154所示。

在工作台中切换到"用户窗口"选项卡，选择"调试窗口"图标，单击"窗口属性"按钮（见图4-155），弹出"用户窗口属性设置"对话框，切换到"启动脚本"选项卡，在文本框内输入函数"！LogOn()"，如图4-156所示。

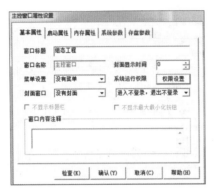

图4-154　主控窗口基本属性设置

图4-155　调试窗口属性设置

同样的方法，选择"运行窗口"图标，单击"窗口属性"按钮，弹出"用户窗口属性设置"对话框，切换到"启动脚本"选项卡，在文本框内输入函数"！LogOn()"。单击"确认"按钮保存，工程下载进入运行环境，界面如图4-157所示。

图4-156　调试窗口启动脚本设置

图4-157　运行环境

单击"调试按钮"，弹出"用户登录"对话框，如图4-158所示，根据不同用户名和密码可进入调试窗口，进入后可看到调试窗口组态设计，如图4-159所示，并可与PLC之间的数据通信调试，具体调试内容详见任务三。单击"返回"按钮，可返回"启动窗口"界面。

单击"运行按钮"，弹出"用户登录"对话框，如图4-158所示，根据不同用户名和密码可进入调试窗口，进入后可监视水位工程运行情况，可以看到水位工程的控制流程、报警数据、实时报表、历史报表、实时曲线和历史曲线等，如图4-160和图4-161所示。单击"返回"按钮，可返回"启动窗口"界面。

注意，调试窗口可设置为操作员权限，操作员"液位1+""液位1-""液位2+""液位2-"4个按钮调试系统；运行窗口可设置为技术员窗口，技术员在系统运行时可设置液位1、液位2上下限数据；数据显示窗口可设置为管理员窗口，管理员可查看系统运行的重要数据。设置方法均为双击打开相应构件，单击"权限"按钮，在弹出的"用户权限设置"窗口中，选中对应成员组前面的复选框即可。

图4-158 调试窗口"用户登录"对话框

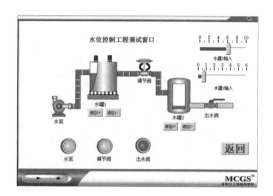

图4-159 调试窗口运行界面

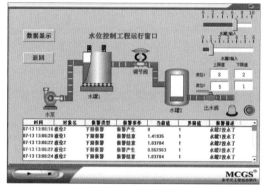

图4-160 运行窗口界面

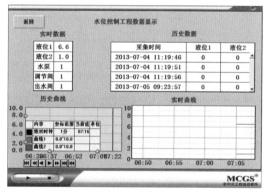

图4-161 运行窗口数据显示界面

评分表见表4-13。

表4-13 评 分 表

评 分 表 _____学年		工 作 形 式 □个人 □小组分工 □小组	工作时间/min _____	
任务	训练内容及配分	训练要求	学生 自评	教师 评分
水位控制工程启动窗口	启动窗口制作，30分	组态界面设计		
	权限管理设置，30分	组态界面设计		
	功能测试，30分	不同权限用户登录功能测试		
	职业素养与安全意识，10分	现场安全保护；工具、器材、导线等处理操作符合职业要求；分工合作，配合紧密；遵守纪律，保持工位整洁		

学生：_____ 教师：_____ 日期：_____

练习与提高

1. 如何使用"位图"构件美化启动窗口？
2. 简述调试窗口和运行窗口在工程中的作用。
3. 如何实现调试窗口、运行窗口的登录权限设置？如何实现不同窗口不同权限登录功能？
4. 请在本任务中增加调试窗口、运行窗口退出登录功能？
5. 观察调试窗口和运行窗口运行时，PLC输出指示灯的变化有何不同。
6. 如何把照片制作成位图？
7. 思考是否可以利用封面功能来实现启动窗口功能？
8. 思考是否可以利用主控窗口权限功能来完成本任务？

任务九　水位控制工程系统集成

扫一扫

水位控制工程系统测试运行

任务目标

（1）掌握水位控制工程系统集成的步骤和方法；
（2）完成水位工程系统整体工程。

任务描述

制作完整水位控制工程，要求：制作组态调试窗口和运行窗口，设有手/自动控制切换功能，触摸屏和电柜上分别设置启动、停止、手/自动切换和水泵、调节阀、出水阀手动启停按钮。自动控制要求通过水泵启停，实现水罐1自动注水；通过调节阀启停，调节水灌1的液位高度在合适的位置；调节阀和出水阀共同控制水罐2中液位在合适的位置。手动控制要求根据液位变化手动调节水泵、调节阀和出水阀的启停。

任务训练

1 组态软件使用的一般步骤

组态软件在实际工程中应用越来越广泛，对于一个工程设计人员来说，要想快速准确地完成一个工程项目，必须首先了解工程的系统构成和工艺流程，搞清工程所涉及的相关硬件设备和软件。为了使组态软件在工控系统中能正常工作，一般需要完成以下开发步骤和过程：

（1）将所有I/O点的参数收集齐全，并填写表格，以备在监控组态软件和PLC上组态时使用。表4-14和表4-15给出了水位控制工程的模拟量和开关量的参数表，关于表格中某些参数的含义，将在后续具体介绍。

表4-14　水位控制工程模拟量参数表

I/O位号名称	说　明	工程单位	量程上限	量程下限	报警上限	报警下限	I/O类型
MN1	水罐1液位	M	10	0	9	1	输入
MN2	水罐2液位	M	6	0	5	2	输入

表4-15　水位控制工程开关量参数表

I/O位号名称	说　明	正常状态	信号类型	逻辑极性	I/O类型
KG1	水泵	关闭	干接点	正逻辑	输出
KG2	调节阀	关闭	干接点	正逻辑	输出
KG3	出水阀	关闭	干接点	正逻辑	输出
KG4	启动指示灯	灭	干接点	正逻辑	输出
KG5	停止指示灯	灭	干接点	正逻辑	输出
KG6	切换指示灯	灭	干接点	正逻辑	输出
KG7	启动按钮	打开	干接点	正逻辑	输入
KG8	停止按钮	打开	干接点	正逻辑	输入
KG9	切换按钮	打开	干接点	正逻辑	输入
KG10	水泵（手动）	打开	干接点	正逻辑	输入
KG11	调节阀（手动）	打开	干接点	正逻辑	输入
KG12	出水阀（手动）	打开	干接点	正逻辑	输入

（2）了解所使用的I/O设备的生产商、种类、型号、使用的通信接口类型，采用的通信协议，以便在定义I/O设备时做出准确选择。

（3）将所有I/O点的I/O标识收集齐全，并填写表格，I/O标识是唯一地确定一个I/O点的关键字，组态软件通过向I/O设备发出I/O标识来请求其对应的数据。在大多数情况下I/O标识是I/O点的地址或位号名称。

（4）根据工艺过程绘制、设计画面结构和画面草图。

（5）按照第（1）步统计出的表格，建立实时数据库，正确组态各种变量参数。

（6）根据第（1）步和第（3）步的统计结果，在实时数据库中建立实时数据库变量与I/O点的一一对应关系，即定义数据连接。

（7）根据第（4）步的画面结构和画面草图，组态每一幅静态的操作画面。

（8）将组态操作画面中的图形对象与实时数据库变量建立动画连接关系，规定动画属性和幅度。

（9）视用户需求，制作报警显示、报表输出、曲线显示等功能。最后，还需加上安全权限设置。

（10）对组态内容进行分段和总体调试，视调试情况对软件进行相应修改。

（11）将全部内容调试完成以后，对上位机软件进行完善，例如，加上开机自动打开监控画面、登录退出权限设置等，让系统投入正式（或试）运行。

2　系统方案设计

根据实际水位工程控制要求，设计两套操作，通过电柜操作控制面板或TPC触摸屏进行调试运行控制。PLC通过A/D转换模块采集液位模拟量，输出开关量控制水泵、调节阀和出水阀的启停，液位采用两种传感器来进行检测，具体来说，液位1通过磁翻板传感器进行检测，液位2通过超声波传感器进行检测，水位工程系统硬件框图如图4-162所示。

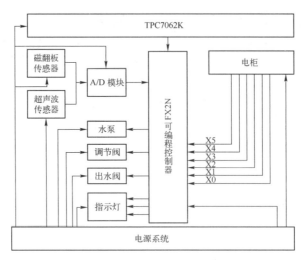

图4-162　水位工程系统硬件框图

3　硬件选型

　　水位工程硬件选型主要包括FX2N可编程控制器、TPC7062K触摸屏、FX2N-4AD模块、UZ2.5A 1000I磁翻板液位传感器、S18U超声波传感器、FDPS-100A开关电源、4V210-08电磁阀、4V210-08电磁阀等，硬件实物如图4-163所示。为了熟悉液位传感器，故采用两种传感器进行液位检测。其中UZ2.5A 1000I磁翻板液位传感器用来检测液位1，S18U超声波传感器用来检测液位2，下面介绍下UZ2.5A 1000I磁翻板液位传感器和FX2N-4AD模块，其他硬件使用方法可通过网络资源和硬件使用手册进行详细了解。

（a）FX2N-32MR可编程控制器

（b）FX2N-4AD模块

（c）TPC7062K触摸屏

（d）UZ2.5A 1000I磁翻板液位传感器

（e）S18U超声波传感器

（f）DZ47-60D10三相空气开关

（g）FDPS-100A开关电源

（h）4V210-08电磁阀

（i）HH54P中间继电器

（j）标准USB2.0打印机线

图4-163　水位工程主要硬件实物图

　　（1）UZ2.5A 1000I磁翻板液位传感器。磁翻板液位传感器根据浮力原理和磁性耦合作用研制而成。当被测容器中的液位升降时，液位计测量管中的磁性浮子也随之升降，浮子内的永久磁钢通过磁性耦合传递到磁翻柱指示器，驱动红、白翻柱翻转，指示器红白交界处为容器内部液位的实际高度，从而实现液位清晰的指示。主要参数有：测量范围0～12 m，显示精度±10 mm。远传信号变送器由夹持安装在磁翻板测量管上的不锈钢管组成，管内部装有干簧链和电阻串。随着测量管内液位的变化，浮子中的磁铁触发不同的干簧管，使整串电阻器的阻值随着液位的变化而改变，经过转换输出4～20 mA的电流信号。

（2）邦纳S18U超声波传感器。美国邦纳S18U超声波传感器适用于瓶装或罐装生产线、透明薄膜检测或镜面物体检测、小容器的液位测量等。供电电压为DC10～30 V，检测范围20～300 mm，输出根据型号可选择DC 0～10 V或4～20 mA的模拟量输出。带有两个双色高亮度LED状态指示灯：位置指示灯（红/绿）和输出指示灯（黄/红）。当被测物体在检测范围内，位置指示灯为绿色，输出指示灯为黄色；当被测物体不在检测范围内，位置指示灯为红色，输出指示灯熄灭；位置指示灯熄灭表示传感器断电，输出指示灯为红色表示传感器处于示教模式。

（3）FX2N-4AD模块。三菱FX2N-4AD模拟量模块有四个输入通道，输入通道接收模拟信号并将其转换成数字信号。基于电压或电流的输入/输出的选择通过用户配线来完成，可选用的模拟值范围是DC -10～10 V（分辨5 mV），或者4～20 mA，-20～20 mA。FX2N-4AD和FX2主单元之间通过缓冲存储器交换数据，FX2N-4AD共有32个缓冲器。

4 硬件安装

操作控制面板上有启动按钮SB1、停止按钮SB2、手动/自动切换按钮SB3、水泵按钮SB4、调节阀按钮SB5、出水阀按钮SB6、水泵指示灯L1、调节阀指示灯L2、出水阀指示灯L3、TPC7062K触摸屏等部分组成，电柜外观如图4-164所示。

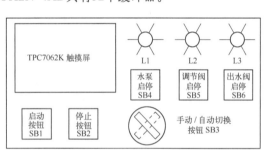

图4-164　电柜外观图

在电柜中进行系统硬件安装时，先选用AUTOCAD或者PROTEL 99软件进行绘图。绘图时应注意：（1）选用正确的图样模板进行绘图。（2）元件位置摆放清楚工整。（3）元件采用规范的电气符号。（4）正确连接各元件的连线，不出现遗漏和错接现象，接线示意图如图4-165所示。

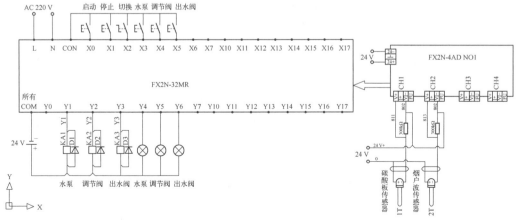

图4-165　水位工程接线示意图

绘图完成后就进行硬件安装，安装总体要求包括：

（1）电源安装与连接：水位控制工程的直流工作电源是由开关电源提供，经接线端子排引到加工单元上。PLC交流220 V电源单独供给，不能与直流24 V电源混淆。选择正确的导线，电动机主电路部分采用黑色4 mm²的导线，控制部分采用0.5 mm²的导线，相线部分采用红色导线，中性线部分采用蓝色导线，地线采用黄绿相间的导线，控制回路采用同一种颜色导线。

（2）PLC的安装：水位控制工程PLC的I/O接线采用双层接线端子排连接，端子排集中连接水位控制工程所有电磁阀、传感器等器件的电气连接线、PLC的I/O端口及直流电源。

硬件安装步骤包括：

（1）器材布局：把经过检测的电气元件按照元件布局图参照图4-163进行硬件安装。注意间距合理，预留布线空间，电路安装上进下出。

（2）主电路线路安装：在导线连接时，首先连接设备的供电电路，相线通过空气开关分三路，一路进PLC，一路进变频器，一路进开关电源。然后把变频器的UVW和传送带电动机连接起来。

（3）开关电源输出直流端接接线端子。

（4）信号电路与主电路分开走线，避免干扰。

（5）传感器电路安装：把PLC的模拟量模块与液位传感器相连。

（6）数据通信线安装：上述线路连接好后，把PLC与计算机串口连接好，准备进行通电调试。

5　组态设计与PLC编程

组态设计内容请参考前序任务所讲解的内容完成，从启动窗口进入调试窗口和运行窗口需进行权限登录，组态运行窗口如图4-166～图4-169所示。

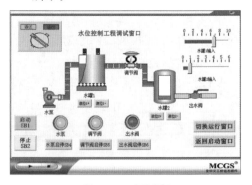

图4-166　启动窗口　　　　　　　　　　　图4-167　调试窗口

PLC编程除了前序任务所介绍的控制流程的编程，增加两部分内容：

（1）系统启动按钮SB1、停止按钮SB2、手动/自动切换按钮SB3编程（电柜和触摸屏上均有SB1、SB2、SB3），对应连接PLC输入端X0、X1和X2；手动开关水泵、调节阀、出水阀按钮SB4、SB5、SB6，对应指示灯为L1、L2、L3，连接PLC输出端Y4、Y5、Y6。

（2）液位大小由磁翻板传感器和超声波传感器采集后发送给A/D转换模块，转换后送入PLC，完成A/D模块模拟量采集编程。PLC输入/输出端、内部地址及内部继电器功能对照如表4-16所示。

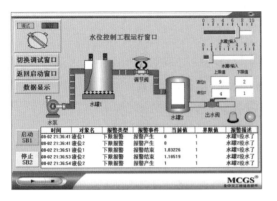

图4-168　水位工程运行窗口

图4-169　数据显示运行窗口

表4-16　PLC输入/输出端、内部地址及内部继电器功能对照

序　号	输入/输出端、内部地址及内部继电器	功 能 描 述
1	X0	电柜启动按钮
2	X1	电柜停止按钮
3	X2	电柜手动/自动切换按钮
4	X3	电柜水泵启停按钮
5	X4	电柜调节阀启停按钮
6	X5	电柜出水阀启停按钮
7	M50	触摸屏启动按钮
8	M51	触摸屏停止按钮
9	M52	触摸屏手动/自动切换按钮
10	M53	触摸屏水泵启停按钮
11	M54	触摸屏调节阀启停按钮
12	M55	触摸屏出水阀启停按钮
13	Y1	水泵启停
14	Y2	调节阀启停
15	Y3	出水阀启停
16	Y4	水泵运行指示灯
17	Y5	调节阀运行指示灯
18	Y6	出水阀运行指示灯
19	D40	FX-4AD特殊模块识别码
20	D0、D1	CH1、CH2采集数据的平均值
21	D120	由D0传送过来的液位1数值
22	D220	由D1传送过来的液位2数值
23	M100	系统程序启停控制
24	M200	手动/自动切换控制
25	M300～M302	液位1比较结果，影响水泵启停
26	M320～M322	液位2比较结果，影响出水阀启停
27	M330～M332、M340～M342	液位1、液位2共同作用比较结果，影响调节阀启停

启动、停止、手动/自动切换按钮功能的实现参阅可编程控制器相关教材自行完成，本任务重点介绍PLC调试中的A/D转换模块编程调试。液位传感器或超声波传感器将检测到液位信

号，输出DC 0～10 V或DC 4～20 mA至A/D模块，那么A/D转换模块如何处理这些信号并将它们传送给PLC的呢？

如前所述，FX2N-4AD模块共有32个缓冲存储器（BMF），其功能如表4-17所示。

表4-17　FX2N-4AD模块缓冲存储器（BMF）功能表

BMF	功　能
*#0	通道初始化，默认值H0000
*#1～#4	通道1～通道4的平均采样数（1～4 096），用于得到平均结果。默认值高设为8（正常速度），高速操作可选择1
#5～#8	通道1～通道4采样数的平均输入值，即根据#1～#4规定的平均采样次数，得出所有采样的平均值
#9～#12	通道1～通道4读入的当前值
#13，#14	保留，用户不可以更改
*#15	选择A/D转换速度，设为0（默认值）则选择正常速度（15 ms/通道）；设为1则选择高速（15 ms/通道）
#16～19	保留，用户不可以更改
*#20	复位到缺省值和预设。默认值为0
*#21	禁止调整偏移、增益值。默认值为（0，1）允许状态
*#22	偏移，增益调整G4 O4 G3 O3 G2 O2 G1 O1
*#23	偏移值，默认值为0
*#24	增益值，默认值为5000
#25～28	保留，用户不可以更改
#29	错误状态
#30	识别码K2010
#31	禁用

注：带*标志的缓冲区（如#0）可以用BFM写入指令TO从PLC写入；不带*标志的缓冲区(如#5)可以用BFM读出指令FROM读入到PLC。偏移的定义：当数字输出为0时的模拟量输入值；增益的定义：当数字量输出为+1000时的模拟量输入值。

针对水位控制工程，若将通道CH1、CH2作为液位传感器检测到的液位1、液位2输入，FX2N-4AD模块连接在特殊功能模块的0位置，平均数设为4，PLC的D0、D1接受平均数据值。

PLC编程流程如下：

（1）读出识别码与K2010比较，如果识别码是K2010则表示PLC所连模块是FX2N-4AD，CMP指令将M1闭合（K2010等于D40）。

（2）建立模拟输入通道#1，#2。#0缓冲区的作用是通道初始化，从低位到高位分别指定通道1～通道4，位的定义为：0表示预设范围（-10～10V）；1表示预设范围（4～20mA）；2表示预设范围（-20～20mA）；3表示通道关闭。本水位工程中的H3300是关闭3，4通道，1，2通道设为模拟值范围是DC -10～10 V。数值可根据传感器输出信号修改。

（3）将4写入缓冲区#1，#2，即将通道1和通道2的平均采样数设为4，意思是每读取4次将这4次的平均值写入#5，#6。

（4）读取FX2N-4AD当前的状态，判断是否有错误。如果有错误M10～M22相应的位闭合。

（5）如果没有错误，则读取#5，#6缓冲区（采样数的平均值）的值并保存到PLC寄存器D0，D1中。

根据以上编写流程，A/D转换模块调试参考PLC程序如图4-170所示。

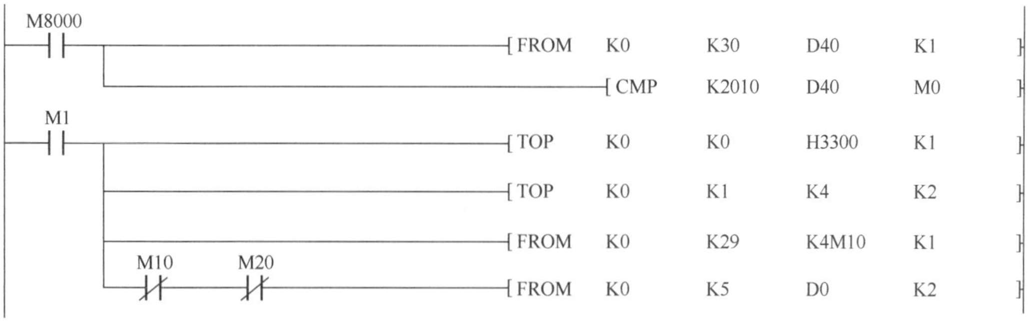

```
M8000
 ┤├─────────────────────────────[FROM   K0    K30    D40    K1
     │                           [CMP    K2010  D40    M0
M1
 ┤├──────────────────────────────[TOP    K0    K0    H3300   K1
     │                           [TOP    K0    K1    K4     K2
     │                           [FROM   K0    K29   K4M10   K1
     M10    M20
     ┤╱├───┤├───────────────────[FROM   K0    K5    D0     K2
```

图4-170 PLC程序

注意，D0、D1为传感器测量出来的值，在使用时要根据液位1和液位2的范围进行转换。

其余关于启动、停止、切换功能、手动控制、自动控制流程PLC程序详见随书光盘。

6 系统调试

（1）电柜通电，从触摸屏上的启动窗口是否能通过权限登录进入调试窗口和运行窗口。

（2）在调试窗口，通过手动调节液位，单击水泵、调节阀、出水阀启停按钮观察PLC和组态动画是否正常。

（3）进入运行窗口，单击触摸屏上的启动按钮，观察系统是否能正常工作，单击触摸屏上停止按钮，系统是否能停止运行，测试切换按钮功能是否正常。

（4）按下电柜的启动按钮，观察系统是否能正常工作，按下电柜的停止按钮，系统是否能停止运行，测试切换按钮功能是否正常；依次按下水泵、调节阀、出水阀启停按钮，观察是否正常工作。

（5）系统运行时，观察水罐中液位变化、报警信息、报警指示灯状态、实时数据、历史数据、实时曲线、历史曲线显示是否正确，观察模拟量采集信号是否正确。整个系统联机调试，观察系统是否能正常运行，有问题检查软硬件是否存在故障，直至故障解决。

功能测试表见表4-18，评分表见表4-19。

表4-18 功能测试表

操作步骤		观察项目 结果	水泵	调节阀	出水阀	液位1	液位2
调试状态	电柜	按下SB1					
		按下SB4					
		按下SB5					
		按下SB6					
	TPC	按下SB1					
		按下SB4					
		按下SB5					
		按下SB6					

运行状态	电柜	按下SB1					
		液位1<9 m					
		液位2>1 m					
		液位1>2 m同时液位2<5 m					
	TPC	按下SB1					
		液位1>9 m					
		液位2<1 m					
		液位1<2 m或者液位2>5 m					

表4-19 评 分 表

评分表_____学年		工作形式 □个人 □小组分工 □小组	工作时间/min_____	
任务	训练内容及配分	训练要求	学生自评	教师评分
水位控制工程系统集成	通信连接，5分	TPC与PC通信；TPC与PLC通信；网口下载、USB下载		
	组态设计，20分	组态界面启动窗口、调试窗口、运行窗口组态功能是否完备；设备窗口与PLC连接是否正确		
	PLC编程，20分	控制流程编程，A/D转换模块编程；程序下载		
	功能测试，45分	启动窗口是否正常运行，是否带有权限登录功能；调试窗口是否正常工作，水泵、调节阀、出水阀按钮是否工作正常，是否能实现手动调试；运行窗口是否正常工作，按下触摸屏上启动、停止、切换按钮系统是否能正常运行；运行窗口水罐中液位变化、报警信息、报警指示灯、实时数据、历史数据、实时曲线、历史曲线显示是否正确；电柜外控启动、停止、切换按钮是否能控制系统正常运行，水泵、调节阀、出水阀按钮是否工作正常		
	职业素养与安全意识，10分	现场安全保护；工具、器材、导线等处理操作符合职业要求；分工合作，配合紧密；遵守纪律，保持工位整洁		

学生：_____ 教师：_____ 日期：_____

练习与提高

1. 水位工程硬件选型主要包括哪些部分？

2. 查询资料获取UZ2.5A 1000I液位传感器和S18U超声波传感器输入/输出信号量程。

3. FX2N-4AD模块可选用模拟量范围是多少？

4. 硬件安装时有哪些注意事项？

5. 组态工程下载到TPC中有几种方法？特点是什么？

6. 简述FX2N-4AD模块如何进行调试？

7. A/D模块调试程序中，TO、FROM指令的含义是什么？

8. 尝试在电柜增加一按钮，实现系统急停功能。

9. 检测液位的两种传感器的特点是什么？为何要设计两套操作，各自有什么功能？

项目五

➡ 智能运料小车控制工程

本项目采用昆仑通态新技术，通过新研发的物联网触摸屏和新版的MCGS Pro软件、MCGS调试助手，采用虚拟仿真、远程监控及简单数字孪生等技术，为智能运料小车控制工程提供解决方案。

扫一扫 ●……

二十大报告
知识拓展5
●……

【项目介绍】

本项目分4个任务：任务1 运动小球虚拟仿真练习，学会运料小车运行轨迹动画设计；任务2 智能运料小车触摸屏设计、仿真与运行；任务3 智能运料小车的PLC控制与运行，学会PLC编程、联机运行调试；任务4 智能运料小车计算机、手机远程监控，掌握触摸屏与PLC远程监控调试的新方法。智能运料小车控制工程组态设计界面如图5-1所示。

安装包

MCGS Pro
组态软件安
装包

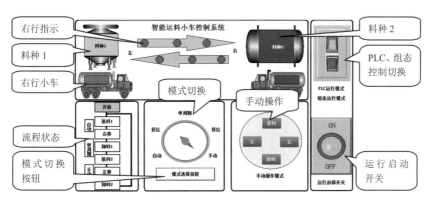

图5-1　智能运料小车控制工程组态设计界面

任务1　运动小球虚拟仿真练习

🐿 任务目标

（1）了解小球运动的规律及数据关联表达式；

（2）掌握触摸屏的组态界面设计；

（3）能够设计制作运动小球的脚本程序；

（4）能够完成组态虚拟运行调试。

任务描述

3个不同颜色的小球沿各自不同的轨迹运行，绿色小球沿着半径为100像素的正圆轨迹运行，红色小球沿着长半径为100像素，短半径为50像素的椭圆轨迹运行，黄色小球沿着长为324像素，宽为114像素的矩形轨迹运行，小球运动轨迹能通过触摸屏虚拟仿真运行，并能实现自动循环运行，请在触摸屏上设计3个小球运行界面，并仿真运行。

任务训练

通过任务控制需求分析，绿色和红色小球在平面直角坐标系中做圆周运动时，以圆心建立坐标系，以弧度为自变量，以半径为圆的大小范围，通过三角函数计算得出 x 与 y 坐标的关系式为：（$y= \sin\theta*r$）与（$x= \cos\theta*r$），两个坐标的数值随着弧度的周期变化而周期性运行。椭圆通过改变纵坐标上半径的长短来实现。

在触摸屏中，绿色小球圆周运行的坐标公式是：Y=100*!SIN(S)、X=100*!COS(S)。红色小球椭圆运行的坐标公式是：Y=100*!SIN(S)、Z=50*!COS(S)。注意：公式中数值100是圆的半径，50是椭圆的短半径，S为变化的弧度值。

黄色小球的矩形轨迹通过设置小球的水平移动和垂直移动来实现。

1 数据库组态

在实时数据库中建立变量，如表5-1所示。

表5-1　数据库变量表

名称	类型	对象初值	数据说明
X	浮点数	0	绿色小球圆周运行正弦坐标
Y	浮点数	0	小球圆周运行余弦坐标
Z	浮点数	0	红色小球椭圆运行正弦坐标
S	浮点数	0	小球圆周运行弧度数值
垂直移动	浮点数	0	黄色小球矩形运动垂直数值
水平移动	浮点数	0	黄色小球矩形运动水平数值

实时数据库数据设置完成后，返回用户窗口，完成窗口的动画组态设计。

2 窗口组态

创建新工程，新建窗口，命名为"小球运动"。画面设计如图5-2所示。

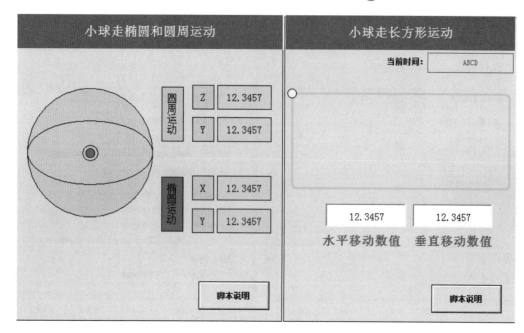

图5-2 用户窗口界面图

小球沿着椭圆和圆周运动的设计：选择"工具箱"中的"椭圆"，绘制一个大圆，由于半径为100，因此大圆占据的空间大小是200*200的方格，观察组态软件右下角控件大小数据 ⊞ 200 200 ，再绘制一个椭圆，椭圆短半径是50，因此占据的空间大小是200*100，观察组态软件右下角控件大小数据 ⊞ 200 100 ，在大圆的圆心处绘制一个小球，小球占据的空间大小是25*25，观察组态软件右下角控件大小数据 ⊞ 25 25 ，填充颜色是绿色。绿色小球的位置动画连接选择"水平移动"和"垂直移动"，如图5-3所示。

绿色小球的水平移动的表达式选择：Z，表达式的值是0~100，移动偏移量也是0~100，如图5-4所示。绿色小球的垂直移动的表达式选择：Y，表达式的值是0~100，移动偏移量也是0~100，如图5-5所示。

图5-3 绿色小球动画组态设置

图5-4 绿色小球水平移动设置

继续在大圆的圆心处绘制一个红色小球，小球占据的空间大小是15*15，观察组态软件右下角数据 ![]15 ![]15 ，填充颜色是红色。红色小球的位置动画连接选择"水平移动"和"垂直移动"，如图5-6所示。

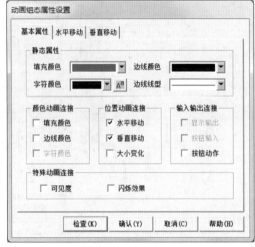

图5-5　绿色小球垂直移动设置　　　　图5-6　红色小球动画组态设置

红色小球的水平移动的表达式选择：Y，表达式的值是0~50，移动偏移量也是0~50，如图5-7所示。红色小球的垂直移动的表达式选择：X，表达式的值是0~100，移动偏移量也是0~100，如图5-8所示。

图5-7　红色小球水平移动设置　　　　图5-8　红色小球垂直移动设置

圆周运动Z、Y数值和椭圆运动X、Y数值显示设置：选择"工具箱"中的"A"标签功能，绘制4个标签框，标签框的属性设置中输入输出连接选择"显示输出"复选框，如图5-9所示。显示输出的表达式分别连接：Z、Y数值和X、Y数值，如图5-10所示。

图5-9 右移小车部分"构成图符"

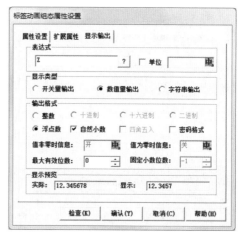

图5-10 右移小车水平移动属性设置

黄色小球走矩形运动的设计：选择"工具箱"中的"圆角矩形"，绘制一个长方形，长方形占据的空间大小是350*150，观察软件右下角控件大小数值 350 150，填充颜色选择黄色。黄色小球的位置动画连接选择"水平移动"和"垂直移动"，如图5-11所示。

图5-11 黄色小球水平移动设置

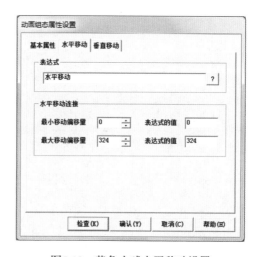

图5-12 黄色小球水平移动设置

黄色小球的水平移动的表达式选择：水平移动，表达式的值是0~324，移动偏移量也是0~324，如图5-12所示。黄色小球的垂直移动的表达式选择：垂直移动，表达式的值是0~114，移动偏移量也是0~114。

3 ▶ 策略组态

本任务中，3个不同颜色运动小球的运行由窗口脚本程序实现。操作步骤如下：

双击窗口底层，进入用户窗口属性设置，选择启动脚本。小球圆周运动的启动脚本为：Y=0。黄色小球矩形运动的启动脚本为：水平移动=0 垂直移动=0，如图5-13所示。

图5-13　启动脚本属性设置

图5-14　策略表达式条件设置

继续设置循环脚本，循环时间（ms）设定为：100，如图5-14所示。

脚本程序的编写：打开脚本程序编辑器，小球圆周运动的脚本程序如图5-15所示。小球长方形运动的脚本程序如图5-16所示。

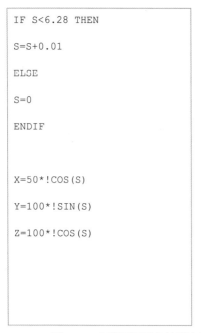

图5-15　小球圆周运动的脚本程序

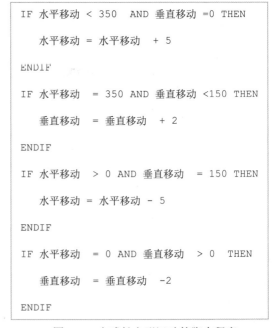

图5-16　小球长方形运动的脚本程序

扫一扫

运动小球虚拟运行动画

4 运行调试

组态设计完成后，运动小球模拟运行组态界面，参考图5-17所示。

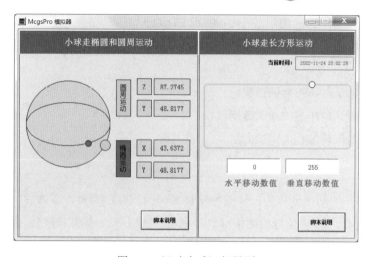

图5-17　运动小球运行界面

 评价

评分表见表5-2。

表5-2　评分表

评分表 _____学年		工作形式 □个人　□小组分工　□小组		工作时间/min _____	
任务	训练内容	训练要求		学生自评	教师评分
运动小球虚拟仿真练习	1. 红绿黄三个小球组态设计，20分	绘制红绿黄三个小球正确，10分 动画设置选择正确，10分			
	2. 属性设置与数据库连接，20分	动画组态属性设置正确，10分 与数据库数据连接设置正确，10分			
	3. 脚本程序编写，40分	红、绿小球脚本程序编写正确，20分 黄球脚本程序编写正确，20分			
	4. 运行调试，10分	虚拟仿真运行正常，10分			
	5. 职业素养与操作规范，10分	工作过程及训练操作符合职业要求，5分 遵守安全规程，保持工位整洁，5分			

练习与提高

1. 在动画属性设置中，"水平移动"的距离大小是如何获得的？

2. 仔细思考脚本程序，圆周运行中，S的数值大小有什么含义？

3. 仔细思考组态工程的设计过程，如果在圆周运行中，椭圆的运行轨迹需要旋转90°呈现，该任务的组态工程要如何修改？

4. 思考一下，如何才能改变小球的运行速度？有哪几种方法？请尝试一下。

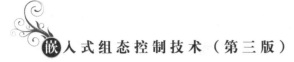

任务2　智能运料小车触摸屏设计、仿真与运行

🐰 任务目标

（1）掌握智能运料小车界面设置；

（2）掌握智能运料小车的动画数据连接；

（3）掌握运行策略编程与调试方法。

🐜 任务描述

智能运料小车的动作流程为：从储物罐1位置开始装载物料1，装满后，往右侧储物罐2运输，运输过程中，有3个位置检测指示灯。到达储物罐2处，卸载物料1，再从储物罐2处装载物料2，往左侧储物罐1运输，运输到储物罐1处，卸载物料2，然后返回到起始位置。该动作流程要求能实现自动循环运行，也能单周期运行，还能手动操作运行（见图5-1）。

🐓 任务训练

智能运料小车控制系统的虚拟仿真运行，采用脚本程序实现。系统功能分为：自动、单周期、手动三个模式，自动流程设计是典型的工作流程运行模式。系统在满足流程动作的同时，还要考虑界面的美观、实用，符合人的视觉感知与审美。

 数据库组态

在实时数据库中建立变量，如表5 3所示。

表5-3　数据库变量表

名称	类型	对象初值	数据说明
方向	整数	0	小车左移或者右移的方向
开关	整数	0	仿真系统启停
料种	整数	0	储料罐1、2中的物料
卸料	整数	0	手动卸料开关
右	整数	0	手动右移开关
装料	整数	0	手动装料开关
左	整数	0	手动左移开关
模拟运行开关	整数	0	系统模拟运行开关
装卸	整数	10	装卸模式的值
车料	浮点数	0	可以大小变换的物料
流程	整数	0	当前运行流程数值
模式	整数	0	当前运行模式值
移动	浮点数	0	小车的位置数值大小

实时数据库数据设置完成后，返回用户窗口，完成窗口的动画组态设计。

2 窗口组态

新建"运料小车"窗口，窗口的操作由模拟运行调试开关、启动开关、模式选择、手动操作四块内容来实现，组态画面设计参考图5-18。

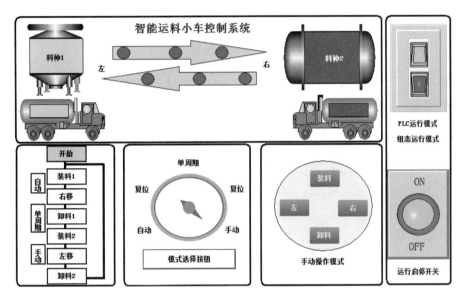

图5-18　用户窗口运行界面

储料罐1的设计：选择"工具箱"中的"插入元件"，点击图库列表的类型，选择："公共图库"，在"储藏罐"文件夹，选择"罐9"和"罐32"。选择工具箱中的矩形，在"罐9"本体上绘制一个矩形，填充颜色选择淡蓝色，如图5-19所示。"罐32"同样设置，填充颜色选择深蓝色。

运料小车的设计：运料小车分车头往右和车头往左运行两种类型，称为右移小车和左移小车。选择"工具箱"中的"公共图库"，通过"插入元件"选择合适的小车。先右键单击右移小车，选择"排列"中的"分解单元"选项，如图5-20所示。再次右键单击，选择"排列"中的"分解图符"。

图5-19　储料罐属性设置　　　　　　　　图5-20　小车分解设置

把中间蓝色料仓拉出来，剩余的小车部分"构成图符"，如图5-21所示。双击小车图符，增加"水平移动"和"可见度"动画属性功能。

"水平移动"动画属性功能的表达式为：移动。该表达式值的范围：0~35，如图5-22所示。偏移量根据画面右下角的第一个数值来确定。当"移动"表达式的值为0时，小车图符最小移动偏移量为0，当"移动"表达式的值为35时，小车图符最大移动偏移量为500，即沿触摸屏画面右移500个分辨率点，该位置正好是第一次卸料点。

图5-21　右移小车部分"构成图符"

图5-22　右移小车水平移动属性设置

"可见度"动画属性功能的表达式为：料种=0，当表达式非零时，选择"对应图符可见"单选按钮，如图5-23所示。

右键单击右移小车中间蓝色料仓，选择"排列"中的"最前面"选项，再把中间蓝色料仓放回。

双击右移小车中间蓝色料仓，把填充颜色静态属性选择为淡蓝色，并增加"水平移动"、"大小变化"和"可见度"动画属性功能，如图5-24所示。最后把中间蓝色料仓放回小车内。

图5-23　右移小车可见度属性设置

图5-24　右移小车料仓属性设置

右移小车中间蓝色料仓的"水平移动"和"可见度"参照小车设置，与图5-25、图5-26中相同。

右移小车中间蓝色料仓的"大小变化"动画属性功能的表达式为：车料。表达式的值为：0至10。对应的变化百分比从0%至100%，如图2-8所示。即当车料的数值从0变化到10时，小车中间蓝色料仓方块从0%上升到100%。

图5-25　右移小车料仓大小变化属性设置　　　　图5-26　左移小车水平移动属性设置

左移小车参照右移小车设置，左移小车的"水平移动"属性设置参照图5-26进行设置。左移小车的"可见度"属性设置参照图5-27进行设置。

左移小车中间蓝色料仓的填充颜色静态属性选择为深蓝色，"大小变化"属性设置与图5-25一致。左移小车中间蓝色料仓的"水平移动"属性设置与图5-26相同，"可见度"属性设置与图5-27相同。

右行、左行箭头设置：箭头使用工具箱中的常用符号，指示灯圆圈符号的填充颜色选择红色，增加"填充颜色"动画属性功能。右行箭头中，左边第一个指示灯圆圈的"填充颜色"动画属性设置为："移动>=8.5 and 移动<35 and 左=0 and 方向<>2"，如图5-28所示。第二个指示灯圆圈的"填充颜色"动画属性设置为："移动>=17.5 and 移动<35 and 方向<>2"，第三个指示灯圆圈的"填充颜色"动画属性设置为："移动>=26.25 and 移动<35 and 左=0 and 方向<>2"。

左行箭头中，右边第一个指示灯圆圈的"填充颜色"动画属性设置为："移动<=26.25 and 移动>0 and 右=0 and 方向<>1"，第二个指示灯圆圈的"填充颜色"动画属性设置为："移动<=17.5 and 移动>0 and 右=0 and 方向<>1"，第三个指示灯圆圈的"填充颜色"动画属性设置为："移动<=8.5 and 移动>0 and 右=0 and 方向<>1"。

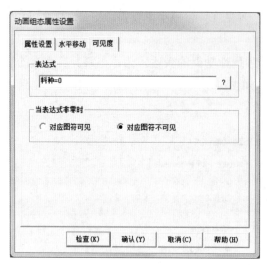

图5-27　左移小车可见度属性设置

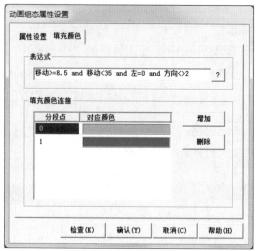

图5-28　圆圈动画属性设置

模拟运行开关设置：从工具箱的插入元件中选择公共图库，选择开关图库中的"开关13"，连接数据"模拟运行开关"，数据对象的连接如图5-29所示。

流程图设置：流程图标识均使用工具箱中的"标签"功能，装料、右移、卸料、装料、左移、卸料这6个标签的静态填充颜色选择黄色，增加"填充颜色"动画属性功能。装料1、右移、卸料1、装料2、左移、卸料2这6个标签的"填充颜色"动画属性功能分别设置为："流程=1"至"流程=6"，如图5-30所示。

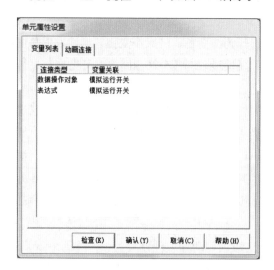

图5-29　开关数据对象的连接

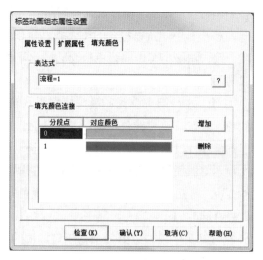

图5-30　装料标签填充颜色设置

流程图工作状态显示设置：流程图工作状态由3部分组成，分别是自动、单周期、手动三个状态，这三个状态分别用三个标签来显示，三个标签增加可见度功能，自动状态的表达式为：模式=0，如图5-31所示。单周期状态的表达式为：模式=2，如图5-32所示。手动状态的表达式为：模式=4。当表达式非零时，三个标签的可见度均为：对应图符不可见。

图5-31 自动状态标签可见度设置 图5-32 单流程状态标签可见度设置

运行启停开关设置：从工具箱的插入元件中选择公共图库，选择开关图库中的"开关10"，数据对象的连接如图5-33所示。

模式选择设置：选择工具箱中的"旋转仪表"，在"刻度与标注属性"设置中：主划线数目为4，次划线数目为0，标注显示选择"不显示"。

在"操作属性"设置中，对应数据对象的名称为：模式，最大逆时钟角度对应值设置为：0，最大顺时钟角度对应值设置为：4，如图5-34所示。

图5-33 开关数据对象的连接 图5-34 旋钮输入器操作属性设置

旋钮输入器外围一圈用标签输入文字：自动、复位、单周期、复位、手动。

在旋钮输入器上设置一个透明按钮，按下按钮，实现模式数值加1的动作。

手动操作模式设置：手动操作模式由四个按钮组成，分别为装料、卸料、左、右。在操作属性设置中，四个按钮分别连接对应名称的四个数据变量，操作功能都选择为"置1"模式。装料按钮的操作属性设置如图5-35所示，左移按钮的操作属性设置如图5-36所示。

图5-35　装料按钮操作属性设置　　　　　　图5-36　左移按钮操作属性设置

3　策略组态

本任务中，运料小车的运行由"循环策略"中的脚本程序实现。操作步骤如下：

首先进入运行策略窗口，单击新建策略，选择"循环策略"，双击进入"循环策略"，双击"按照设定的时间循环运行"策略属性，把策略执行方式设置为：100 ms周期循环，如图5-37所示。

流程策略编写：单击菜单栏的"新增策略行"，通过策略工具箱分别添加流程、开关还原、复位2、复位1、单次循环、自动、手动七个运行策略。

"流程"策略表达式条件为：模拟运行开关=1，条件设置如图5-38所示。

图5-37　循环策略属性设置　　　　　　　图5-38　策略表达式条件设置

"流程"脚本程序是根据当前运行情况，判断小车当前运行的步骤，整个流程分为装料1、右移、卸料1、装料2、左移、卸料2六个流程，对应的流程状态分别为流程数值的1~6，样例程序如图5-39所示。

"运行启停开关"策略编写：本系统中开关策略的作用是关闭开关后，还原到初始状态。因此，启动开关被复位后才起作用，所以"启停开关"策略表达式为：开关=0，表达式的值非0时条件成立，内容注释为：关闭-还原，脚本样例程序如图5-40所示，表达式条件设置如图5-41所示。

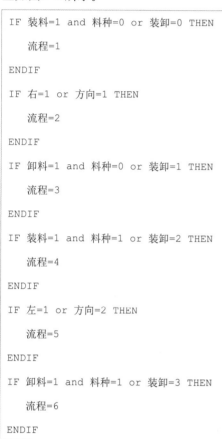

```
IF 装料=1 and 料种=0 or 装卸=0 THEN
    流程=1
ENDIF
IF 右=1 or 方向=1 THEN
    流程=2
ENDIF
IF 卸料=1 and 料种=0 or 装卸=1 THEN
    流程=3
ENDIF
IF 装料=1 and 料种=1 or 装卸=2 THEN
    流程=4
ENDIF
IF 左=1 or 方向=2 THEN
    流程=5
ENDIF
IF 卸料=1 and 料种=1 or 装卸=3 THEN
    流程=6
ENDIF
```

图5-39　流程脚本程序

```
IF 移动>0 THEN  移动=0
IF 车料>0 THEN  车料=0
''注释：移动或车料有数值时，复位当前的数值
IF 左=1 THEN  左=0
''注释：小车左移时，复位左移信号
IF 右=1 THEN  右=0
''注释：小车右移时，复位右移信号
IF 装料=1 THEN  装料=0
''注释：小车装料时，复位装料信号
IF 卸料=1 THEN  卸料=0
''注释：小车卸料时，复位卸料信号
IF 装卸<>10 THEN  装卸=10
''注释：在装卸的任意状态，均设置装卸的值为初值
IF 方向<>0 THEN  方向=0
IF 流程<>0 THEN  流程=0
IF 料种<>0 THEN  料种=0
''注释：不管小车朝哪个方向前进，不管运行到哪个
流程，不管搬运什么料种，均复位方向、流程和料种；
```

图5-40　关闭-还原脚本程序

复位2策略编写：复位2的策略是清空和复位单周期流程和手动状态。复位2策略的表达式是："模式=3 and 模拟运行开关=1"，满足表达式的值非0时条件成立，如图5-42所示。

图5-41　开关表达式条件设置

图5-42　复位2表达式条件设置

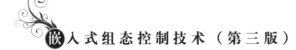

复位2策略的功能和开关策略的停止功能一致，复位2的脚本程序直接引用图5-40开关脚本程序即可。

复位1策略编写：复位1的策略是清空和复位自动流程和单周期流程。复位1策略的表达式是："模式=1 and 模拟运行开关=1"，满足表达式的值非0时条件成立，如图5-43所示。

复位1策略的功能和开关策略、复位2策略的功能基本一致，但是可以省略4个手动状态动作的表达式，如图5-44所示。

```
IF 移动>0 THEN 移动=0
IF 车料>0 THEN 车料=0
IF 装卸<>10 THEN 装卸-10
IF 方向<>0 THEN 方向=0
IF 流程<>0 THEN 流程=0
IF 料种<>0 THEN 料种=0

''注释：与开关策略和复位2策略类似，但不需要复位
"左"、"右"、"装料"、"卸料"这4个手动状态表达
式功能
```

图5-43　复位1表达条件设置　　　　　　图5-44　复位1脚本程序

单次循环策略编写：单次循环策略是运料小车的单周期运行模式。单次循环策略的表达式是："模式=2 and 模拟运行开关=1"，满足表达式的值非0时条件成立，如图5-45所示。

自动循环策略编写：自动循环策略是运料小车的自动循环运行模式。单次循环策略的表达式是："模式=0 and 模拟运行开关=1"，满足表达式的值非0时条件成立，如图5-46所示。

图5-45　单次循环策略的表达式　　　　　　图5-46　自动运行策略的表达式

单次循环策略的脚本程序如图5-47所示。

自动循环的脚本程序与单次循环的脚本程序差别较小，主要是单个流程运行结束后，是否触发"装卸=0"这个小车运行的初始状态，如图5-48所示。

```
IF 装卸=10 THEN 装卸=0
IF 装卸=0 THEN
    车料=车料+0.1
ENDIF
IF 装卸=0 and 车料>=10 and 移动<=0 THEN
    方向=1
ENDIF
IF 方向=1 THEN
    移动=移动+0.2
ENDIF
IF 移动>=35 and 方向=1 THEN
    方向=0
ENDIF
IF 装卸=0 and 方向=0 and 车料>=10 THEN
    装卸=1
ENDIF
IF 装卸=1 THEN
    车料=车料-0.1
ENDIF

IF 装卸=1 and 车料<=0 THEN
    装卸=2
ENDIF
IF 装卸=2 THEN
    车料=车料+0.1
ENDIF
IF 装卸=2 and 车料>=10 THEN
    方向=2
ENDIF
IF 方向=2 THEN
    移动=移动-0.2
ENDIF
IF 移动<=0 THEN
    方向=0
ENDIF
IF 装卸=2 and 移动<=0 THEN
    装卸=3
ENDIF
IF 装卸=3 THEN
    车料=车料-0.1
ENDIF
IF 车料<=0 and 装卸=2 THEN
    装卸=11
ENDIF
IF 料种=1 or 装卸=2 and 移动>=35 THEN
    料种=1
ENDIF
IF 移动<=0 and 车料<=0 THEN
    料种=0
ENDIF
```

图5-47　单次循环的脚本程序

```
IF 装卸=0 THEN
    车料=车料+0.1
ENDIF
IF 装卸=0 and 车料>=10 and 移动<=0 THEN
    方向=1
ENDIF
IF 方向=1 THEN
    移动=移动+0.2
ENDIF
IF 移动>=35 and 方向=1 THEN
    方向=0
ENDIF
IF 装卸=0 and 方向=0 and 车料>=10 THEN
    装卸=1
ENDIF
IF 装卸=1 THEN
    车料=车料-0.1
ENDIF

IF 装卸=1 and 车料<=0 THEN
    装卸=2
ENDIF
IF 装卸=2 THEN
    车料=车料+0.1
ENDIF
IF 装卸=2 and 车料>=10 THEN
    方向=2
ENDIF
IF 方向=2 THEN
    移动=移动-0.2
ENDIF
IF 移动<=0 THEN
    方向=0
ENDIF
IF 装卸=2 and 移动<=0 THEN
    装卸=3
ENDIF
IF 装卸=3 THEN
    车料=车料-0.1
ENDIF
IF 车料<=0 THEN
    装卸=0
ENDIF
IF 料种=1 or 装卸=2 and 移动>=35 THEN
    料种=1
ENDIF
IF 移动<=0 and 车料<=0 THEN
    料种=0
ENDIF
```

图5-48　自动循环的脚本程序

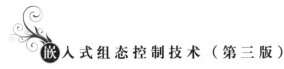

　　手动策略编写：手动策略是运料小车的手动控制模式。手动策略的表达式是："模式=4 and 模拟运行开关=1"，满足表达式的值非0时条件成立，如图5-49所示。

　　手动运行的脚本程序思路：当装料、卸料、左移、右移按键触发后，分别执行车料的加减和移动的加减，当各个加减数值运行到位后，立刻复位该按键的功能，即代表完成该项按键的功能动作。手动运行的脚本程序如图5-50~图5-52所示。

图5-49　手动策略的表达式

图5-50　手动装料脚本程序

图5-51　手动卸料及料种判断脚本程序

```
IF 右=1 THEN

    移动=移动+0.2

ENDIF

IF 移动>=35 THEN

    右=0

ENDIF

IF 左=1 THEN

    移动=移动-0.2

ENDIF

IF 移动<=0 THEN

    左=0

ENDIF
```

图5-52　手动左移右移脚本程序

4　运行调试

　　组态设计完成后，虚拟仿真运行智能运料小车，动作画面如图5-53所示，切换到PLC运行模式时，画面如图5-54所示。

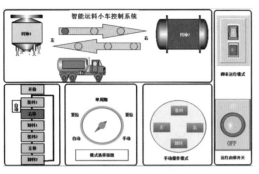

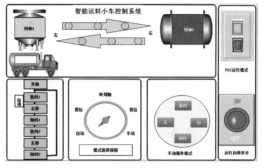

图5-53 虚拟仿真运行模式　　　　图5-54 PLC程序运行模式

扫一扫

运料小车虚拟运行动画

虚拟仿真中的问题和解决方法：

（1）若运料小车不运行，首先检查循环运行时间，其次检查启动信号是否已发送。

（2）若小车运行位置错误或液位不动作，请检查小车的动画属性设置，分别是水平移动和大小变化设置。

5 评价

具体评分表如表5-4。

表5-4 评分表

评分表 _____学年		工作形式 □个人 □小组分工 □小组		工作时间/min	
任务	训练内容	训练要求		学生自评	教师评分
智能运料小车触摸屏设计、仿真与运行	1. 数据建立，20分	实时数据库里的数据名称建立正确，10分 数据类型设置正确，10分			
	2. 用户窗口设计，30分	运料小车组态画面设置正确，10分 控件属性设置正确，10分 与数据库数据连接设置正确，10分			
	3. 脚本程序编写，30分	自动、单周期、手动脚本程序编写正确，30分			
	4. 系统运行调试，10分	仿真运行动作正确，10分			
	5. 职业素养与操作规范，10分	工作过程及实训操作符合职业要求，5分 遵守劳动纪律，安全操作，保持工位整洁，5分			

练习与提高

1. 在动画属性设置中，"水平移动"的距离大小是如何获得的？

2. 仔细思考脚本程序的编写过程，如果本任务自动流程的脚本程序全部删除，采用PLC程序进行控制，请设计出自动流程的PLC运行程序。

3. 参考图5-55所示，完成某小车的自动运料系统设计，小车从左侧出发，到右侧完成装料，然后运回左侧卸料。要求所有控件都能动画运行。

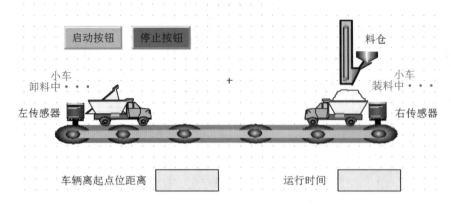

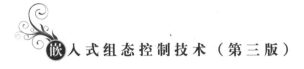

图5-55 运料小车自动控制系统画面

任务3 智能运料小车的PLC控制与运行

任务目标

（1）会设计运料小车PLC程序；

（2）能下载PLC程序及调试运行；

（3）掌握触摸屏与PLC的联机调试方法。

任务描述

在完成智能运料小车虚拟仿真运行后，需要与真实设备联机，实现实时监控功能。动作效果与虚拟仿真运行一致。

任务训练

运料小车的PLC控制系统要能独立运行控制，需要通过触摸屏进行虚拟仿真系统与PLC控制系统的切换，实现简单的数字孪生功能。

PLC控制的系统结构为：TPC7072Gi/Gt连接三菱FX3U系列PLC驱动E740系列变频器控制运料小车三相异步交流电动机旋转，液位信号为物料装载传感器检测信号。PLC系统的结构框图如图5-56所示，PLC系统接线原理图如图5-57所示。

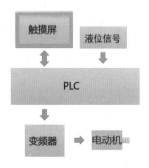

图5-56 PLC系统结构框图

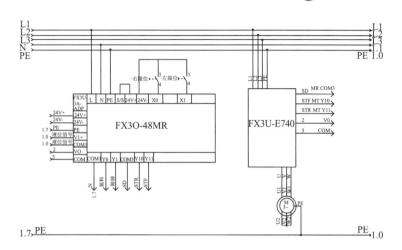

图5-57　PLC系统接线原理图

1　设备窗口数据连接

在设备窗口中建立数据连接，可编程控制器与触摸屏的连接变量表如表5-5所示。

表5-5　可编程控制器与触摸屏的连接变量表

数据内容	组态数据	PLC数据	数据内容	组态数据	PLC数据
手动装料开关	装料	Y0	当前运行模式值	模式	D10
手动卸料开关	卸料	Y1	储料罐中的物料种类	料种	D20
手动右移开关	右移	Y12	当前运行流程数值	流程	D30
手动左移开关	左移	Y13	小车水平移动的位置数值	移动	D120
PLC和脚本切换开关	模拟运行开关	M10	可以大小变化的物料数值	车料	D220
系统启停	开关	M20			

2　PLC解决方案实施

1.典型解决方案	2.学生解决方案
模拟运行通过后，进入设备联机调试运行流程，本任务以MCGS公司的**TPC7072Gi/Gt**触摸屏连接三菱FX系列PLC为例	选择的触摸屏型号为：＿＿＿＿＿＿＿＿ 选择的PLC型号为：＿＿＿＿＿＿＿＿
（1）在设备窗口中，选择：通用串口父设备	（1）在设备窗口中，选择：＿＿＿＿＿父设备
（2）在设备窗口的PLC菜单中，选择：三菱-FX系列编程口	（2）在设备窗口的PLC菜单中，选择：＿＿＿＿＿＿＿＿＿＿＿＿
（3）父设备在上，下面挂接子设备	（3）完成父设备与子设备的挂接

设备窗口：设备窗口
　通用串口父设备0--[通用串口父设备]
　　设备0--[三菱_FX系列编程口]

(4) 设置通用串口父设备属性：	
设备属性名	设备属性值
最小采集周期（ms）	1000
串口端口号（1~255）	0 - COM1
通信波特率	6 - 9600
数据位位数	0 ~ 7位
停止位位数	0 ~ 1位
数据校验方式	2 - 偶校验

(4) 设置父设备属性：

父设备端口号设置：_____

通信波特率设置：_____

数据位位数：_____

停止位位数：_____

(5) 设备通道连接：

变量名称	通道名称	变量名称	通道名称
装料	Y0	模式	D10
卸料	Y1	料种	D20
右移	Y12	流程	D30
左移	Y13	移动	D120
模拟运行开关	M10	车料	D220
开关	M20		

(5) 设备通道连接：

变量名称	通道名称	变量名称	通道名称
装料		模式	
卸料		料种	
右移		流程	
左移		移动	
模拟运行开关		车料	
开关			

(6) PLC程序的编写：

请扫描二维码

(6) PLC程序的编写：

（请另外附纸）

(7) 变频器参数设置：

Pr79：2

(7) 变频器参数设置：

(8) 模拟量模块：

FX3U-3A-ADP

(8) 模拟量模块：

(9) 分别下载触摸屏和PLC程序，完成联机调试

(9) 分别下载触摸屏和PLC程序，完成联机调试

扫一扫

运料小车 PLC
程序讲解

代码

PLC 程序
样例

3 评价

具体评分表见表5-6。

表5-6 评分表

评分表 _____ 学年		工作形式 □个人 □小组分工 □小组	工作时间/min	
任务	训练内容	训练要求	学生自评	教师评分
智能运料小车的PLC控制与运行	1. 设备窗口设计，30分	触摸屏设备窗口设置正确，10分		
		设备窗口数据关联正确，20分		
	2. PLC程序设计，20分	PLC程序编写正确，20分		
	3. 触摸屏与PLC连接，30分	触摸屏与PLC硬件连接正确，10分		
		PLC程序下载正确，10分		
	4. PLC程序运行调试，20分	触摸屏显示数据与PLC通信正常，10分		
		触摸屏画面与PLC动作关联正常，10分		
	5. 职业素养与操作规范，10分	工作过程及实训操作符合职业要求，5分		
		遵守劳动纪律，安全操作，保持工位整洁，5分		

练习与提高

1. 在PLC程序中，"水平移动"的距离大小是如何获得的?装料动画又是如何实现的?

2. 仔细思考脚本程序的编写过程，如果本任务的脚本程序全部删除，采用PLC程序进行控制，请设计出PLC运行程序。

3. 参考图5-55，完成某小车的自动运料系统设计，小车从左侧出发，到右侧，料仓打开装料，完成装料后，运回左侧卸料。要求在上一任务的触摸屏画面基础上，使用PLC程序进行动画运行。

任务4 智能运料小车计算机、手机远程监控

任务目标

(1) 掌握通过手机远程监控智能运料小车;

(2) 掌握通过计算机操作远程监控智能运料小车;

(3) 掌握通过网络实现触摸屏界面的远程下载更新;

(4) 掌握通过网络实现PLC程序的远程穿透下载。

任务描述

根据目标要求，对智能运料小车完成手机端和计算机端的远程监控，并能实现触摸屏组态界面的远程下载调试及PLC程序的远程修改调试。

任务训练

1 Wi-Fi版触摸屏设置

触摸屏上电后，在进入运行画面前，连续单击触摸屏面板，进入"系统参数设置"界面，如图5-58所示。单击进入"TPC系统设置"界面。单击"网络"标签，在"网卡"选项中选择"Wi-Fi"选项，然后单击"配置"按钮，进入"Wi-Fi配置"窗口，如图5-59所示。

图5-58 "系统参数设置"界面

图5-59 Wi-Fi配置

"使能"选择"启用"选项，单击SSID下拉框，选择要连接的无线网络名称，然后输入密码，单击"连接"按钮，如图5-60所示。连接成功后，状态由"未连接"变成"已连接"，然后关闭"Wi-Fi配置"窗口。单击"物联网"标签，设置好"服务地址"、"设备名称"、"用户名"、"密码"和"VNC密码"，设置完成后单击"确定"按钮。按照4G版同样的方法单击"上线"按钮，如图5-61所示，触摸屏联网功能设置完成（4G版触摸屏可以参照设置）。

图5-60　无线网络名称输入

图5-61　设备登录名称密码设置

2　手机远程监控

1）手机端安装

安装包

MCGS调试助手.V1.7.apk

在安卓系统的手机端上安装"MCGS调试助手.apk文件"，如图5-62所示。安装时，必须将手机权限设置为允许软件后台运行VPN，VPN的App在部分手机界面上可能不会显示。安装成功后，手机端会生成三个软件，如图5-63所示。

图5-62　安装MCGS调试助手

图5-63　手机端的软件显示

2）手机端调试

打开手机上的调试助手App，选择远程调试功能，填写账号和密码后登录，如图5-64所示。账号和密码根据触摸屏系统设置中物联网的参数配置来填写，参考图5-61。

登录后，根据设备名称找到设备，单击左下角联机功能键进行联机，联机成功后，单击VNC进入画面，如图5-65所示。

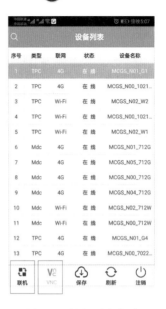

图5-64　登录界面　　　　　　　　　　　　　　图5-65　设备列表查看

VNC进入时，若弹出对话框，则单击OK和Continue按钮继续，如图5-66和图5-67所示。Password请参照图5-61的VNC密码完成密码输入，如图5-68所示。

图5-66　VNC对话框1　　　　图5-67　VNC对话框2　　　　图5-68　Password密码输入

3　三菱PLC串口远程穿透

MCGS 物联网触摸屏配合MCGS调试助手（PC端），可实现远程穿透功能，即实现远程PLC的固件更新、程序上传下载、程序监控，以及HMI的远程模拟运行，同一网络内HMI（非物联网触摸屏）的远程上下载及监视等功能。通过一系列的远程操作，远程穿透功能大大节约了客户设备的运维成本。

MCGS触摸屏支持串口和以太网两种远程穿透方式。本任务以三菱FX3U为例介绍串口的远程穿透操作。

安装包

MCGS调试助手_V1.7.exe

计算机版调试助手安装设置：首先在计算机上安装好"MCGS调试助手"应用程序，安装完成后在桌面产生MCGS调试助手的快捷方式，单击进入调试助手。登录账号密码后，选择需要联机的触摸屏，单击"联机"按钮，进入联机状态。

穿透操作之前，要确保触摸屏和PLC已通过编程口进行连接。设备联机成功后，单击"穿透"按钮，弹出串口穿透窗，主要分为三个部分，框1：安装及卸载虚拟串口，可查看虚拟串口编号；框2：默认即可，与调试助手里面的内网IP一致；框3：HMI和PLC通过串口穿透时，通信参数设置注意和PLC保持一致，如图5-69所示。单击"安装"按钮，进行虚拟串口安装。安装完成后会显示出虚拟串口的编号，在计算机的设备管理器中也可查看到该COM口。选择HMI和PLC之间物理连接的串口编号，设置好通信参数，要与PLC保持一致，选择"开启穿透"选项，等待穿透开启成功。

图5-69　穿透设置

穿透成功后，打开三菱编程软件，联接目标设置窗口，按照图5-70所示步骤，设置好虚拟串口的端口号，单击"确定"按钮。单击"通信测试"按钮，若通信测试成功，后续即可在三菱PLC软件中进行程序的上传、下载和监控等远程操作。

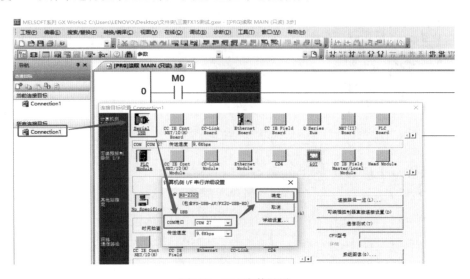

图5-70　PLC参数设置

4 评价

具体评分表见表5-7。

表5-7 评分表

评分表		工作形式	工作时间/min	
_____学年		□个人　□小组分工　□小组		
任务	训练内容	训练要求	学生自评	教师评分
智能运料小车计算机、手机远程监控	1. App程序和电脑软件的安装，20分	在手机上安装调试助手App程序，10分 在计算机上安装调试助手软件，10分		
	2. 触摸屏网络功能联接和物联网参数设置，30分	触摸屏4G或Wi-Fi联网正常，10分 物联网参数设置正确，10分 物联网账号、密码设置正确，10分		
	3. 手机、计算机与触摸屏联机，20分	手机能与对应的触摸屏设备联机并实现监控，10分 计算机能与对应的触摸屏设备联机并实现监控，10分		
	4. 网络穿透下载，20分	PLC虚拟端口设置正确，10分 PLC能远程穿透下载程序，监控调试，10分		
	5. 职业素养与操作规范，10分	工作过程及实验实训操作符合职业要求，5分 遵守纪律，保持工位整洁，5分		

练习与提高

1. Wi-Fi版触摸屏进行远程下载和监控时，如何才能快速找到需要连接的设备？

2. Wi-Fi版触摸屏进行联网时，若显示上线不成功，需要检查哪些设置？

3. PLC远程穿透中，若提示穿透不成功，需要检查哪些设置？

4. 在企业现场，如果使用了Wi-Fi版的触摸屏，在现场Wi-Fi没有开通的情况下，借助编程人员的手机，如何快速判断触摸屏联网功能是否正常？

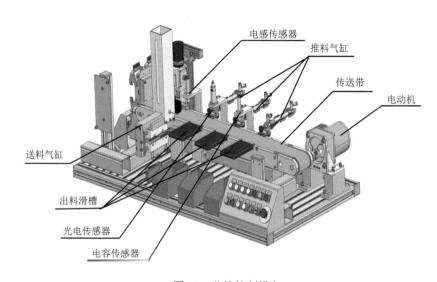

项目六

➡ 智能分拣控制工程

本项目采用昆仑通态最新软件MCGS Pro、物联网触摸屏和阿里云平台，实现系统的仿真运行，并能进行远程传输、调试、诊断。

【项目介绍】

分拣控制系统能够实现不同类型物料的分拣，该系统由触摸屏、S7-1500 PLC、变频器、传感器、气缸等组成。使用变频器控制传送带运行，系统采用传感器检测出不同的物料类型，由气缸推进相应料仓，设备如图6-1所示。具体动作可扫描二维码进行查看。

图6-1 分拣控制设备

如图6-2所示，该系统采用西门子S7-1500作为控制器，触摸屏和PLC采用以太网模式进行通信，实现操作以及系统监控；电容传感器、电感传感器和光电传感器分别检测出金属物料、白色物料和黑色物料信息，PLC根据传感器的检测结果控制气缸的相应动作，从而实现分拣的功能。

除完成基本功能外，还要实现以下功能：一是实现触摸屏程序远程上传和下载升级，快速远程注入程序优化工艺；二是实现PLC远程穿透和远程调试及诊断；三是实现异地用手机、计算机监控现场，达到"上门服务"的效果，节省时间、人力成本。

扫一扫

二十大报告
知识拓展 6

扫一扫

触摸屏动作

扫一扫

系统实物
动作

项目分3个任务，任务1智能分拣触摸屏设计与仿真；任务2智能分拣系统控制与运行；任务3远程云端控制与调试。

图6-2 电气原理图

任务1 智能分拣触摸屏设计与仿真

任务目标

（1）掌握策略组态中函数的使用方法；

（2）能够使用策略组态完成传送带工件动作；

（3）能够完成分拣系统模拟仿真。

任务描述

触摸屏界面设计包括企业logo、企业文化、二维码操作说明书及用户界面转换按钮，从而让操作员能设定、读写变频器参数和查阅电气图等资料，提供方便、及时、准确的现场设备远程维护服务，提高系统的性价比，奠定设备数字化的竞争优势。

触摸屏设计构成如图6-3所示。

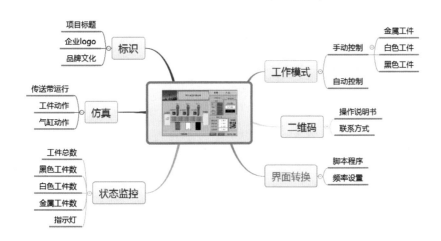

图6-3 触摸屏设计构成

触摸屏界面设计原则如表6-1所示，内容要全面，满足客户要求，布局合理，方便操作，另外，对一些功能异常的报警模块颜色标识要醒目等。

表6-1 触摸屏界面设计原则

触摸屏设计界面评价标准		
类别	设计内容	设计方案
布局	界面整体布局	根据界面内容，选择合适的布局方案
	功能模块布局	对同一功能的模块进行归类
色彩	界面整体色彩	灰黑色、暗色
	参数显示标识颜色	白色，与暗色界面形成高度对比度
	功能正常标识颜色	绿色、白色，与暗色界面形成高对比度
	功能异常标识颜色	红色、黄色，与正常标识色形成高对比度
	报警模块标识颜色	红色、黄色，与正常标识色形成高对比度
内容	通用数据（标题、时间等）	内容和格式应在各子系统界面保持一致
	设备标识	格式为：设备名+设备编号
	设备数据	根据数据类型合理选择显示精度
	报警内容	编号+设备名+故障内容+时间

根据以上分析，设计用户窗口界面如图6-4所示，左侧为仿真区，反映实体设备的运行状况；右侧为功能区，包括工作模式、状态监控及频率设定等，可以实现系统复位、启停以及物料类型的自动生成，同时进行物料计数和对系统中的传感器状态进行监控。

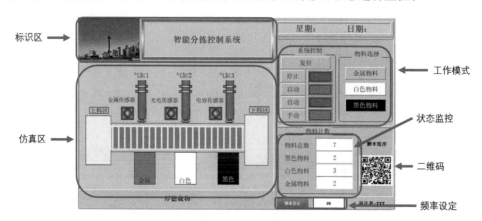

图6-4 用户窗口界面图

🏆 任务训练

▶1 实时数据库组态

本任务实时数据库变量如表6-2所示，按图完成实时数据库数据设置。

表6-2　实时数据库变量表

名称	类型	对象初值	数据说明
复位	开关型	0	系统复位
启动	开关型	0	传送带启动
自动	开关型	0	切换系统自动/手动
物料类型	数值型	0	确定生成的物料类型
物料总数	数值型	0	物料总数
黑色物料计数	数值型	0	黑色物料总数
白色物料计数	数值型	0	白色物料总数
金属物料计数	数值型	0	金属物料总数
随机数	数值型	0	产生一个随机数
随机数取整	数值型	0	随机数取整作为物料类型
气缸1上下移动	数值型	0	气缸1动作
气缸2上下移动	数值型	0	气缸2动作
气缸3上下移动	数值型	0	气缸3动作
物料水平位置	数值型	0	物料水平位置
物料水平位移设定值	数值型	0	物料位置设定值
物料上下位置	数值型	0	物料上下移动位置
传送带运行	数值型	0	传送带运行位置
程序步骤	数值型	0	程序步骤

2 用户窗口设计

1）制作传送带

单击工具箱中的"矩形"按钮，在用户窗口空白处单击并拖动鼠标，画出一个大小合适的矩形框，双击该矩形框，修改"填充颜色"为浅蓝色。单击工具箱中的"流动块"按钮，画出大小合适的流动块，流动块构件属性设置如图6-5所示。

图6-5　流动块构件属性设置

2）制作气缸

单击公共图库中的"传感器15"，通过分解、绘制和组合等操作完成气缸推杆和气缸的绘制，如图6-6、图6-7所示。具体步骤可扫描二维码观看，读者也可自行选择图片或采用图

扫一扫

制作气缸

库中已有的图片进行绘制。

图6-6　制作气缸推杆　　　　　　　　　　图6-7　制作气缸

　　按照图6-8设置气缸推杆属性，采用相同的方法制作另外2个气缸，注意气缸推杆"垂直移动"属性设置中的表达式分别为"气缸2上下移动"和"气缸3上下移动"。

图6-8　气缸推杆属性设置1　　　　　　　　图6-9　气缸推杆属性设置2

3)工件制作

　　在工具箱中的"常用符号"选择"立方体"按钮，在用户窗口中的空白位置画一个立方体，在立方体属性中，设置"水平移动"选项卡，"表达式"选择"物料水平位置"，"最大移动偏移量"和"表达式的值"都设为400，如图6-10所示。切换到"垂直移动"选项卡，"表达式"选择"物料上下位置"，"最大移动偏移量"和"表达式的值"都设为80，如图6-11所示。

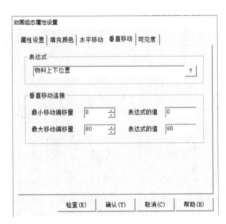

图6-10　工件水平移动属性设置　　　　　　图6-11　工件垂直移动属性设置

切换到"填充颜色"选项卡，表达式选择"物料类型"，单击"增加"按钮，选择"1"分段点对应颜色为金属，模拟金属物料，"2"分段点对应颜色为白色，模拟白色塑料物料，"3"分段点对应颜色为黑色，模拟黑色塑料物料，如图6-12所示。切换至"可见度"选项卡，表达式输入"物料类型>0"，如图6-13所示。

图6-12 工件填充颜色属性设置

图6-13 工件可见度属性设置

4）功能区设计

（1）系统控制区制作

依次完成"复位"按钮、"启动"按钮、"停止"按钮、"自动"和"手动"按钮制作，启动按钮连接变量"启动"并"置1"，停止按钮"清零"。注意，"启动"按钮的脚本程序设置如图6-14所示。制作"复位"按钮，"复位"按钮"操作属性"选项卡设置中选择"复位"变量，选择"置1"功能。请读者自行完成制作启动、停止指示灯、自动、手动指示灯。

（2）物料选择区制作

在窗口空白处绘制"黑色物料"按钮，设置按钮属性，切换到"脚本程序"选项卡，输入如图6-15所示脚本。使用同样的方法制作"白色物料"和"金属物料"按钮。经过调整、排列等操作，将物料选择区制作完成。

图6-14 "启动"按钮脚本程序设置

图6-15 "黑色物料"按钮属性设置

（3）物料计数区制作

在窗口空白处绘制输入框作为"物料总数"的计数显示框，设置输入框属性，切换到"操作属性"选项卡，单击"对应数据对象的名称"按钮选择数据对象"物料总数，如图6-16所示。使用相同的方法再绘制3个输入框分别作为黑色物料、白色物料和金属物料显示框，在"输入框构件属性设置"的"操作属性"选项卡中分别连接变量"黑色物料计数"、"白色物料计数"和"金属物料计数"。最后将文字标签和输入框整齐排列。

图6-16　"物料总数"输入框属性设置

（4）传感器状态制作

在用户窗口合适位置绘制光纤传感器状态监控指示灯。"单元属性设置"对话框中切换至"动画连接"选项卡，选中第一个"三维圆球"，如图6-17所示，单击按钮，在弹出的"动画组态属性设置"对话框的表达式中输入"物料类型=1 AND (物料水平位置+12) > 物料水平位移设定值"，选中"构件可见"单选按钮，如图6-18所示。

绘制另外2个指示灯，分别用来监控光电传感器和金属传感器的运行状态，使用相同的方法进行属性设置，表达式中输入"物料类型=2 AND (物料水平位置+12) > 物料水平位移设定值"和"物料类型=3 AND (物料水平位置+12) > 物料水平位移设定值"。

5）建立完整的用户界面

经过以上几个步骤，可以制作用户界面所需的所有图元，其他辅助图元都是由不同底色或者无底色的"矩形"、"圆角矩形"图元和文字标签组成，参照图6-4的用户界面形式经过调整大小、排列等操作，制作完成一个完整美观的"智能分拣控制系统"用户界面。

图6-17　光纤传感器指示灯单元属性设置3

图6-18　光纤传感器指示灯单元属性设置2

3 运行策略组态

如图6-19所示为系统运行脚本程序流程图。仿真系统自动随机产生不同类型的物料，根据物料类型确定不同物料在传送带上被送入料仓的位置；物料产生后，在传送带上进行水平移动，过程中传感器进行检测，根据检测结果，各个气缸动作将物料推入正确料仓，等新的物料随机生成，进入下一轮循环。

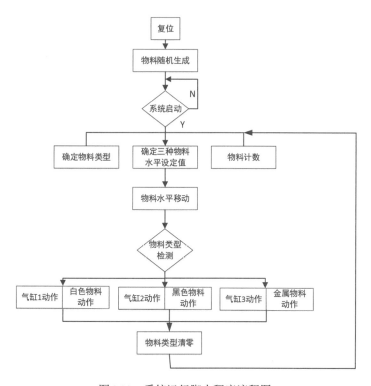

图6-19 系统运行脚本程序流程图

（1）复位程序

①切换到工作台中的"运行策略"选项卡，再单击"新建策略"按钮，弹出"选择策略的类型"对话框，选择"循环策略"命令，生成了一个"策略1"，再单击"策略属性"按钮，在"策略名称"文本框中输入"系统运行策略"，将循环时间设置为60 ms，如图6-20、图6-21所示。

图6-20 策略属性设置

图6-21 工作台运行策略

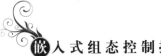
②双击"系统运行策略"，在"工具条"上单击 按钮，然后在"策略工具箱"中单击"脚本程序"命令，再到"策略行"右侧的图标上单击，则右侧的图标增加了"脚本程序"构件，如图6-22所示。

③双击 图标，对策略的条件进行设定，如图6-23所示。

图6-22　策略属性设置　　　　　　　　　　　　　图6-23　工作台运行策略

④双击"脚本程序"图标，弹出"脚本程序"对话框，如图6-24所示。输入复位程序，如图6-25所示。复位程序要求将系统中所有变量清零。

图6-24　脚本程序对话框　　　　　　　　　　　　　图6-25　复位程序

（2）"随机生成物料"程序

①双击"系统运行策略"，在"工具条"上单击 按钮，然后在"策略工具箱"中单击"脚本程序"命令，再到"策略行"右侧的图标上单击，则右侧的图标增加了"脚本程序"构件。

②双击"脚本程序"图标，弹出"脚本程序"对话框，输入"随机生成物料"程序。为随机生成物料，使用系统函数!Rand(x,y)，该函数可生成随机数，随机数范围在x和y之间，随机数类型为数值型。如图6-26所示，本系统共三种物料，生成随机数在1~4之间，根据生成的随机数确定物料类型。其中1对应黑色塑料物料，2对应白色塑料物料，3对应金属物料。

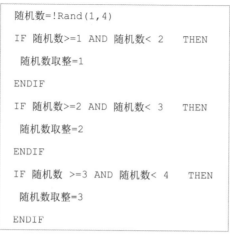

```
随机数=!Rand(1,4)
IF 随机数>=1 AND 随机数< 2    THEN
 随机数取整=1
ENDIF
IF 随机数>=2 AND 随机数< 3    THEN
 随机数取整=2
ENDIF
IF 随机数 >=3 AND 随机数< 4    THEN
 随机数取整=3
ENDIF
```

图6-26 物料随机生成程序

（3）"系统运行"程序

双击"系统运行策略"，在"工具条"上单击 按钮，然后在"策略工具箱"中单击"脚本程序"命令，再到"策略行"右侧的图标上单击，则右侧的图标增加了"脚本程序"构件。双击"脚本程序"图标，弹出"脚本程序"对话框，输入"系统运行"程序。完整程序可扫描界面二维码查看。

扫一扫

系统运行完
整程序

4 调试运行

（1）自动模式

进行图6-27所示的下载配置，进行工程下载并进入模拟运行。单击"自动"按钮，"自动"指示灯绿色显示；按下"启动"按钮,传送带开始运行，系统随机生成各种类型的工件在传送带上移动，观察不同类型物料被推送入不同料仓，同时物料开始计数。按下"停止"按钮，传送带停止，工件复位，系统停止运行。

（2）手动模式

单击"手动"按钮，"手动"指示灯绿色显示；按下"启动"按钮，传送带开始运行，没有物料产生，按下"黑色物料"按钮，黑色物料开始随传送带动作并正确分拣，系统能够正常运行。系统运行状态如图6-28所示。

图6-27 "下载配置"对话框

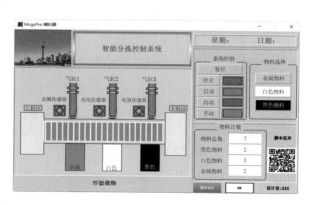

图6-28 系统模拟运行界面

调试过程中，按照评分表6-3对任务完成情况做出评价。

表6-3 评分表

评分表 ___学年		工作形式 □个人 □小组分工 □小组		工作时间/min _____	
任务	训练内容	训练要求		学生 自评	教师 评分
智能分拣控制工程	1．组态界面制作，30分	窗口组态布局合理、色彩搭配合理、内容正确，包含任务要求中的所有元素			
	2．数据库变量正确建立，10分	对窗口中进行连接的变量名称和类型正确设置			
	3．脚本程序设计与修改，30分	脚本程序书写规范，功能正确			
	4．模拟仿真运行，20分	分拣功能，手动模式和自动模式，系统监控功能实现			
	5．职业素养与安全意识，10分	现场安全保护；工具、器材、导线等处理操作符合职业要求；分工合作，配合紧密；遵守纪律，保持工位整洁			

练习与提高

1.工件的水平移动和垂直移动动画是如何实现的？请找出与工件垂直移动动画相关的程序语句。

2.工件是如何随机生成的，使用什么函数？

3.气缸是如何制作的，气缸的运动是如何实现的？

4.气缸的推出动作是否出现和工件到位不一致的情况？如果有，如何调整？

任务2　智能分拣系统控制与运行

 任务目标

（1）掌握设备组态设置方法；

（2）掌握PLC程序编写方法。

 任务描述

完成智能分拣控制系统PLC程序编写，完成触摸屏与PLC的通信，实现监控功能。

 任务训练

1 设备组态

设备使用了西门子1500系列PLC，输入指令信号包括传感器信号、变频器输入等，输出

控制信号包括变频器驱动信号、状态显示、气缸控制等，PLC I/O信号分配见表6-4。

表6-4 PLC I/O信号分配

PLC变量	触摸屏变量	PLC变量	触摸屏变量
料仓传感器	I8.2	急停	M20.0
电感式传感器	I8.3	手动	M20.1
电容式传感器	I8.4	自动	M20.2
光电式传感器	I8.5	复位	M20.3
急停	I12.6	送料气缸按钮	M10.0
S1按钮	I0.0	金属气缸按钮	M10.1
S2按钮	I0.1	白色气缸按钮	M10.2
S3按钮	I0.2	黑色气缸按钮	M10.3
S4按钮	I0.3	电动机启动按钮	M10.5
频率设定	AQ80	系统自动按钮	M10.6
频率反馈	AI1	电动机运行指示灯	Q5.4
S1指示灯	Q5.0	手动指示灯	Q5.5
S2指示灯	Q5.1	自动指示灯	Q5.6
S3指示灯	Q5.2	送料气缸	Q4.4
S4指示灯	Q5.3	气缸1	Q4.5
		气缸2	Q4.6
		气缸3	Q4.7

在设备窗口中，先后双击"通用TCPIP父设备"和"西门子_1500",添加至"设备组态"窗口中。参照表6-4，增加相应的PLC寄存器通道，完成"设备组态"设置。

2 PLC编程

根据控制要求，系统程序流程图如图6-29所示。程序设计可采用状态转移程序，按照控制要求执行。

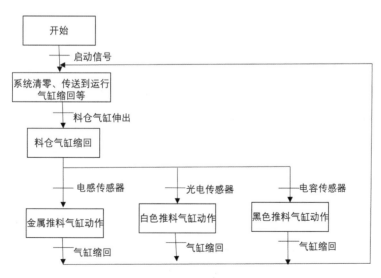

图6-29 系统程序流程图

如图6-30所示为频率给定程序段，触摸屏频率给定"输入框"与PLC数据寄存器变量相连接，通过"输入框"可以对变频器进行频率设定，范围是0~50 Hz。请读者自行完成PLC程序编写。

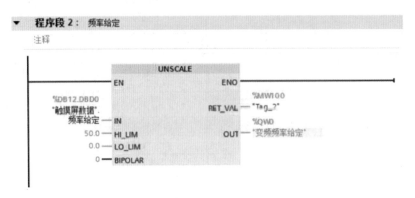

图6-30　频率给定程序段

3　变频器参数设置

变频器参数设置如表6-5所示。设置变频器参数，设置连接宏Cn002。

表6-5　变频器参数设置表

参数	描述	工厂缺省值	Cn002默认值	备注
P0700[0]	选择命令源	1	2	以端子为命令源
P1000[0]	选择频率	1	2	模拟量设定值1
P0701[0]	数字量输入1的功能	0	1	ON/OFF命令
P0702[0]	数字量输入2的功能	0	12	反转
P0703[0]	数字量输入3的功能	9	9	故障确认
P0704[0]	数字量输入4的功能	15	10	正向点动
P0771[0]	CI：模拟量输出	21	21	实际频率
P0731[0]	BI：数字量输出1的功能	52.3	52.2	变频器正在运行
P0732[0]	BI：数字量输出2的功能	52.7	52.3	变频器故障激活

4　测试联机功能

将组态程序下载到触摸屏中，再用以太网方式将PLC与触摸屏连接。进行测试时设备实际动作应该与触摸屏上的仿真动作一致。测试步骤如下。

（1）自动模式

单击"自动"按钮，"自动"指示灯绿色显示；按下"启动"按钮，传送带开始运行，送料气缸将料仓中的工件推入传送带中，不同类型物料被分拣，同时触摸屏上物料开始计数。按下"停止"按钮，传送带停止，工件复位，系统停止运行。

（2）手动模式

单击"手动"按钮，"手动"指示灯绿色显示；按下"启动"按钮，传送带开始运行，没有物料产生，按下"黑色物料"按钮，黑色物料开始随传送带动作并正确分拣，系统能够正常运行。

评分表见表6-6。

表6-6 评分表

评分表 学年		工作形式 □个人 □小组分工 □小组	工作时间/min
任务	训练内容	训练要求	学生自评	教师评分
智能分拣工程	1. 组态下载，10分	正确将组态工程下载至触摸屏中		
	2. 通信连接，15分	PLC和触摸屏通信成功		
	3. 脚本程序与PLC程序，30分	PLC程序的编写		
	4. PLC变量连接，15分	将PLC变量与组态中构件正确相连接		
	5. 功能测试，20分	分拣功能正确实现，手动控制和自动控制能正确运行		
	6. 职业素养与安全意识，10分	现场安全保护；工具、器材、导线等处理操作符合职业要求；分工合作，配合紧密；遵守纪律，保持工位整洁		

练习与提高

1. 如何修改组态构件的变量连接？

2. 手自动切换程序怎样修改？

3. PLC与触摸屏通信连接的参数设置？

4. 如何调整设置传送带运行速度？

任务3 远程云端控制与调试

任务目标

（1）掌握阿里云平台与物联网触摸屏连接方法；

（2）掌握在MCGS Web开发可视化界面，并通过手机/计算机监控触摸屏。

任务描述

根据客户要求，应能够在云端开发智能分拣系统控制界面，并通过手机/计算机监控触摸屏，大大节约客户设备的运维成本。

任务训练

1 触摸屏端设备组态配置

将云服务器部署好后，可以在MCGSWeb上开发可视化界面，通过配套组态软件组态工程的mlink驱动，将触摸屏数据上报至服务器。

（1）添加mlink驱动

在工作台中激活设备窗口，鼠标双击 图标进入设备组态画面，单击工具条中的 图标打开"设备工具箱"，在设备工具箱中，鼠标单击"设备管理"选项卡，然后双击"mlink"添加至选定设备中，单击"确认"按钮，如图6-31所示。

在设备工具箱中，鼠标双击"mlink"添加至设备组态画面。

（2）mlink驱动配置

双击mlink驱动，连接变量，如图6-32所示。这里需要注意的是，设备名称、服务器、服务端口，这三个通道必须连接变量，连接变量后可以在触摸屏上进行相应的设置，从而将触摸屏连接到云端服务器。

图6-31　添加mlink驱动

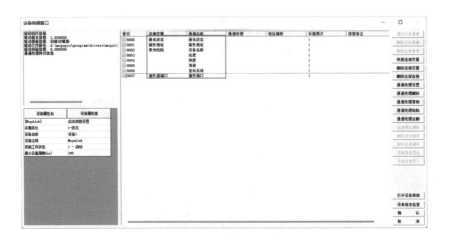

图6-32　连接mlink

（3）属性设置

第一步，单击"设置设备内部属性" **|...|** 图标进入 MCGSLink 驱动属性设置，如图6-33所示；第二步，进入内部属性界面后，输入MCGSWeb 页面访问控制中用户名和密码，如图6-34所示；第三步，单击"关联"按钮，将智能分拣控制系统变量选中，最后单击"确定"按钮。

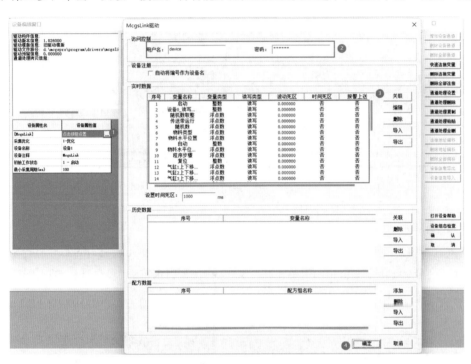

图6-33　内部驱动属性设置

图6-34　MCGSWeb 中访问控制设置

2 触摸屏端用户窗口组态

首先在"用户窗口"选项卡中，新建如图6-35所示的窗口，其中，"通信状态"、"服务地址"和"设备名称"标签的"显示输出"分别连接同名的数据库变量；然后在触摸屏中运行工程，并输入服务地址和设备名称，设置服务地址为"139.196.40.135"、设备名称为

"常州纺院"、端口地址为"35007"，设置好后，通信状态会跳变为"0"，说明触摸屏已经和云端已经连接成功。

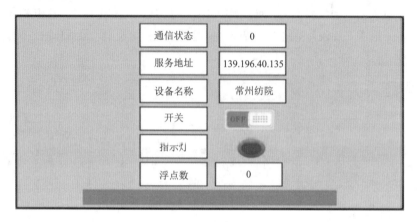

图6-35　触摸屏用户窗口组态

3 云端组态

在浏览器中访问 MCGSWeb 的组态网络地址http://139.196.40.135:9098，网页登录，如图6-36所示，用户名称：admin，用户密码：4006007062，切换到"设备"，可以看到，"常州纺院"设备已上线，如图6-37所示。

图6-36　网页登陆

图6-37　云端组态设备查看

（1）权限管理

在左侧菜单栏单击"权限"，然后单击"角色"、"添加角色"，在弹出的窗口中，输入需要添加的角色名称，单击"确定"按钮，如图6-38所示。

单击"用户"、"添加用户"，在弹出的窗口中，输入"常州纺院"并关联角色，单击"确定"按钮。如图6-39所示，可以让使用者使用该账号密码登录云端监控触摸屏状态。

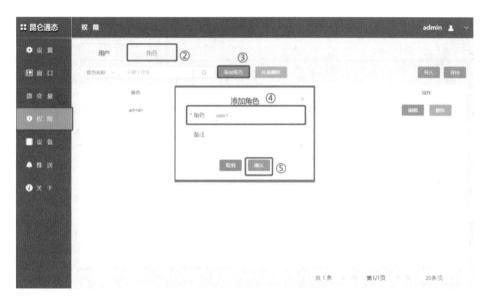

图6-38 添加角色

图6-39 添加用户

（2）添加窗口

在左侧菜单栏单击"窗口"，单击"添加窗口"，可在弹出的窗口中对窗口的名称进行修改，关联角色，单击"确定"按钮，如图6-40所示，关联的角色可以对该窗口进行查看。单击"编辑"按钮进入窗口组态页面。

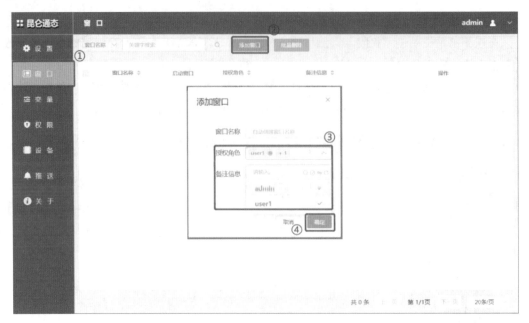

图6-40　添加窗口

（3）编辑窗口

添加构件：从左侧基础组件中选择"标签"拖拽至组态画面，在右侧"样式"属性页中将"显示文本"修改为"开关"。同样的方法添加"指示灯"、"浮点数"文本，如图6-41所示。照此方法，编辑如图6-42所示界面。

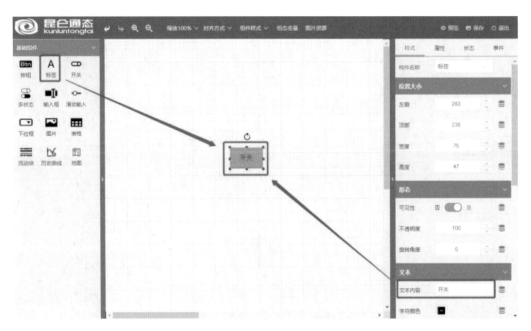

图6-41　添加标签

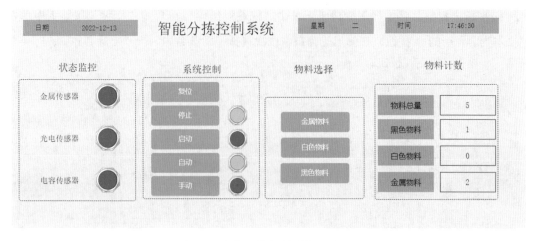

图6-42 智能分拣控制系统云端界面

（4）数据关联

指示灯数据关联：单击"多状态"控件，在"属性"属性页-"运行状态"中单击 ⬛ 按钮，在弹出的窗口中依次选择"设备名称"、"变量名称"，类型转换为"自动"，单击"确定"按钮。如图6-43所示。

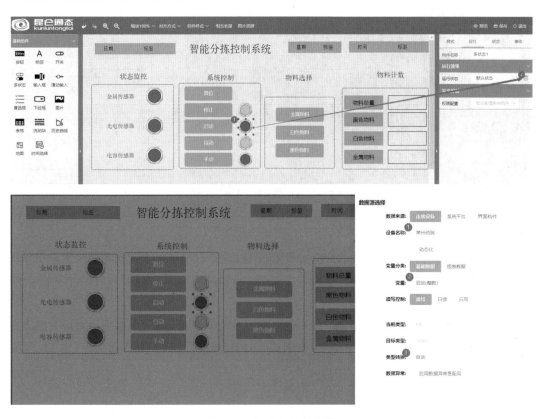

图6-43 指示灯数据关联

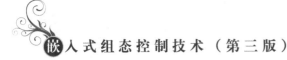

标签显示数据关联：如图6-44所示单击"标签"组件，在右侧"样式"属性页中单击"文本内容"旁的 按钮，在弹出的窗口中依次选择"设备名称"、"变量名称"、"类型转换"，单击"确定"按钮。

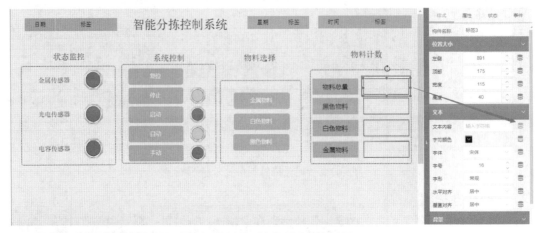

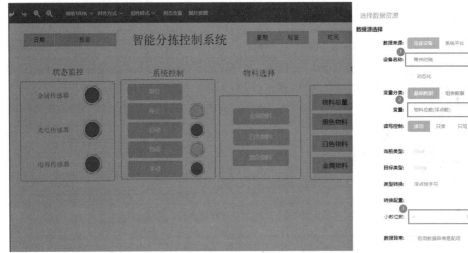

图6-44　标签显示数据关联

按钮数据关联：如图6-45所示，单击"按钮"组件，在右侧"事件"属性页中单击"变量选择"旁的 按钮，在弹出的窗口中依次选择"设备名称"、"变量""读写控制"，单击"确定"按钮。

按照同样的方法关联所有变量，单击窗口右上方菜单栏中"保存"按钮，对画面组态内容进行保存，然后单击"预览"按钮即进入该窗口预览页面，如图6-46所示。

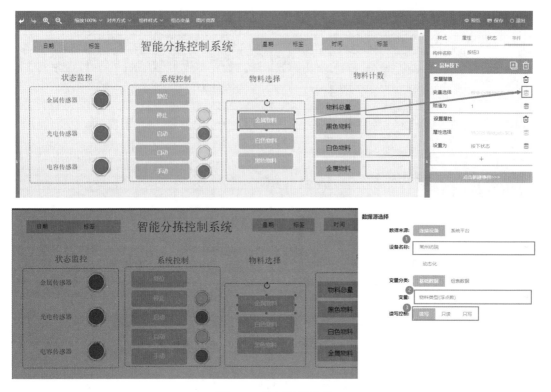

图6-45　按钮数据关联

图6-46　窗口保存预览

在浏览器中访问 MCGSWeb 的组态网络地址"http://139.196.40.135:9098"，用户名：常州纺院，密码：12345678，即可登录如图6-42界面，对"智能分拣控制系统"进行监控。

在手机中安装并打开 MCGSWeb 的 App"云助手"，单击"设置"按钮，在弹出的页面中输入 MCGSWeb 的 IP 地址，然后单击返回至主界面，输入用户密码也可用手机进行监控。

请读者完成"智能分拣控制系统"云端组态设置，调试过程中根据情况做出评价，如表6-7所示。

表6-7　评分表

评分表＿＿学年		工作形式 □个人　□小组分工　□小组	工作时间/min ＿＿＿＿＿	
任务	训练内容	训练要求	学生 自评	教师 评分
智能 分拣 控制 工程	1．物联网触摸屏设备组态设置，30分	正确进行触摸屏设备组态设置，正确添加MCGSlink，并连接通信状态等变量		
	2．触摸屏端窗口组态，20分	在触摸屏中正确运行工程，并设置设备名称，服务器，端口等		
	3．云端组态与物联网触摸屏连接设置，10分	云端组态与触摸屏连接成功		
	4．云端组态窗口设计及数据关联，30分	会云端组态窗口设计，构件的选择、数据关联，正确运行云端组态界面		
	5．职业素养与安全意识，10分	现场安全保护；工具、器材、导线等处理操作符合职业要求；分工合作，配合紧密；遵守纪律，保持工位整洁		

练习与提高

1. 如何进行mlink内部属性设置？

2. 总结触摸屏和云端组态正确通信的条件。

3. 思考一下，触摸屏端设备无法连接云端组态，该如何解决？

4. 本任务中按钮和指示灯在云端时构建制作时，请仔细思考如何进行构件的数据关联？

项目七

➡ 电梯控制系统虚拟仿真与运行监控

扫一扫●┄┄┄

二十大报告
知识拓展7
●┄┄┄┄

本项目取自全国职业院校技能大赛"智能电梯装调与维护"赛项，通过大赛载体，组态设计四层电梯监控界面，实现虚拟仿真运行，达到没有真实设备也可以线上实训的效果；连接大赛电梯设备下载PLC程序，可实现数字孪生新技术应用。

【项目要求】

组态设计四层电梯监控界面，建立运行策略，编辑脚本程序，可实现虚拟仿真运行；连接大赛电梯模型下载PLC程序，可实现数字孪生监控运行。项目分3个任务，任务1组态界面设计；任务2虚拟仿真运行；任务3电梯运行监控。

为了更好地完成项目任务，首先要了解四层电梯模型的电气控制系统主要组成。该系统主要由拖动控制部分、使用操纵部分、井道信息采集部分、安全防护部分、人机界面触摸屏等组成，如图7-1所示。

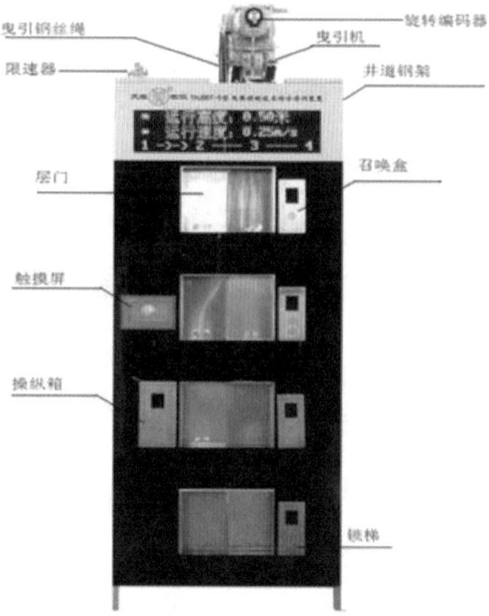

（1）拖动控制部分由曳引电动机和控制柜组成。其中曳引电动机轴端装有旋转编码器，用于采集电梯高度和运行速度等信息。

（2）使用操纵部分由轿内操纵箱、厅外召唤箱和检修操作箱组成。

（3）井道信息采集部分由减速传感器、双稳态开关、限位开关等组成。

（4）安全防护部分由极限开关、门联锁开关、对射传感器、锁梯开关组成。

图7-1　四层电梯模型实物图

（5）人机界面触摸屏主要用于电梯运行状况的监视与智能控制。

电梯控制系统框图如图7-2所示。触摸屏实现运行监控，与PLC进行数据的双向传输；PLC输入信号主要有传感器、按钮、指示灯等开关量和安装在曳引电动机轴向的编码器脉冲信号；输出信号分别控制变频器和直流电动机，其中变频器驱动曳引电动机带动机构实现轿厢上下行、直流电动机驱动开关门机构实现层门的开关门。

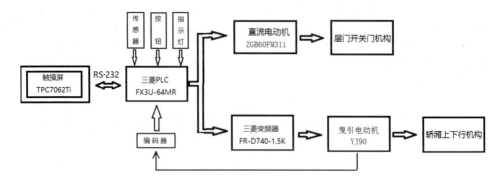

图7-2 电梯控制系统框图

电梯控制系统PLC输入输出信号分配表见表7-1所示，电气原理图可扫描二维码下载。

扫一扫

电梯电气原
理图

表7-1 电梯控制系统PLC输入输出信号分配表

PLC输入点	电梯实物内部接口	PLC输出点	电梯实物内部接口
X00	编码器高速计数输入A相	Y00	主接触器驱动
X01	编码器高速计数输入B相	Y01	NC
X02	减速永磁感应器	Y02	NC
X03	上强返减速永磁感应器	Y03	NC
X04	下强返减速永磁感应器	Y04	变频器输入RH
X05	电压继电器常开触点	Y05	变频器输入RL
X06	门联锁继电器常开触点	Y06	变频器输入STF
X07	检修开关	Y07	变频器输入STR
X10	上限位开关	Y10	一层内呼指示
X11	下限位开关	Y11	二层内呼指示
X12	变频器运行输出信号	Y12	三层内呼指示
X13	开门继电器常开触点	Y13	四层内呼指示
X14	安全触板开关、开门按钮	Y14	一层外呼上指示
X15	关门按钮	Y15	二层外呼上指示
X16	超载开关	Y16	三层外呼上指示
X17	NC	Y17	显示驱动A
X20	一层内呼按钮、检修慢下按钮	Y20	显示驱动B
X21	二层内呼按钮	Y21	显示驱动C
X22	三层内呼按钮	Y22	显示驱动D
X23	四层内呼按钮、检修慢上按钮	Y23	电梯上行指示
X24	一层外呼上按钮	Y24	电梯下行指示
X25	二层外呼上按钮	Y25	超载蜂鸣器
X26	三层外呼上按钮	Y26	开门驱动
X27	二层外呼下按钮	Y27	关门驱动
X30	三层外呼下按钮	Y30	二层外呼下指示
X31	四层外呼下按钮	Y31	三层外呼下指示
X32	模拟/数字转换开关	Y32	四层外呼下指示
X33	对射光电门感应器	Y33	轿厢照明灯
X34	梯锁		

任务1 组态界面设计

任务目标

（1）了解归纳组态界面设计构件种类和数量，构思组态界面整体布局；

（2）能够使用各种组态构件完成组态界面的设计、优化和美化，颜色搭配协调自然；

（3）掌握实时数据库中用户变量的功能作用及其建立修改的方法。

任务描述

设计电梯虚拟仿真与运行监控组态界面，能用连续移动变化的动画实时显示轿厢的运行轨迹和电梯的开关门动作；编辑所有外呼按键与指示、内选按键与指示、开关门按键与指示、上下行运行方向指示；能实时显示轿厢当前楼层和高度，可以设定开门延时时间。

任务训练

1 新建工程和用户窗口

选择对应的触摸屏类型，新建工程和用户窗口命名为"电梯虚拟仿真与运行监控"。

2 建立实时数据库

在实时数据库中新增对象，设置对象名称和类型。根据电梯运行和监控分外部数据和内部数据，初值均为0，全部数据对象汇总如表7-2所示。外部数据可供虚拟仿真和运行监控同时使用，需要与PLC连接通道，其命名格式为：数据功能名称+PLC软元件。内部数据仅在虚拟仿真中使用，无须连接通道，其命名格式为：数据功能名称。

表7-2 数据对象汇总表

序号	外部数据	类型	序号	内部数据	类型
1	一层上呼指示Y14	开关型	1	一层可以上行	开关型
2	一层上呼按钮M204	开关型	2	一层可以下行	开关型
3	二层上呼指示Y15	开关型	3	一层上行趋势	开关型
4	二层上呼按钮M205	开关型	4	一层下行趋势	开关型
5	三层上呼指示Y16	开关型	5	二层可以上行	开关型
6	三层上呼按钮M206	开关型	6	二层可以下行	开关型
7	二层下呼指示Y30	开关型	7	二层上行趋势	开关型
8	二层下呼按钮M207	开关型	8	二层下行趋势	开关型
9	三层下呼指示Y31	开关型	9	三层可以上行	开关型
10	三层下呼按钮M208	开关型	10	三层可以下行	开关型
11	四层下呼指示Y32	开关型	11	三层上行趋势	开关型
12	四层下呼按钮M209	开关型	12	三层下行趋势	开关型
13	一层内呼按钮M200	开关型	13	四层可以上行	开关型
14	一层内呼指示Y10	开关型	14	四层可以下行	开关型
15	二层内呼按钮M201	开关型	15	四层上行趋势	开关型

续表

序号	外部数据	类型	序号	内部数据	类型
16	二层内呼指示Y11	开关型	16	四层下行趋势	开关型
17	三层内呼按钮M202	开关型	17	轿厢上行趋势	开关型
18	三层内呼指示Y12	开关型	18	轿厢下行趋势	开关型
19	四层内呼按钮M203	开关型	19	一层开关门	数值型
20	四层内呼指示Y13	开关型	20	二层开关门	数值型
21	开门按钮M256	开关型	21	三层开关门	数值型
22	开门驱动Y26	开关型	22	四层开关门	数值型
23	关门按钮M257	开关型	23	平层开门信号	开关型
24	关门驱动Y27	开关型	24	关门限位	开关型
25	电梯上行指示M70	开关型	25	开门限位	开关型
26	电梯下行指示M71	开关型	26	定时时间到	开关型
27	电梯上行驱动Y6	开关型	27	定时器	数值型
28	电梯下行驱动Y7	开关型	28	定时器设定值	数值型
29	一层平层信号M500	开关型	29	t0	开关型
30	二层平层信号M501	开关型	30	t1	开关型
31	三层平层信号M502	开关型	31	t2	开关型
32	四层平层信号M503	开关型	32	t3	开关型
33	高度显示D10	数值型	33	t4	开关型
34	楼层显示D20	数值型	34	t5	开关型
35	显示驱动AY17	开关型	35	模拟监控切换	开关型
36	显示驱动BY20	开关型			
37	显示驱动CY21	开关型			

3 组态界面设计

（1）组态界面规划

电梯虚拟仿真与运行监控组态界面如图7-3所示，归纳总结所需构件的种类和数量设计组态界面，如表7-3所示。

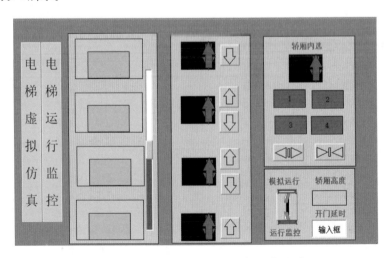

图7-3 电梯虚拟仿真与运行监控组态界面

表7-3　组态界面设计规划

设计要求1	①动画类：开关门连续变化、轿厢运行轨迹，合计2个； ②文本类：根据需要，若干； ③建立构件对应实时数据库中的用户变量
设计要求2	①按键类：1~3层上呼、2~4层下呼、1~4层内选、开门和关门、仿真/运行切换按键，合计13个； ②指示类：1~3层上呼指示、2~4层下呼指示、1~4层内选指示、电梯上行和下行指示，合计12个； ③数字显示类：楼层显示、高度显示，合计2个； ④数值输入类：开门延时时间值输入，合计1个； ⑤文本类：根据需要，若干； ⑥建立构件对应实时数据库中的用户变量
设计要求3	①建立虚拟仿真运行所需实时数据库中的全部用户变量； ②新建用户策略，编写虚拟仿真脚本程序； ③根据实际硬件设备组态，用户变量与PLC软元件进行通道连接； ④新建用户策略，编写运行监控脚本程序

扫一扫 ●……

运行模式提示框设计

（2）组态界面设计

①运行模式提示框设计如表7-4所示。（扫描二维码可观看录屏）

表7-4　运行模式提示框设计示范与练习

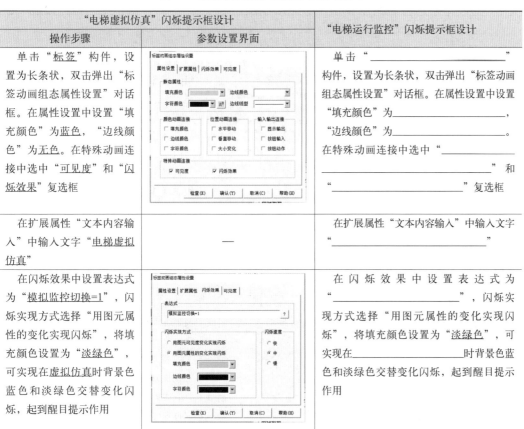

"电梯虚拟仿真"闪烁提示框设计		"电梯运行监控"闪烁提示框设计
操作步骤	参数设置界面	
单击"标签"构件，设置为长条状，双击弹出"标签动画组态属性设置"对话框。在属性设置中设置"填充颜色"为蓝色，"边线颜色"为无色。在特殊动画连接中选中"可见度"和"闪烁效果"复选框		单击"＿＿＿＿＿＿"构件，设置为长条状，双击弹出"标签动画组态属性设置"对话框。在属性设置中设置"填充颜色"为＿＿＿＿＿，"边线颜色"为＿＿＿＿＿。在特殊动画连接中选中"＿＿＿＿＿＿＿"和"＿＿＿＿＿＿＿"复选框
在扩展属性"文本内容输入"中输入文字"电梯虚拟仿真"	—	在扩展属性"文本内容输入"中输入文字"＿＿＿＿＿＿＿"
在闪烁效果中设置表达式为"模拟监控切换=1"，闪烁实现方式选择"用图元属性的变化实现闪烁"，将填充颜色设置为"淡绿色"，可实现在虚拟仿真时背景色蓝色和淡绿色交替变化闪烁，起到醒目提示作用		在闪烁效果中设置表达式为"＿＿＿＿＿＿＿"，闪烁实现方式选择"用图元属性的变化实现闪烁"，将填充颜色设置为"淡绿色"，可实现在＿＿＿＿＿＿＿时背景色蓝色和淡绿色交替变化闪烁，起到醒目提示作用

"电梯虚拟仿真"闪烁提示框设计		"电梯运行监控"闪烁提示框设计
操作步骤	参数设置界面	
在"可见度"选项卡，表达式设置为"<u>模拟监控切换=1</u>"，当表达式非零时设置为"<u>对应图符可见</u>"，可实现在<u>模拟</u>运行时可见该文字提示框		在"可见度"选项卡，表达式设置为"_____"，当表达式非零时设置为"_____"，可实现在_____时可见该文字提示框

电梯外观与层门动画设计

②电梯外观与层门开关门动画设计如表7-5所示。（扫描二维码可观看录屏）

选择"矩形"构件设计4层电梯外观，拖放成一定大小形状，蓝色矩形代表各楼层，绿色矩形代表各层层门，利用排列对齐功能，达到整齐美观效果，如图7-3所示。

表7-5　层门开关门动画设计示范与练习

一层层门开关门动画设计		其余层门开关门动画设计
操作步骤	参数设置界面	
双击<u>一层层门</u>，在"动画组态属性设置"-"属性设置"中，选中"<u>位置动画连接</u>"中的"<u>大小变化</u>"复选框		二层开关门：双击_____，在"动画组态属性设置""属性设置"中，选中"_____"中的"_____"复选框。 三层开关门：双击_____，在"动画组态属性设置""属性设置"中，选中"_____"中的"_____"复选框。 四层开关门：双击_____，在"动画组态属性设置""属性设置"中，选中"_____"中的"_____"复选框
在"大小变化"选卡中，将表达式连接数据"<u>一层开关门</u>"，最大变化百分比改为"<u>100</u>"，表达式值改为"<u>1</u>"，设置变化方向示意图为<u>左右方向</u>。此处的设置为后续设计脚本程序实现层门开关门动画做好准备		二层开关门：在"大小变化"选卡中，将表达式连接数据"_____"，最大变化百分比改为"____"，表达式的值改为"____"，设置变化方向示意图为_____。 三层开关门：在"大小变化"选卡中，将表达式连接数据"_____"，最大变化百分比改为"____"，表达式的值改为"____"，设置变化方向示意图为_____。 四层开关门：在"大小变化"选卡中，将表达式连接数据"_____"，最大变化百分比改为"____"，表达式的值改为"____"，设置变化方向示意图为_____

轿厢运行轨迹动画设计

③ 轿厢运行轨迹动画设计。（扫描二维码可观看录屏）

　　选择"滑动输入器"设计为长条状，长度与电梯外观高度匹配。双击"滑动输入器"，设置"滑块高度"为"15"，"滑块宽度"为"40"，如图7-4所示；设置"标注显示"为"不显示"；将"对应数据对象的名称"连接变量"高度显示D10"，"滑块在最右（上）边时对应的值"为"1500"（模型电梯的轿厢高度为1500 mm），如图7-5所示。滑块设置完成如图7-6所示。

图7-4　滑动输入器基本属性设置

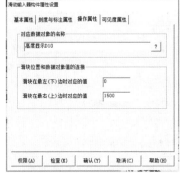

图7-5　滑动输入器操作属性设置

图7-6　轿厢轨迹

　　轿厢运行轨迹各层停靠位置调整如表7-6所示。

表7-6　轿厢运行轨迹各层停靠位置调整

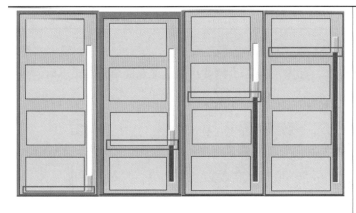	调整一层和四层轿厢停靠位置的方法：拖动滑块至滑动输入器最下端，滑块最下端与电梯一层最下端齐平，拖动滑块至滑动输入器最上端，滑块最下端与电梯四层最下端齐平。如不齐平，可向下或向上伸缩滑动输入器，调整至齐平如左图所示 调整二层和三层轿厢停靠位置的方法：按住【Ctrl】键，鼠标左键分别选中1~4层绿色层门，利用"纵向等间距"进行排列，即可调整至齐平

　　④楼层运行显示设计。（扫描二维码可观看录屏）

　　楼层显示标签设计：将标签构件填充为"黑色"，字符为"红色"，输入输出连接选中"显示输出"。在显示输出中，将表达式设置为数据"楼层显示D20"，输出值类型为"数值量输出"，输出格式取消浮点输出和自然小数位选中，小数位数为"0"。

　　上下行箭头指示设计如表7-7所示。

扫一扫 ●⋯⋯

楼层运行显示设计

●⋯⋯

表7-7　上下行箭头指示设计示范与练习

电梯上行箭头指示设计	电梯下行箭头指示设计
在"常用符号"构件中选择水平向右箭头标志，通过缩放和左旋90°，得到上行箭头指示	在"常用符号"构件中选择水平向右箭头标志，通过缩放和_____，得到_____箭头指示
双击上行箭头，填充颜色设置为"红色"，在属性设置中选中特殊动画连接中的"可见度"复选框，如下左图所示。在可见度中表达式连接为数据对象"电梯上行指示M70"如下右图所示	双击____箭头，填充颜色设置为"红色"，在属性设置中选中特殊动画连接中的"_____"。在"可见度"中表达式连接为数据对象"_____"

| 上行箭头指示属性设置 | 上行箭头指示可见度设置 |

　　单元合成：将上下行箭头放入楼层显示标签中，调整大小。左键全部框选，鼠标右键单击，在"排列"中选择"合成单元"，如图7-7所示。调整楼层显示合成单元的大小后，按住【Ctrl】键向右拖动，逐个添加在4个楼层显示位置上。

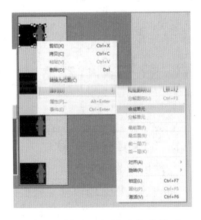

图7-7　楼层运行显示合成单元

　　⑤外呼按钮及指示设计如表7-8所示（扫描二维码可观看录屏）

　　设计1~3层上呼按钮和2~4层下呼按钮以及对应按钮上下行箭头指示，调整大小放置于适当位置。

●扫一扫

外呼按钮及
指示设计

表7-8　外呼按钮及指示设计示范与练习

四层下呼按钮及下行箭头指示设计	其余外呼按钮与指示设计
选择"标准按钮"，在"基本属性"中删除按钮文本；在"操作属性"中选中"数据对象值操作"复选框，选择"按1松0"，连接数据对象"四层下呼按钮M209"，如右图所示 四层下呼按钮属性设置	三层下呼按钮连接数据对象"＿＿＿＿＿＿＿"； 二层下呼按钮连接数据对象"＿＿＿＿＿＿＿"； 三层上呼按钮连接数据对象"＿＿＿＿＿＿＿"； 二层上呼按钮连接数据对象"＿＿＿＿＿＿＿"； 一层上呼按钮连接数据对象"＿＿＿＿＿＿＿"
在"常用符号"构件中选择水平向右箭头标志，通过缩放和右旋90度，得到下行箭头指示。双击下行箭头，在属性设置中，填充颜色设置为"天蓝色"，选中颜色动画连接中的"填充颜色"复选框，如下左图所示。在填充颜色中，表达式数据连接为"四层下呼指示Y32"，分段点0对应"天蓝色"，分段点1对应"红色"，即当表达式为1时，箭头指示灯由天蓝色变为红色如下右图所示	复制粘贴，新增2个下行指示箭头，分别连接数据"＿＿＿＿＿＿＿"、"＿＿＿＿＿＿＿"。 缩放和＿＿＿90度，得到上行箭头指示。复制粘贴，新增3个上行指示箭头，分别连接数据"＿＿＿＿＿＿＿"、"＿＿＿＿＿＿＿"、"＿＿＿＿＿＿＿"
左键选中四层下呼按钮，鼠标右键单击，在"排列"中选择"后一层"。同样的操作，将四层下行指示灯设置为"最前面"。将两者组合，放置于合适位置	将其余5组外呼按钮和运行指示灯正确组合，放置于合适位置

外呼下行指示属性设置

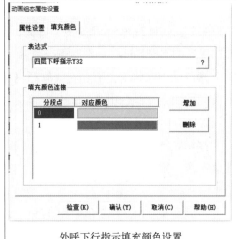

外呼下行指示填充颜色设置

⑥内呼按钮及指示设计如表7-9所示。（扫描二维码可观看录屏）

设计1~4层内呼按钮以及按钮响应指示，调整合适大小放置于适当位置，如图7-3所示。

扫一扫●……

内呼按钮及
指示设计

表7-9　内呼按钮及指示设计示范与练习

内呼一层按钮及响应指示设计	其余内呼按钮与指示设计
内呼按钮编辑：选择标准按钮，基本属性中的文本编辑为"<u>1</u>"，操作属性中的"数据对象值操作"选择为"按1松0"，数据连接为"<u>一层内呼按钮M200</u>"，并放置于合适位置	二层内呼按钮：文本编辑为"＿＿"，数据连接为"＿＿＿＿＿＿"。 三层内呼按钮：文本编辑为"＿＿"，数据连接为"＿＿＿＿＿＿"。 四层内呼按钮：文本编辑为"＿＿"，数据连接为"＿＿＿＿＿＿"
内呼指示编辑：选择标签，将标签页文本编辑为"<u>1</u>"，填充颜色设置为"红色"，"特殊动画连接"选中"可见度"复选框，将"可见度"中的表达式连接数据为"<u>一层内呼指示Y10</u>"	二层内呼指示：文本编辑为"＿＿"，数据连接为"＿＿＿＿＿＿"。 三层内呼指示：文本编辑为"＿＿"，数据连接为"＿＿＿＿＿＿"。 四层内呼指示：文本编辑为"＿＿"，数据连接为"＿＿＿＿＿＿"
可见度图层设计：分别选中内呼钮和内呼指示标签，右键选择"排列"，设置内呼指示标签为"前面"，内呼按钮为"后一层"，拖动指示标签覆盖在对应按钮上	将其余3组内呼按钮和响应指示正确组合，放置于合适位置

总结：利用图层和可见度实现按钮后的动画效果，若有内呼按钮按下，可见度表达式为1，显示为红色标签；若无内呼按钮按下，可见度表达式为0，不可见红色标签，即显示灰色内呼按钮

扫一扫

开关门按钮设计

⑦开关门按钮设计。（扫描二维码可观看录屏）

图元设计：选择"常用符号"窗口中的"三角形"，获得方向相对和方向相背的4个三角形图元；再画2根宽度稍宽的竖直线，调整三角形图元至合适的大小，并使直线的高度和三角形图元的高度相同，如图7-8所示。

颜色动画：将三角形和直线的颜色均设为蓝色，颜色动画连接设为"填充颜色"。开门和关门按钮填充颜色中表达式分别连接数据"开门按钮M256"和"关门按钮M257"，分段点设置0为蓝色和1为红色。

按钮设计：调整无文字提示的开门和关门按钮至合适大小，在操作属性中选中"数据对象值操作"复选框，选择"按1松0"，数据对象选择分别连接数据"开门按钮M256"和"关门按钮M257"。

单元合成：将2对三角形和直线组成图元拖动至空白按钮的中央，全部框选后鼠标右击选择排列，将其"合成单元"完成开门和关门按钮的制作，如图7-9所示。

扫一扫

运行模式按钮设计

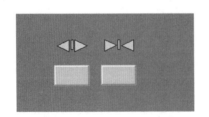
图7-8　开关门按钮图元编辑

图7-9　开关门按钮单元合成

⑧运行模式按钮设计。（扫描二维码可观看录屏）

打开"开关"库选择"开关17",如图7-10所示。在其上、下方分别放置 "模拟运行"和"运行监控"文本框,如图7-3所示。

双击打开运行模式开关,在"单元属性设置"的"动画连接"中,单击需要编辑图元名后的">"符号,如图7-11所示。第一个组合图符按钮输入为"绿色",数据对象值操作连接数据"模拟监控切换";编辑可见度表达式"模拟监控切换=1"对应图符可见,如图7-12所示。第二个组合图符按钮输入为"红色",编辑可见度表达式"模拟监控切换=0"对应图符可见,最终的全部动画连接设置如图7-13所示。

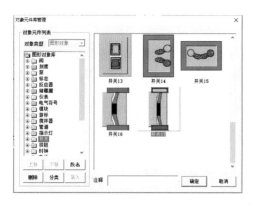

图7-10 运行模式开关选择开关17

图7-11 组合图符按钮输入设置

图7-12 组合图符按钮输入可见度设置　　图7-13 组合图符动画连接全部设置

⑨轿厢高度及开门延时编辑。(扫描二维码可观看录屏)

轿厢高度显示编辑:设置标签,选中"显示输出"复选框,如图7-14所示。将"显示输出"表达式连接数据对象 "高度显示D10","输出值类型"为"数值量输出","输出格式"为"十进制","小数位数"修改为"0",如图7-15所示。

扫一扫

轿厢高度和延时时间设计

图7-14 轿厢高度标签属性设置

图7-15 轿厢高度标签输出显示

开门延时编辑：选择输入框，连接数据对象"定时器设定值"，取消"自然小数位"选中，"小数位数"为"0"，最小值为"0"，最大值为"10"。

4 任务评价

组态设计评分表见表7-10。

表7-10 组态设计评分表

评分表 ___学年		工作形式 □个人　　□小组分工　　□小组		工作时间/min	
任务	训练内容	训练要求		学生 自评	教师 评分
组态界面设计	1. 数据库制作，15分	72个数据对象录入实时数据库，每少1个扣0.5分			
	2. 动画制作，20分	开关门连续变化、轿厢运行轨迹动画合计2个，每个10分			
	3. 按键制作，26分	1～3层上呼、2～4层下呼、1～4层内选、开门和关门、仿真/运行切换按键合计13个，每个2分			
	4. 指示制作，24分	1～3层上呼指示、2～4层下呼指示、1～4层内选指示、电梯上行和下行指示合计12个，每个2分			
	5. 数值显示制作，6分	楼层显示、高度显示合计2个，每个3分			
	6. 数值输入制作，4分	开门延时时间值输入			
	7. 职业素养与安全意识，5分	现场安全保护；分工合作，配合紧密；遵守纪律，6S管理			

练习与提高

1. 进行构件分解和组合的步骤有哪些？
2. 如何实现层门的开关门动画？
3. 如何编辑实现轿厢动画跟随？
4. 描述添加通道和命名连接变量的过程。

任务2　虚拟仿真运行

任务目标

（1）了解电梯的运行逻辑和控制流程；

（2）了解MCGS运行策略和脚本程序的功能及类型，能编辑脚本程序；

（3）能调试电梯虚拟仿真策略和脚本程序，会操作运行虚拟仿真系统。

任务描述

按照四层电梯运行逻辑要求建立运行策略，设计编写脚本程序，完成虚拟仿真运行调试。四层电梯运行逻辑：对多个同向的内选信号，按到达位置先后次序依次响应；对同时有多个内选信号与外呼信号的情况，响应原则为"先按定向，同向响应，顺向截梯，最远端反向截梯"。电梯运行流程图如图7-16所示。

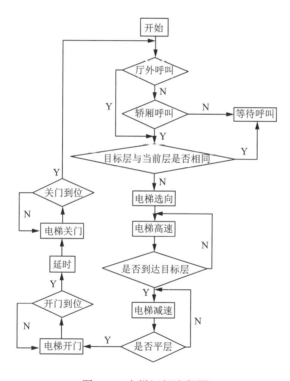

图7-16　电梯运行流程图

1　新建策略属性编辑

新建策略，选择策略类型。本次任务需要使用用户策略和循环策略，用户策略的功能是供其他策略、按钮和菜单等使用，循环策略是按照设定的时间循环运行，如图7-17所示。

扫一扫

新建策略属性
编辑

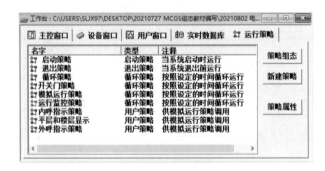

图7-17　运行策略

新建策略示范与练习如表7-11所示。

表7-11　新建策略示范与练习

新建"内呼指示策略"命名及修改注释	新建其他策略命名及修改注释
新建用户策略，修改"策略名称"为"内呼指示策略"，"策略内容注释"为"供模拟运行策略调用"，设置完毕后单击"确认"按钮，如下图所示 　　策略属性设置 　　用户策略属性 　　策略名称 　　内呼指示策略 　　策略执行方式 　　用户策略供系统其它部分调用，如：在菜单、按钮、脚本程序或其它策略中调用。 　　策略内容注释 　　供模拟运行策略调用 　　检查(K)　确认(Y)　取消(C)　帮助(H)	新建_____，修改"策略名称"为"外呼指示策略"，"策略内容注释"为"_____"； 　　新建用户策略，修改"策略名称"为"_____"，"策略内容注释"为"_____"； 　　新建_____，修改"策略名称"为"开关门策略"，"策略内容注释"为"_____"； 　　新建循环策略，修改"策略名称"为"_____"，"策略内容注释"为"_____"

……●扫一扫

内呼指示策略编辑

？ 策略组态与策略脚本程序编辑

（1）"内呼指示策略"用户策略组态与脚本程序编辑

①策略组态：双击"内呼指示策略"打开"策略组态：内呼指示策略"对话框，单击"工具条"中的 ✗ 按钮打开"策略工具箱"。

②策略行新增：单击"工具条"中的 按钮新增策略行，如图7-18所示。双击表达式条件，在弹出页表达式中输入"模拟监控切换=1"，如图7-19所示，即只有满足该条件，才会调用后续功能，否则不调用。

③脚本程序编辑：选中策略行最右侧的功能块，双击策略工具箱"脚本程序"，完成策略行脚本程序的添加，如图7-20所示。

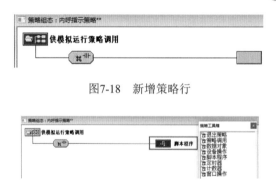

图7-18 新增策略行

图7-19 表达式条件编辑

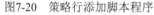

图7-20 策略行添加脚本程序

④ "内呼指示策略"脚本程序编辑：单击右下角 IF~THEN 、NOT 和 AND 语句助记符按钮，建立脚本程序语句框架。将鼠标位置留在2个语句助记符的中间位置（前后都需要留下至少1个空格），打开数据对象目录树，选择相应数据对象，双击完成脚本程序编辑，如表7-12所示。

编辑完成后，单击"检查"按钮，若弹出"组态设置正确，没有错误！"提示框，则单击"确定"按钮实现保存退出。若弹出"组态错误！"提示框，则应按照错误内容提示信息修改脚本程序，直至组态设置正确。

表7-12 "内呼指示策略"脚本程序编辑示范与练习

"一层内呼指示"脚本程序示范
IF 一层内呼按钮M200 AND NOT 一层平层信号M500 THEN 一层内呼指示Y10=1
IF 一层平层信号M500 AND 开门驱动Y26 THEN 一层内呼指示Y10=0
"二层内呼指示"脚本程序设计
IF _____ AND NOT _____ THEN 二层内呼指示Y11=1
IF _____ AND _____ THEN 二层内呼指示Y11=0
"三层内呼指示"脚本程序设计
IF _____ AND NOT _____ THEN 三层内呼指示Y12=1
IF _____ AND _____ THEN 三层内呼指示Y12=0
"四层内呼指示"脚本程序设计
IF _____ AND NOT _____ THEN 四层内呼指示Y13=1
IF _____ AND _____ THEN 四层内呼指示Y13=0

"一层内呼指示"脚本程序

扫一扫

外呼指示
策略

（2）"外呼指示策略"用户策略组态与脚本程序编辑

参照"内呼指示策略"的用户策略组态与脚本程序编辑步骤与方法，新增策略行和编辑脚本程序，如表7-13所示。

表7-13　"外呼指示策略"脚本程序编辑示范与练习

"一、二层外呼指示"脚本程序示范
IF 一层平层信号M500 AND 开门驱动Y26 THEN 一层上呼指示Y14=0
IF 一层上呼按钮M204 AND NOT 一层平层信号M500 THEN 一层上呼指示Y14=1
IF 二层平层信号M501 AND （电梯下行指示M71 OR 二层可以下行）AND 开门驱动Y26 THEN 二层下呼指示Y30=0
IF 二层下呼按钮M207 AND NOT 二层平层信号M501 THEN 二层下呼指示Y30=1
IF 二层平层信号M501 AND （电梯上行指示M70 OR 二层可以上行）AND 开门驱动Y26 THEN 二层上呼指示Y15=0
IF 二层上呼按钮M205 AND NOT 二层平层信号M501 THEN 二层上呼指示Y15=1
"三、四层外呼指示"脚本程序练习
IF _____ AND （_____ OR _____）AND 开门驱动Y26 THEN 三层下呼指示Y31=0
IF _____ AND NOT _____ THEN 三层下呼指示Y31=1
IF _____ AND （_____ OR _____）AND 开门驱动Y26 THEN 三层上呼指示Y16=0
IF _____ AND NOT _____ THEN 三层上呼指示Y16=1
IF _____ AND 开门驱动Y26 THEN 四层下呼指示Y32=0
IF _____ AND NOT _____ THEN 四层下呼指示Y32=1

扫一扫

平层和楼层显
示策略

（3）"平层和楼层显示"用户策略组态与脚本程序编辑

参照"内呼指示策略"的用户策略组态与脚本程序编辑步骤与方法，新增策略行和编辑脚本程序，脚本程序编辑中助记符大小写均可，如表7-14所示。

表7-14　"平层和楼层显示"脚本程序编辑示范与练习

一、二层"平层信号"和"楼层显示"脚本程序示范	三、四层"平层信号"和"楼层显示"脚本程序练习
IF 高度显示D10<500 AND 高度显示D10>=0 THEN	IF 高度显示D10<__ AND 高度显示D10>=__ THEN
楼层显示D20=1	楼层显示D20=__
IF 高度显示D10=0 THEN	IF 高度显示D10=__ THEN
一层平层信号M500=1	_____=1
ELSE	ELSE
一层平层信号M500=0	_____=0
ENDIF	ENDIF
IF 高度显示D10<1000 AND 高度显示D10>=500 THEN	IF 高度显示D10>=___ THEN
楼层显示D20=2	楼层显示D20=__
IF 高度显示D10=500 THEN	IF 高度显示D10=___ THEN
二层平层信号M501=1	_____=1
ELSE	ELSE
二层平层信号M501=0	_____=0
ENDIF	ENDIF

扫一扫

开关门
策略

（4）"开关门策略"循环策略组态与脚本程序编辑

①策略组态：双击"开关门策略"打开"策略组态：开关门策略"对话框，双击 ![按钮] 弹出"策略属性设置"对话框，将"定时循环执行,循环时间(ms)"设定为50 ms，即该策略按照50 ms时间间隔循环执行，如图7-21所示。

②策略行新增：单击"工具条"中的 按钮新增2条策略行，分别双击2条策略行表达式条件 ，在弹出页表达式中输入"模拟监控切换=1"。编辑策略行最右侧的功能块 ，双击策略工具箱"定时器"和"脚本程序"，完成策略行脚本程序的添加，如图7-22所示。

图7-21　循环策略属性循环时间编辑

图7-22　开关门策略组态

③定时器的设置：双击定时器，弹出"计时器"对话框，将"设定值"设为"定时器设定值"，"当前值"设为"定时器"，"计时条件"设为"开门限位"，"复位条件"设为"关门限位"，"计时状态"设为"定时时间到"，如图7-23所示。

该定时器的功能作用是，当轿厢开门驱动，门打开至最大，满足开门限位计时条件开始计时，计时设定值由"定时器设定值"输入，当前值由"定时器"输出，计时是否到由计时状态"定时时间到"输出，定时器复位由复位条件"关门限位"输入决定。

图7-23　定时器的属性设置

（4）"开关门策略"脚本程序编辑

打开"脚本程序"，单击右下角 IF~THEN 、 IF~ELSE 、 OR 和 AND 按钮编辑脚本程序，如表7-15所示。

表7-15　"开关门策略"脚本程序编辑示范与练习

一层层门开关门和开门限位脚本程序示范	其余层门开关门和关门限位脚本程序练习

//注释：一层层门开关门动画。满足一层开关门条件，则每50 ms循环策略执行一次，开关门幅度数值大小为0.02。"一层开关门"是数值型，范围为0~1，即完成一次完整的开关门动画需要50次循环，耗时2.5 s。该幅度值可根据实物电梯开关门情况进行调整，实现触摸屏开关门动画与真实电梯开关门动作一致。
 	
IF 一层平层信号M500 AND 开门驱动Y26 AND 一层开关门<1 THEN
　　一层开关门=一层开关门+0.02
　　IF 一层平层信号M500 AND 关门驱动Y27 AND 一层开关门>0 THEN
　　一层开关门=一层开关门-0.02
	二层层门开关门脚本程序编辑
	IF ＿＿＿＿＿ AND 开门驱动Y26 AND ＿＿<1 THEN
	二层开关门=二层开关门+0.02
	IF ＿＿＿＿ AND 关门驱动Y27 AND ＿＿＿＿>0 THEN
	二层开关门=二层开关门-0.02
	三层层门开关门脚本程序编辑
	IF ＿＿＿＿＿ AND 开门驱动Y26 AND ＿＿<1 THEN
	三层开关门=三层开关门+0.02
	IF ＿＿＿＿ AND 关门驱动Y27 AND ＿＿＿＿>0 THEN
	三层开关门=三层开关门-0.02
	四层层门开关门脚本程序编辑
	IF ＿＿＿＿＿ AND 开门驱动Y26 AND ＿＿<1 THEN
	四层开关门=四层开关门+0.02
	IF ＿＿＿＿ AND 关门驱动Y27 AND ＿＿＿＿>0 THEN
	四层开关门=四层开关门-0.02

// 注释：开门限位开关。任意层门开门至数值1，即开门幅度至最大100%，开门限位输出1，否则输出0。
 	
IF 一层开关门>=1 OR 二层开关门>=1 OR 三层开关门>=1 OR 四层开关门>=1 THEN
　　开门限位=1
ELSE
　　开门限位=0
ENDIF
	// 注释：关门限位开关。任意层门关门至数值0，即关门幅度至最小0%，关门限位输出1，否则输出0。
	
	IF ＿＿＿＿ <=0 AND ＿＿＿＿ <=0 AND ＿＿＿＿ <=0 AND ＿＿＿＿ <=0 THEN
	　　＿＿＿=1
	ELSE
	　　＿＿＿=0
	ENDIF

● 扫一扫

电梯模拟运行与监控脚本程序

● 扫一扫

模拟运行脚本策略讲解

（5）"模拟运行策略"循环策略组态与脚本程序编辑

策略组态和策略行新增的步骤和方法与"开关门策略"相同，新增"模拟运行策略"循环策略。4层电梯模拟运行脚本程序很复杂、篇幅长，同时还需要使用系统函数!SetStgy（运行策略名称）调用用户策略，如图7-24所示。扫描二维码直接下载脚本程序文档，文档中对程序模块做出了较为详细的注释，对理解模拟运行脚本程序和模拟运行调试有很大的帮助，可扫描二维码观看视频讲解。

图7-24　系统函数!SetStgy

3 虚拟仿真调试

扫一扫 •⋯⋯⋯虚拟仿真调试 •⋯⋯⋯

单击模拟运行下载工程，进入模拟运行环境。（扫描二维码可观看虚拟仿真调试与运行 ）

（1）虚拟仿真模式选择及开门延时时间设定

将开关切换至"模拟运行"，由"电梯运行监控"切换成"电梯虚拟仿真"，如图7-25所示。

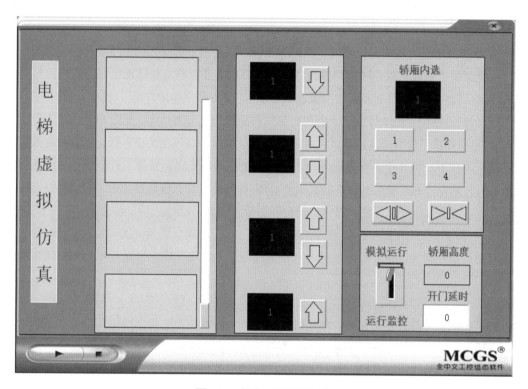

图7-25 组态工程模拟运行

在"开门延时"中设定延时时间，例如为5 s。此时，电梯模拟运行的初始状态正确现象为：运行模式指向"模拟运行"，电梯轿厢停在一层，楼层显示数字"1"，轿厢高度显示"0"，开门延时设置为"5"。

（2）电梯内呼模拟运行功能测试

以轿厢停在初始状态一层，二层内呼模拟运行测试为例，进行相关功能测试。单击二层内呼按钮"2"，指示灯由蓝色变为红色；运行指示灯显示为红色向上箭头，电梯轿厢缓慢上升；轿厢高度显示值由"0"逐渐增大。轿厢到达二层时，高度显示值增加至"500"，楼层显示由"1"变为"2"，轿厢停止，内呼按钮"2"指示灯由红色恢复为蓝色；二层绿色层门自动打开，开门动画连续，打开至最大幅度后延时5 s，关门动画连续。其余楼层内呼测试操作与正确现象类似，逐一测试。

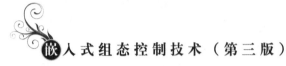

（3）电梯开关门模拟运行功能测试

以轿厢停在一层为例进行开关门功能测试。按下开门按钮层门打开，指示灯变为红色；松开时，指示灯恢复为蓝色，层门继续打开至最大，延时5 s后自动关门。按下关门按钮层门关闭，指示灯变为红色；松开时，指示灯恢复为蓝色，层门继续关门直至完全关闭。其余停靠楼层开关门测试操作与正确现象相同，逐一测试。

（4）电梯外呼模拟运行功能测试

电梯外呼模拟运行功能测试分为电梯外呼上行、电梯外呼下行和电梯外呼上下行3个步骤。

① 电梯外呼上行模拟运行测试：将轿厢停靠在三层以下，以三层外呼上行为例进行电梯上行功能测试。按下三层外呼上行按钮，其指示灯变为红色；电梯轿厢缓慢上行至三层，红色上行指示箭头可见；轿厢高度显示值逐渐增加至"1000"；到达三层，楼层显示由"2"变为"3"，轿厢停止，指示灯恢复为蓝色；层门自动打开至最大幅度，延时5 s后自动关门。

② 电梯外呼下行模拟运行测试：将轿厢停靠在四层，以二层外呼下行为例进行电梯下行功能测试。按下二层外呼下行按钮，指示灯变为红色；电梯轿厢缓慢下行至二层，红色下行指示箭头可见；轿厢高度显示值逐渐减小至"500"；到达二层，楼层显示由"4"变为"2"，轿厢停止；指示灯恢复为蓝色；层门自动打开至最大幅度，延时5 s后自动关门。

③ 电梯外呼上下行模拟运行测试：电梯上行、下行功能分别测试正确后，进行外呼上下行模拟运行综合调试。将外呼上下行所有按钮都按下，仔细观察电梯运行现象和数值显示是否正确。

（5）虚拟仿真运行综合测试

将轿厢随机停靠在不同楼层，随机按下内呼和外呼按钮，进行多次不同组合测试。请仔细观察轿厢响应外呼停靠楼层现象、运行方向指示、轿厢高度和楼层显示数值变化、指示灯颜色变化以及开关门动作。

 虚拟仿真调试常见错误与排除方法

虚拟仿真常见错误与排除方法如表7-16所示，修改完善对应脚本程序实现正确功能。

表7-16　虚拟仿真常见错误与排除方法

序号	常见错误现象	排除方法
1	电梯开关门动画不正确	检查开关门策略脚本程序
2	外呼按键指示灯不正确	检查外呼指示策略脚本程序
3	内呼按键指示灯不正确	检查内呼指示策略脚本程序
4	楼层数值显示不正确	检查平层和楼层显示脚本程序中的楼层显示程序
5	轿厢高度显示错误	检查模拟运行策略脚本程序中的垂直移动动画程序
6	不能开门	检查模拟运行策略脚本程序中的开门驱动程序
7	不能关门	检查模拟运行策略脚本程序中的关门驱动程序
8	上下行指示错误	检查模拟运行策略脚本程序中的电梯上、下行指示程序
9	上下行响应逻辑错误	检查模拟运行策略脚本程序中的上行驱动和下行驱动涉及的相关程序

5 任务评价

虚拟仿真功能测试评分表如表7-17所示。

表7-17　虚拟仿真功能测试评分表

评分表		工作形式			工作时间/min	
学年		□个人　　　　□小组分工　　　　□小组				
任务	训练内容	训练要求			学生自评	教师评分
虚拟仿真运行	组态设计，45分	(1) 轿厢高度数值显示框编辑，2分				
		(2) 开门延时数值设置框编辑，2分				
		(3) 楼层数值显示框编辑，2分，				
		(4) 工作模式选择按键编辑，2分				
		(5) 工作模式文字提示信息编辑，2分				
		(6) 外呼、内呼按键编辑合计10个，每处2分，计20分				
		(7) 开门、关门按键2个，每处2分，合计4分				
		(8) 上、下行箭头编辑2个，每处1分，合计2分				
		(9) 轿厢运行轨迹编辑，2分				
		(10) 各楼层门合计4处，每处1分，合计4分				
		(11) 组态界面美观分，3分				
	虚拟仿真，45分	(1) 轿厢高度显示正确，2分				
		(2) 按延时数值开门动作，2分				
		(3) 楼层数值显示正确，2分，				
		(4) 工作模式选择按键可以切换，2分				
		(5) 工作模式文字提示信息动画正确，2分				
		(6) 外呼、内呼按键功能及指示正确，每处1分，计10分				
		(7) 开、关门功能及指示正确，每处3分，合计6分				
		(8) 上、下行箭头指示正确，每处1分，合计2分				
		(9) 轿厢运行轨迹动画正确，4分				
		(10) 各楼层门开关门动画正确，6分				
		(11) 电梯模拟运行控制逻辑正确，7分				
	职业素养与安全意识，10分	现场安全保护；分工合作，配合紧密；遵守纪律，6S管理				

练习与提高

1.如何实现层门开关门动画快慢的调整？

2.如何实现轿厢升降动画快慢的调整？

任务3　电梯运行监控

任务目标

（1）掌握触摸屏与PLC的连接和通信参数的设置方法；

（2）会编辑下载运行监控脚本程序；

（3）能操作电梯模型设备，调试运行监控组态界面。

任务描述

设置触摸屏的PLC设备组态参数，编辑下载运行监控脚本程序；正确完成触摸屏与电梯实物模型的通信连接，实现数字孪生运行监控功能。

任务训练

1 设备窗口组态设计

MCGS公司的TPC7062Ti触摸屏连接三菱FX3U系列PLC。在设备窗口中设置通用串口父设备，父设备下挂子设备三菱_FX系列编程口。设置通用串口父设备端口号为COM1，波特率为9 600Bd，数据位7位，停止位1位，偶校验。设置CPU类型FX3UCPU，按照表7-2外部数据进行设备通道连接。

扫一扫

运行监控策略编辑

2 设计运行监控策略

双击"运行监控策略"新增策略行，表达式条件中输入"模拟监控切换=0"，功能块中添加"脚本程序"。"运行监控"脚本程序需要调用"内呼指示策略"和"外呼指示策略"用户策略，但不需要调用"平层和楼层显示"用户策略，平层和楼层显示驱动信号由触摸屏连接通道从PLC中获取。详细的"运行监控"脚本程序如表7-18所示。（可观看二维码录屏）

表7-18 "运行监控"脚本程序

代码

电梯PLC程序

```
!SetStgy(内呼指示策略)
!SetStgy(外呼指示策略)
'//将2进制数转换成10进制数显示楼层数值
IF 显示驱动AY17=1 AND 显示驱动BY20=0 AND 显示驱动CY21=0 THEN  楼层显示D20=1
IF 显示驱动AY17=0 AND 显示驱动BY20=1 AND 显示驱动CY21=0 THEN  楼层显示D20=2
IF 显示驱动AY17=1 AND 显示驱动BY20=1 AND 显示驱动CY21=0 THEN  楼层显示D20=3
IF 显示驱动AY17=0 AND 显示驱动BY20=0 AND 显示驱动CY21=1 THEN  楼层显示D20=4
'//上下行动画与电梯轿厢同步调整用。若与实际不同步，可根据实际轿厢运行速度调整动画步长20数据大小来改善
IF 电梯上行指示M70=1 and 高度显示D10<1500 THEN  高度显示D10=高度显示D10+20
IF 电梯下行指示M71=1 and 高度显示D10>0   THEN  高度显示D10=高度显示D10-20
'//平层信号与轿厢高度同步调整用。若与实际不同步产生严重突调，可调整上述步长改善。
IF 一层平层信号M500 THEN 高度显示D10=0
IF 二层平层信号M501 THEN 高度显示D10=500
IF 三层平层信号M502 THEN 高度显示D10=1000
IF 四层平层信号M503 THEN 高度显示D10=1500
```

3 PLC程序设计与编辑

根据电梯运行流程图7-16所示，PLC控制程序设计主要包含楼层判断显示模块、厅外呼叫按键指示模块、厅内呼叫按键显示模块、电梯高速运行和低速减速模块、电梯平层模块、电梯开门到位延时模块、电梯关门到位模块、上下行顺向截梯模块。

4 任务评价

下载触摸屏组态界面和PLC程序至四层电梯模型，在运行监控模式下进行功能测试和评分，如表7-19所示。操作四层电梯模型的内呼和外呼按钮，或按下触摸屏上的内呼和外呼按钮，电梯模型按照控制逻辑运行，且电梯模型上的各种指示、数值、标志与触摸屏完全一致，实现数字孪生功能。

表7-19 运行调试功能测试评分表

评分表 ____学年		工作形式 □个人 □小组分工 □小组		工作时间/min _____	
任务	训练内容	训练要求		学生自评	教师评分
电梯运行监控	组态设计，45分	(1) 轿厢高度数值显示框编辑，2分 (2) 开门延时数值设置框编辑，2分 (3) 楼层数值显示框编辑，2分， (4) 工作模式选择按键编辑，2分 (5) 工作模式文字提示信息编辑，2分 (6) 外呼、内呼按键编辑合计10个，每处2分，计20分 (7) 开门、关门按键2个，每处2分，合计4分 (8) 上、下行箭头编辑2个，每处1分，合计2分 (9) 轿厢运行轨迹编辑，2分 (10) 各楼层门合计4处，每处1分，合计4分 (11) 组态界面美观分，3分			
	运行调试，45分	(1) 轿厢高度显示正确，2分 (2) 按延时数值开门动作，2分 (3) 楼层数值显示正确，2分， (4) 工作模式选择按键可以切换，2分 (5) 工作模式文字提示信息动画正确，2分 (6) 外呼、内呼按键功能及指示正确，每处1分，计10分 (7) 开、关门功能及指示正确，每处3分，合计6分 (8) 上、下行箭头指示正确，每处1分，合计2分 (9) 轿厢运行轨迹动画正确，4分 (10) 各楼层门开关门动画正确，6分 (11) 电梯模拟运行控制逻辑正确，7分			
	职业素养与安全意识，10分	现场安全保护；分工合作，配合紧密；遵守纪律，6S管理			

练习与提高

1. 如何实现触摸屏层门开关门动画和电梯模型动作一致？

2. 如何实现触摸屏轿厢升降动画和电梯模型速度一致？

项目八

➡ "自动化生产线安装与调试" 全国技能大赛组态设计

"自动化生产线安装与调试"是由教育部主办的全国职业院校技能大赛赛项之一，采用YL-335B自动线综合实训设备作为竞赛平台，综合了可编程控制器、变频器、嵌入式触摸屏、伺服驱动器、传感器、工业网络、气动、电气接线等技术，以大赛引领专业教学。

任务一　YL-335B自动化生产线实训装置概述

🐰 任务目标

（1）了解全国"自动化生产线安装与调试"大赛；

（2）了解全国"自动化生产线安装与调试"大赛设备YL-335B结构组成。

二十大报告
知识拓展8

🐝 任务描述

学习YL-335B自动化生产线装置，了解工艺流程，熟悉硬件结构和组成。

🏆 任务训练

1 YL-335B自动化生产线结构组成

YL-335B是浙江亚龙科技集团有限公司生产的自动化生产线实训考核装备，由安装在铝合金导轨实训台上的供料单元、加工单元、装配单元、输送单元和分拣单元5个单元组成。其外观如图8-1所示。

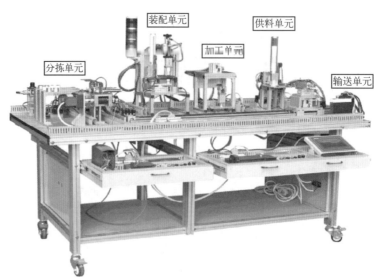

图8-1　亚龙YL-335B实训装置外观图

在各单元联机控制方面，YL-335B采用了基于RS-485串行通信的PLC网络控制方案，即一个工作单元由一台PLC承担其控制任务，各PLC之间通过RS-485串行通信实现互连的分布式控制方式。

2 YL-335B的控制系统

（1）工作单元系统

YL-335B的每一工作单元的工作都由一台PLC控制。其PLC有三种配置，一是三菱FX系列，二是西门子S7-200系列，三是汇川H2U系列。本项目以三菱FX系列PLC为例进行讲解。各工作单元的PLC配置如下：

① 供料单元：FX3U-32MR主单元，共16点输入，16点继电器输出。

② 加工单元：FX3U-32MR主单元，共16点输入，16点继电器输出。

③ 装配单元：FX3U-48MR主单元，共24点输入，24点继电器输出。

④ 分拣单元：FX3U-48MR主单元，共24点输入，24点继电器输出。

⑤ 输送单元：FX3U-48MT主单元，共24点输入，24点晶体管输出。

（2）联机运行网络系统

当各工作单元通过网络互连构成一个分布式的控制系统时，对于采用三菱FX系列PLC的设备，YL-335B的标准配置是采用了基于RS-485串行通信的*N:N*通信方式。设备出厂的控制方案如图8-2所示。

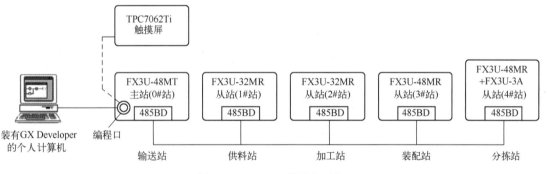

图8-2　YL-335B的通信网络

3 "自动化生产线安装与调试" 2017年国赛题控制要求

文本

2017 年国赛
样题

（1）输送单元单站人机界面组态的要求

输送单元单站运行时，设备复位、启动和停止等主令信号均由人机界面控制，此外，人机界面尚应显示设备的工作状态，包括：设备工作模式（单站/联机）、设备原点确认、初始状态、运行状态、急停状态、越程故障状态，以及运行时机械手装置的当前位置等信息。按照以上要求组态输送单元单站测试界面如图8-3所示。

（2）联机运行的人机界面组态的要求

在输送站单站组态的基础上，有欢迎界面和联机运行两个用户窗口。

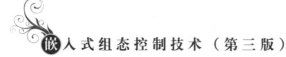
欢迎界面是TPC的启动界面，其功能是根据系统工作模式（单站/联机）的选择，切换到单站测试界面或联机界面如图8-4所示。

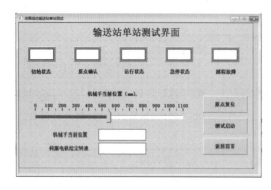

图8-3　输送站单站测试组态

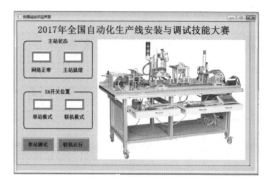

图8-4　欢迎界面

图8-5所示给出联机界面的动画画面，具体的组态要求如下：

① 提供系统启动/停止的主令信号。

② 在界面上设定分拣站变频器的输入运行频率（15～35 Hz，整数），并动态显示变频器的实际输出频率（精确到0.1 Hz）。

③ 在人机界面上动态显示输送单元机械手装置当前位置（显示精度为0.01 mm）。

④ 指示网络的运行状态（正常、故障）。

⑤ 在界面上指示已完成分拣的套件数。

⑥ 指示各工作站的工作模式，准备就绪、运行/停止、故障状态。

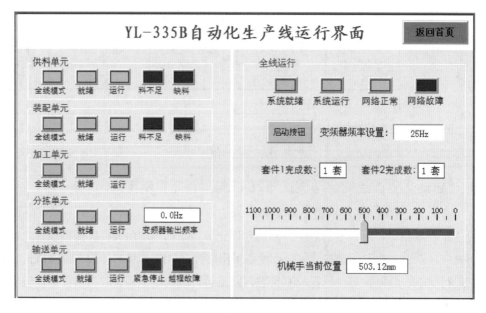

图8-5　联机运行的人机界面

练习与提高

1. YL-335B自动化生产线接线方式有什么特点？

2. YL-335B自动化生产线中用到了哪些类型传感器？

3. 光电传感器如何进行调试？

4. 简述光纤传感检测原理。如何进行调试？

任务二 自动化生产线组网

 任务目标

（1）熟悉自动化生产线 $N:N$ 通信网络的硬件；

（2）熟悉自动化生产线 $N:N$ 网络的使用；

（3）掌握自动化生产线组网的原理及方法。

任务描述

$N:N$ 网络是两台PLC之间的并行通信。FX3U PLC自带一组485端口。不多于八台的PLC通过 $N:N$ 网络连接电缆（485通信线）连接各PLC，进行软元件相互链接来完成数据传输。

任务训练

1 自动化生产线组网的结构和原理

$N:N$ 网络功能，就是在最多八台FX可编程控制器之间，通过RS-485通信连接，应用特殊辅助继电器和数据寄存器在两台PLC之间进行自动地数据传送，进行软元件相互链接的功能。

① 根据要链接的点数，有三种模式可以选择，如表8-1所示。

表8-1 三种模式

站号		模式0		模式1		模式2	
		位软元件（M）	位软元件（D）	位软元件（M）	位软元件（D）	位软元件（M）	位软元件（D）
		0点	各站4点	各站32点	各站4点	各站64点	各站8点
主站	站号0	—	D0～D3	M1000～M1031	D0～D3	M1000～M1063	D0～D7
从站	站号1	—	D10～D13	M1064～M1095	D10～D13	M1064～M1127	D10～D17
	站号2	—	D20～D23	M1128～M1159	D20～D23	M1128～M1191	D20～D27
	站号3	—	D30～D33	M1192～M1223	D30～D33	M1192～M1255	D30～D37
	站号4	—	D40～D43	M1256～M1287	D40～D43	M1256～M1319	D40～D47
	站号5	—	D50～D53	M1320～M1351	D50～D53	M1320～M1383	D50～D57
	站号6	—	D60～D63	M1384～M1415	D60～D63	M1384～M1447	D60～D67
	站号7	—	D70～D73	M1448～M1479	D70～D73	M1448～M1511	D70～D77

② 数据的链接是在最多八台FX可编程控制器之间自动更新。

③ 总延长距离最大可达500 m。

根据所使用的从站数量，占用的链接点数也有所变化。

例如，模式1中连接三台从站时，占用M1000～M1223，D0～D33，此后可以作为普通的控制用软元件使用。

（没有连接的从站的链接软元件可以作为普通的控制用软元件使用，但是如果预计今后会增加从站的情况时，需事先空出。）

2 硬件准备

使用五台FX3U PLC内置485通信板，无需准备FX3U-485ADP模块，但须完成N:N网络电缆的制作与连接。N:N网络的连接电缆采用屏蔽双绞线。在网络终端站，连接电缆的 SDA 与 RDA，SDB 与 RDB 通过软线与冷压端子短路连接，如图8-6所示。

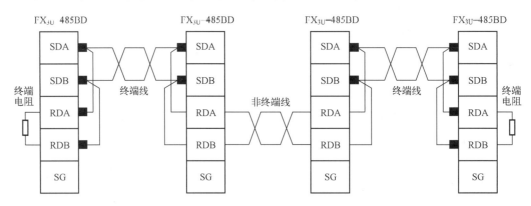

图8-6　N:N电缆的制作

3 硬件连接

把每两台PLC用通信电缆连接起来就组成N:N网络，如图8-7所示。

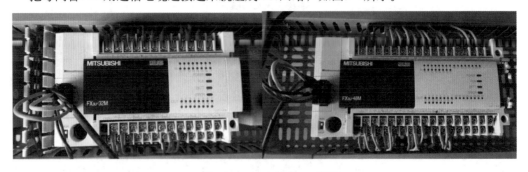

图8-7　PLC之间的N:N连接

4 通信参数设定

三菱FX3U PLC可以在软件中进行串行通信参数设定，而不需要在程序中对D8120（D8400，D8420）串行参数进行设定。设定步骤如下：

（1）打开参数设定

双击工程列表下的"参数"中的"PLC参数"，如图8-8所示。

图8-8　参数设定页面

（2）串行参数设定

选择要使用的通道，打开"FX参数设置"对话框，切换到"PLC系统（2）"选项卡，取消选中"通信设置操作"复选框，如图8-9所示。

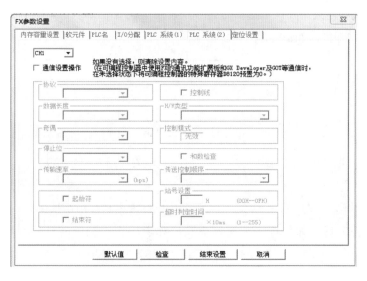

图8-9　串行参数设定

（3）编写测试程序

以输送站为主站，编写主站的测试程序，如图8-10所示。

代码

2017年国赛
样题输送站
PLC程序

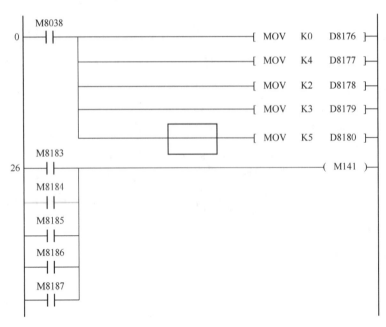

图8-10　主站N:N测试程序

程序中主站为0号站，4个从站，刷新范围为模式2，用于发送接收各可编程控制器之间的信息的位软元件为各64点，字软元件为各8点，重试时间为3次，监视时间为5s。主站及4个从站任意出现报错时，则M141得电。

从站的测试程序只需要设定站点的编号，其他参数不用设定。以供料站为例，只要把供料站设为1号从站即可，如图8-11所示。

图8-11　供料站N:N测试程序

代码
2017年国赛
样题加工站
PLC程序

用同样的方法分别把加工站、装配站、分拣站设为2、3、4号从站。

（4）通信测试

先把各站的测试程序写入PLC，并把各PLC的状态从stop切换到run。观察通信状态灯RD和SD是否闪烁，如闪烁，则通信成功。如未闪烁，则查M8183～M8187状态，确定故障的站。

（5）N:N网络应用

链接软元件在模式2时用于发送和接收的位软元件的个数为64点，字软元件为8点，如表8-2所示。

表8-2　N:N模式2连接软元件表

站号	0号站（主站）	1号站	2号站	3号站	4号站
位软元件 （各64点）	M1000～M1063	M1064～M1127	M1128～M1191	M1192～M1255	M1256～M1319
字软元件 （各8点）	D0～D7	D10～D17	D20～D27	D30～D37	D40～D47

供料站链接位软元件程序如图8-12所示。

供料站程序中把其他站要读出的信息M20、M10、X014、X005分别放到本站链接软元件M1064～M1067中。

代码
2017年国赛样题供料站PLC程序

```
29    M20
      ─┤├──────────────────────────────────────────( M1064 )

31    M10
      ─┤├──────────────────────────────────────────( M1065 )

33    X014
      ─┤├──────────────────────────────────────────( M1066 )

35    X005
      ─┤╱├─────────────────────────────────────────( M1067 )
```

图8-12　供料站链接位软元件

而在输送站程序中可以直接读取M1066、M1064的值，如图8-13所示。

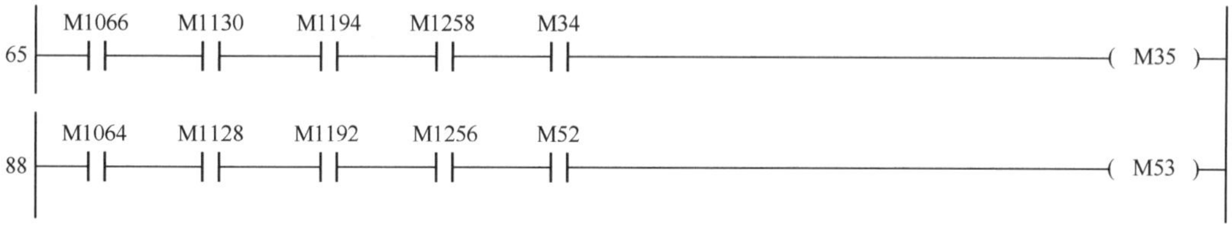

```
65    M1066  M1130  M1194  M1258  M34
      ─┤├───┤├────┤├────┤├────┤├────────────────( M35 )

88    M1064  M1128  M1192  M1256  M52
      ─┤├───┤├────┤├────┤├────┤├────────────────( M53 )
```

图8-13　在主站读取供料站的位软元件的值

在装配站中可以直接读取M1067的值，如图8-14所示。

代码
2017年国赛样题装配站PLC程序

图8-14　在装配站读取供料站软元件信息

对于字软元件，在输送站D1002设定变频器的频率，由于变频器在分拣站，此设定值需要在分拣站程序中读出。则要把D1002的值传送到主站的链接字软元件中，程序如图8-15所示。

代码

2017年国赛样题分拣站PLC程序

图8-15　输送站在D1002设定变频器频率值

在分拣站中，读出本机中D0的值再进行处理，程序如图8-16所示。

图8-16　在分拣站上读取设定频率值并进行运算

练习与提高

1. 三菱公司*N:N*网络有几种模式？
2. *N:N*网络如何实现数据共享？
3. 触摸屏如何通过*N:N*网络读写PLC从站信号？

代码

2017年国赛样题组态程序

任务三　2017年自动化生产线安装与调试样题组态设计

任务目标

（1）以TPC7062KS触摸屏为上位机，与系统主站PLC连接，实现触摸屏与4台PLC组网；

（2）进行组态画面设计，要求用户窗口包括欢迎界面、输送站单站测试界面和联机界面三个主窗口；

（3）按照任务训练要求，完成组态设计，提高软件设计熟练程度；

（4）以输送站为主站，采用触摸屏实现自动化生产线联机运行控制及状态监控。

任务描述

通过嵌入式组态TPC实现自动化生产线四站联机运行控制与监控。

2017年全国大赛样题较往年相比在MCGS组态要求方面更为灵活，突出人机对话功能，要求选手在充分理解MCGS组态机制的情况下，冷静思考，灵活应用，才有可能在紧张赛场上有很好地发挥。任务要求触摸屏连接到输送站PLC，要求用户窗口包括欢迎界面、输送站单站测试界面和联机运行界面三个主窗口。

任务训练

1 任务要求

（1）欢迎界面

欢迎界面是启动界面，在"网络正常"和"主站就绪"指示灯亮的情况下，当SA开关位置为单站模式（指示灯亮）时，按下"单站测试"按钮，将切换到输送站测试界面。SA开关位置在"联机模式"且"网络正常""主站就绪"指示灯亮时按下"联机运行"按钮则切换到联机运行界面，如图8-17所示。

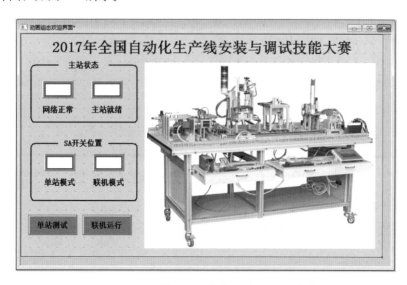

图8-17 欢迎界面

（2）输送站单站测试界面

输送站单站测试界面如图8-18所示，具有下列功能：

① 使用界面中的按钮实现设备复位、测试启动和停止等主令信号。

② 界面上应能显示设备的工作状态，包括：设备工作模式（单站/联机）、设备原点确认、初始状态、运行状态、急停状态、越程故障状态。能显示当前抓取机械手沿直线导轨运动的方向和速度数值。

③ 测试界面应提供切换到主界面的按钮，在单站测试完成条件下，可切换到主窗口界面。

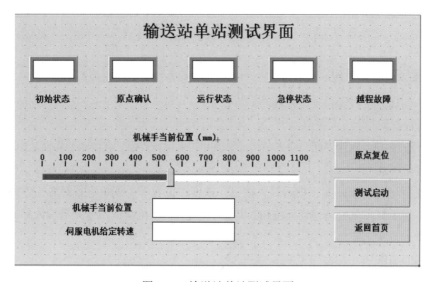

图8-18 输送站单站测试界面

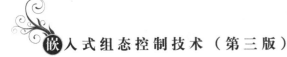

（3）联机运行界面

联机运行界面如图8-19所示，具有下列功能：

① 提供系统启动/停止的主令信号。

② 在界面上设定分拣站变频器的输入运行频率（15～35 Hz，整数），并动态显示变频器的实际输出频率（精确到0.1 Hz）。

③ 在人机界面上动态显示输送单元机械手装置当前位置（显示精度为0.01 mm）。

④ 指示网络的运行状态（正常、故障）。

⑤ 在界面上指示已完成分拣的套件数。

⑥ 指示各工作站的工作模式，准备就绪、运行/停止、故障状态。

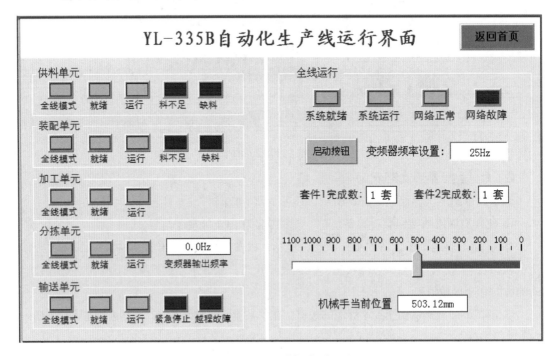

图8-19　联机界面

2　工程分析和创建

根据工作任务，对工程分析并规划如下：

（1）工程框架

有3个用户窗口：欢迎界面、输送站测试界面和联机运行界面，其中欢迎界面是启动界面。

（2）数据对象

输送站测试各切换开关、指示灯、按钮、速度、位置等；连机运行时各工作站以及全线的工作状态指示灯、单机全线切换旋钮、启动、停止、复位按钮、变频器输入频率设定、机械手当前位置及速度等。

（3）图形制作

欢迎界面窗口：①图片：通过位图装载实现；②文字：通过标签实现；③按钮：由对象

元件库引入。

输送站测试界面窗口：①文字、机械手当前位置：通过标签构件实现；②机械手速度采用文本显示框；③返回欢迎界面按钮采用标准按钮。

联机运行界面窗口：①文字：通过标签构件实现；②各工作站以及全线的工作状态指示灯、时钟：由对象元件库引入；③单机全线切换旋钮、启动、停止、复位按钮：由对象元件库引入；④套件数量设定、输入频率设置：通过输入框构件实现；⑤机械手当前位置：通过标签构件和滑动输入器实现。

（4）流程控制

通过循环策略中的脚本程序策略块实现。

3 定义数据对象

① 单击工作台中的"实时数据库"窗口标签，进入实时数据库窗口页。

② 单击"新增对象"按钮，在窗口的数据对象列表中，增加新的数据对象。

③ 选中对象，单击"对象属性"按钮，或双击选中对象，则打开"数据对象属性设置"窗口。然后编辑属性，最后单击"确定"按钮。表8-3所示列出了全部数据对象。

表8-3　数据对象

序号	对象名称	类型	序号	对象名称	类型
1	网络正常	开关型	22	加工单元全线模式	开关型
2	主站就绪	开关型	23	加工单元就绪	开关型
3	单站模式	开关型	24	加工单元运行	开关型
4	联机模式	开关型	25	分拣单元全线模式	开关型
5	初始状态	开关型	26	分拣单元就绪	开关型
6	原点确认	开关型	27	分拣单元运行	开关型
7	运行状态	开关型	28	变频器输出频率	数值型
8	急停状态	开关型	29	输送单元全线模式	开关型
9	越程故障	开关型	30	输送单元就绪	开关型
10	原点复位	开关型	31	输送单元运行	开关型
11	测试启动	开关型	32	输送单元紧急停止	开关型
12	供料单元全线模式	开关型	33	输送单元越程故障	开关型
13	供料单元就绪	开关型	34	系统就绪	开关型
14	供料单元运行	数值型	35	系统运行	开关型
15	供料单元料不足	开关型	36	系统网络正常	开关型
16	供料单元缺料	开关型	37	系统网络故障	开关型
17	装配单元全线模式	开关型	38	启动按钮	开关型
18	装配单元就绪	开关型	39	变频器设定频率	数值型
19	装配单元运行	开关型	40	机械手当前位置	数值型
20	装配单元料不足	开关型	41	套件1完成数	数值型
21	装配单元缺料	开关型	42	套件2完成数	数值型

4 欢迎界面组态

（1）建立欢迎界面

选中"窗口0"，名称改为"欢迎界面"，窗口标题改为"欢迎界面"。选择下拉菜单中的"设置为启动窗口"选项，将该窗口设置为运行时自动加载的窗口。

（2）编辑欢迎界面

选中"欢迎界面"窗口图标，单击"动画组态"按钮，进入动画组态窗口开始编辑界面。

① 装载位图：选择"工具箱"内的"位图"按钮，鼠标的光标呈"十字"形，在窗口左上角位置拖动鼠标，拉出一个矩形，使其填充整个窗口。在位图上右击，在弹出的快捷菜单中选择"装载位图"选项，找到要装载的位图，单击选择该位图，如图8-20所示，然后单击"打开"按钮，则该图片装载到了窗口。

图8-20 装载位图

② 制作按钮：单击绘图工具箱中"标准按钮"图标，在窗口中拖出一个大小合适的按钮，双击按钮，弹出图8-21（a）所示的"标准按钮构件属性设置"对话框，在"基本属性"选项卡中文本处输入"单站测试"。在"可见度属性"选项卡中选中"按钮可见"；在"操作属性"选项卡中单击"按下脚本"，打开用户窗口时选择主画面，并在"抬起脚本"程序处写入"IF 设备0_只读X0027=0 THEN用户窗口.输送站单站测试.open() endif"。用同样方法完成"联机运行"按钮的制作。

（a）"基本属性"选项卡 （b）"操作属性"选项卡

图8-21 欢迎界面按钮制作

③ 制作指示灯：以单站模式指示灯为例，单击绘图工具箱中的"插入元件"图标找到图形对象库中的"指示灯"，选中"指示灯6"，单击"确定"按钮，再双击指示灯，属性中数据对象设置填充颜色及动画连接属性链接变量为X0027，如图8-22所示。

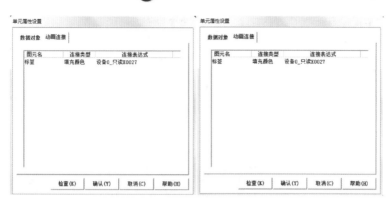

图8-22　制作指示灯

④ 制作文字框图：

a. 选择"工具箱"内的"标签"按钮，拖动到窗口上方中心位置，根据需要拉出一个大小适合的矩形。在鼠标光标闪烁位置输入文字"2017年全国自动化生产线安装与调试技能大赛"，按【Enter】键或在窗口任意位置用鼠标单击一下，完成文字输入。

b. 静态属性设置：文字框的背景颜色：没有填充；文字框的边线颜色为：没有边线；字符颜色：黑色；文字字体：华文细黑，字型：粗体，大小为二号。

5 输送站单站测试组态

（1）建立传输站测试界面

① 选中"窗口1"，单击"窗口属性"按钮，进入用户窗口属性设置。

② 修改窗口名称：主界面窗口标题改为输送站单站测试界面；"窗口背景"中，选择所需要颜色。

（2）输送站测试界面制作和组态

按如下步骤制作和组态输送站测试界面：

① 制作输送站测试界面的标题文字、指示灯，如图8-23所示，再制作测试按钮，如图8-24所示。

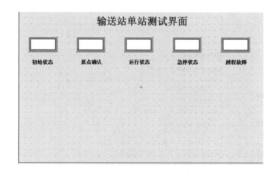

图8-23　标题、指示灯

图8-24　测试按钮

② 返回首页按钮。选择标准按钮，在"基本属性"选项卡的文本中输入"返回首页"，在"操作属性"选项卡中选中"打开用户窗口"复选框，选择"欢迎界面"选项，如图8-25所示。

图8-25　返回首页按钮制作

③ 机械手当前位置滑动块的制作。先在工具栏选择滑动块，绘制如图8-26所示，双击滑动块进行属性设置，"刻度属性"主划线"11"，次划线"2"，标注间隔"1"，小数位数"0"，在"操作属性"选项卡中的对应数据对象的名称"机械手当前位置"，滑块在最左（下）边时对应的值"0"，滑块在最右（上）边时对应的值"1100"，如图8-27所示。

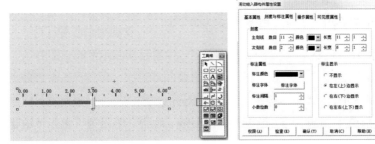

图8-26　制作滑块　　　　　　　　　　　　图8-27　滑动块属性设置

④ 伺服电动机转速给定及机械手当前位置输入及显示框的组态。

在工具栏中单击Ａ按钮绘制标签，双击进行属性设置，输入输出连接选择"显示输出"，则出现"显示输出"属性页面，选择表达式为"设备0_读写DWUB1000"，单位"r/min"，输出值类型"数值量输出"，输出格式"浮点输出"，如图8-28所示。用同样的方法制作"机械手当前位置"显示。

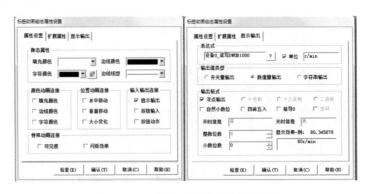

图8-28　伺服电动机转速输入框制作

6 联机界面组态

（1）建立联机运行界面

① 选中"窗口2"，单击"窗口属性"按钮，进入用户窗口属性设置。

② 修改窗口名称：主界面窗口标题改为联机运行界面；"窗口背景"中，选择所需要颜色。

（2）联机运行界面制作和组态

按如下步骤制作和组态主界面：

① 制作联机运行界面的标题文字、插入时钟，在工具箱中选择直线构件，把标题文字下方的区域划分为如图8-29所示的两部分。区域左边制作各从站单元界面，右边制作主站输送单元界面。

② 制作各从站单元界面并组态。以供料单元组态为例，其界面如图8-30所示，图中还指出了各构件的名称。"料不足"和"缺料"状态指示灯有报警时闪烁功能的要求，设置的颜色是红色，并且还需组态闪烁功能。步骤是：选择插入元件，找到指示灯6，在"属性设置"选项卡的特殊动画连接中单击"标签 填充颜色"右边的"》"标记，在属性设置中选择合适的灯的填充颜色，选中"闪烁效果""填充颜色"复选框，旁边就会出现"闪烁效果"选项卡，如图8-31所示，切换到"闪烁效果"选项卡，表达式选择为"设备0_读写M1068"；在"闪烁实现方式"选项组中选中"用图元属性的变化实现闪烁"复选框；填充颜色选择红色，如图8-32所示。

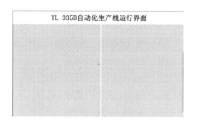

图8-29 主画面区域划分

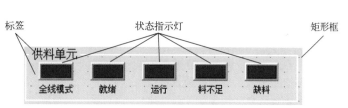

图8-30 供料单元界面

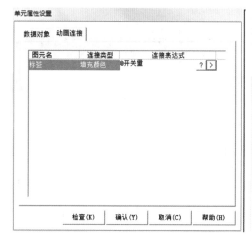

图8-31 属性设置

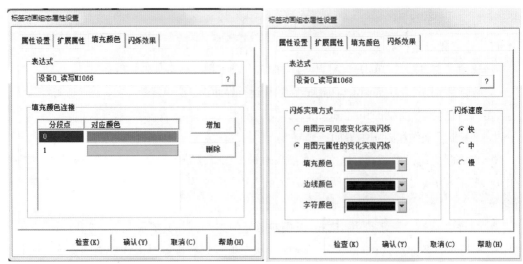

（a）"填充颜色"选项卡　　　　　　（b）"闪烁效果"选项卡

图8-32　具有报警时闪烁功能的指示灯制作

7　设备连接

① 打开"设备工具箱"，在可选设备列表中，双击"通用串口父设备""三菱_FX系列串口"。

② 设置通用串口父设备的基本属性，如图8-33、图8-34所示。

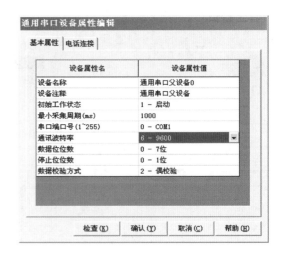

图8-33　通用串口父设备的基本属性1　　　图8-34　通用串口父设备的基本属性2

③ 双击"三菱_FX系列串口"，按表8-2的数据，逐个"增加设备通道"，如图8-35所示。窗口中变量数据不全，请按表8-2所示添加，同时PLC连接通道参照PLC输入输出信号进行连接。

图8-35　设备编辑窗口

8 联机调试与评价

（1）按照样题要求，以输送站为主站，编写各工作单元控制程序。

（2）修改PLC程序，建立与触摸屏控制对应数据连接通道。

（3）下载组态程序到触摸屏，并运行。

（4）功能测试。

① 欢迎界面测试。

a. 欢迎界面是否正确，正常指示联机状态；

b. 单击按钮，能否切换到输送站测试窗口及联机窗口；

② 输送站测试窗口测试。

a. 能否正确显示初始状态、原点确认、运行状态、急停状态、越程故障。

b. 按下原点复位按钮，伺服能否回到工作原点，读取复位后机械手当前位置。

c. 给定伺服机械手的转速，按下测试启动按钮，观察伺服当前位置是否变化，滑动块是否能够滑到滑动条上正确的位置。

d. 按下"返回首页"，能否回到欢迎界面。

③ 按下联机运行按钮，是否进入联机运行主界面。

a. 能否进行单机全线切换，各站单机/全线指示是否正确。

b. 在变频器频率给定输入框中输入设定频率40 Hz。

c. 按下启动按钮，能否实现全线运行启动。观察各站运行流程是否正确。

d. 观察各站监控状态是否正确。

e. 观察完成套件数是否正确变化。

f. 观察机械手当前位置显示是否正确。

g. 按下返回按钮，能否停止运行。重新按下启动按钮，继续运行。

h. 达到设定套件数量时，能否自行停止运行。

i. 按下返回首页按钮，能否进入欢迎界面。

④ 常见问题处理。

a. 欢迎界面文字属性设置是否正确。

b. 输送站测试窗口测试模式不能选择：选择按钮属性设置错误，PLC程序错误。

c. 机械手装置单项动作测试状态指示不正确：指示灯属性设置错误、检测传感器调整不到位等。在调试过程中，将调试结果填入功能测试表8-4中，方便解决调试故障；并根据评分表8-5对任务完成情况做出评价。

表8-4 功能测试表

结果\观察项目\操作步骤	供料站	加工站	装配站	分拣站	输送站
单站测试					
启动全线					
观察主界面机械手位置					
观察显现套件数					
停止					

表8-5 评分表

评分表 _____学年		工作形式 □个人 □小组分工 □小组		工作时间/min	
任务	训练内容	训练要求		学生自评	教师评分
"自动化生产线安装与调试全国技能大赛嵌入式组态设计	工作步骤及电路图样20分	训练步骤：系统集成；电路图；PLC数据分配清单			
	通信连接，10分	TPC与PC通信；TPC与PLC通信；			
	工程组态，完成组态界面制作，30分	设备组态；窗口组态。			
	测试与功能，整个装置全面检测，30分	欢迎界面功能；输送站测试功能；主界面单机全线功能			
	职业素养与安全意识，10分	现场安全保护；工具、器材、导线等处理操作符合职业要求；分工合作，配合紧密；遵守纪律，保持工位整洁			

学生_____ 教师_____ 日期_____

项目九

→ 触摸屏与单片机通信驱动开发实例

🐭 任务目标

(1) 掌握触摸屏与8051系列单片机的通信原理；

(2) 学会使用MCGS脚本开发8051单片机驱动程序；

(3) 掌握触摸屏与单片机的模拟调试和联机调试方法。

以单片机替代PLC完成项目四水位实时监控，要求如下：

二十大报告
知识拓展 9

(1) 实时采集水位传感器的状况，并根据采集的数据控制水泵运行，当水位高时，启动排水水泵；当水位正常时，根据触摸屏的命令确定是否需要启动进水或者排水水泵；当水位低时，启动进水水泵。

(2) 触摸屏实时显示当前的水位状况和水泵运行情况，当水位高时，水位高指示灯点亮，排水水泵运行；当水位正常时候，水位正常指示灯点亮，可通过触摸屏上的按钮启动或停止水泵运行；当水位低时，水位低指示灯点亮，进水水泵运行。

(3) 若出现液位传感器异常，触摸屏及时报警显示。

(4) 开发单片机与触摸屏通信驱动，完成监控状态设计调试运行。

在触摸屏与单片机通信驱动开发系统中，触摸屏实现监视与控制，并与单片机电路进行数据的双向传输；单片机电路采集液位传感器状态并进行状态指示，同时控制进水水泵和排水水泵，如图9-1所示。

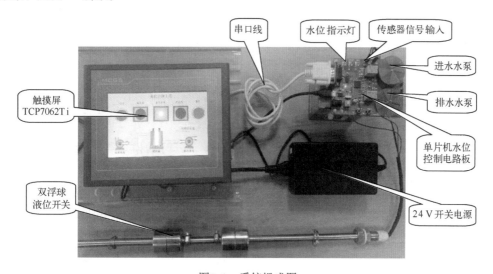

图9-1 系统组成图

双浮球液位开关是一种结构简单，使用方便的液位控制器件，它具有比一般机械开关体积小，工作寿命长等优点。其主要由磁簧开关和浮球组成，浮球内有磁性材料，在密闭的非导磁金属管或塑料管内设置一个或多个磁簧开关，然后将导管穿过一个或多个带有磁性材料的浮球，并利用固定双环控制浮球与磁簧开关在相关位置上，浮球随着液体上升或下降，利用球内靠近磁簧开头的接点，产生开与关的动作，作液位控制或指示（当浮球靠近磁簧时开关导通；离开时开关断开），双浮球液位开关干簧管接线图如图9-2所示。

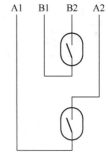

图9-2 双浮球液位开关干簧管接线图

任务一 单片机控制设计

代码

单片机控制
设计软件
程序

🐰 任务目标

（1）理解8051系列单片机的输入输出控制原理；

（2）掌握8051系列单片机的通信原理；

（3）掌握8051系列单片机的C语言编程方法。

🦅 任务描述

设计一个单片机电路，通过液位传感器采集当前水位的状态，根据液位状态对进水水泵和排水水泵进行控制，并将当前的液位状态和水泵的状态通过LED进行指示；同时将采集的液位状态和水泵的运行情况通过串口发送给MCGS触摸屏。

🏆 任务训练

 单片机水位控制板电路设计

单片机采用宏晶公司IAP15F2K61S2，该单片机采用增强型8051内核，速度比传统8051快7~12倍；片内有大容量2048字节SRAM；不需外部晶振和外部复位电路，还可对外输出时钟和低电平复位信号；具有ISP/IAP功能，无需编程器/仿真器；超高速双串口/UART，两个完全独立的高速异步通信端口，分时切换可当5组串口使用；具有硬件看门狗和超强抗干扰。

单片机水位控制电路的原理如图9-3～图9-5所示，印制电路板如图9-6所示。

首先进行单片机的I/O分配，确定输入输出点的对应功能，如表9-1所示。

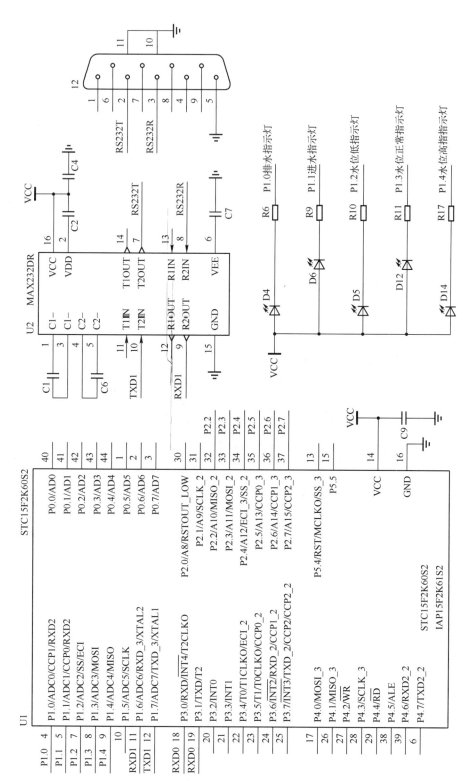

图9-3 IAP15F2K61S2单片机系统图

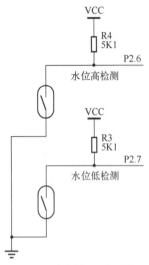

图9-4 液位检测原理图

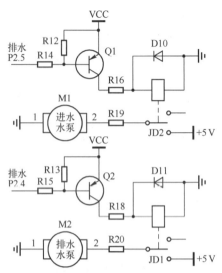

图9-5 水泵控制电路原理图

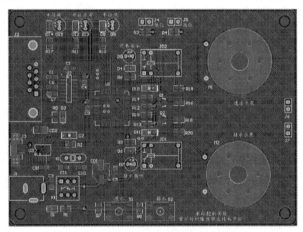

图9-6 单片机水位控制电路印制电路板

表9-1 单片机I/O分配表

端口名称	定义功能	端口名称	定义功能
P1.0（输出）	排水指示灯	P2.4（输出）	排水水泵控制
P1.1（输出）	进水指示灯	P2.5（输出）	进水水泵控制
P1.2（输出）	低水位指示灯	P2.6（输入）	高水位检测
P1.3（输出）	正常水位指示灯	P2.7（输入）	低水位检测
P1.4（输出）	高水位指示灯		

注：为使用在系统编程/在系统应用功能，故将单片机通信的端口设置在P1.6/RxD_3和P1.7/TxD_3端口。

2 单片机程序设计

在通信过程中，触摸屏作为主机，单片机控制电路板作为从机，双方规定通信协议，当从机收到主机的数据并通过校验后将从机的状态发送给主机，并执行主机发送来的命令；设置串口通信参数，波特率为：9600，数据位：8位，停止位：1位，无校验位。从机发送数据的主要如下：帧头、命令字、数据体4个字节以及"校验累加和"，共7个字节，具体如表9-2所示。

表9-2　单片机水位控制电路板发送数据格式

帧头	命令字	数据0	数据1	数据2	数据3	校验
69H	01H	液位高状态	液位低状态	进水水泵	排水水泵	求和

根据通信协议，单片机部分通信以及控制的工作流程如图9-7、图9-8所示。

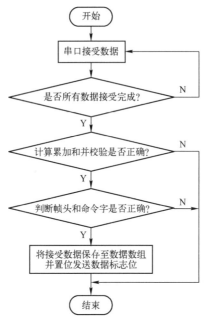

图9-7　单片机与触摸屏串口通信流程图

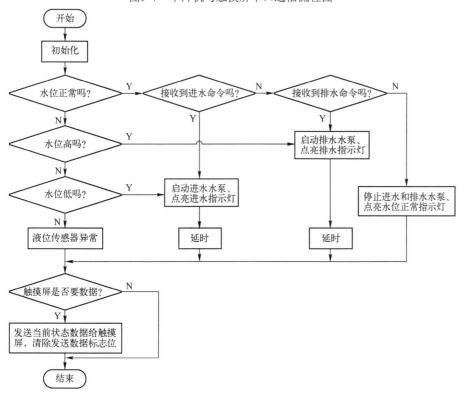

图9-8　单片机控制流程图

任务二　脚本驱动程序设计

任务目标

（1）掌握MCGS脚本驱动开发工具的使用方法；

（2）掌握MCGS脚本驱动开发工具中函数的使用方法；

（3）掌握MCGS脚本驱动与单片机电路的联机调试方法。

任务描述

编写一个MCGS脚本驱动程序，通过串口定时向单片机控制电路发送数据和命令，主要是将当前触摸屏中按钮的状态发送给单片机控制电路，单片机在收到触摸屏的命令后立即将当前采集的液位状态和水泵的运行状态回送给触摸屏。

任务训练

根据通信协议，主机（触摸屏）发送数据的格式如下：帧头、命令字、数据体2个字节以及"校验累加和"，共5个字节，具体如表9-3所示；触摸屏脚本驱动软件的程序流程图如图9-9所示，驱动程序开发步骤如下：

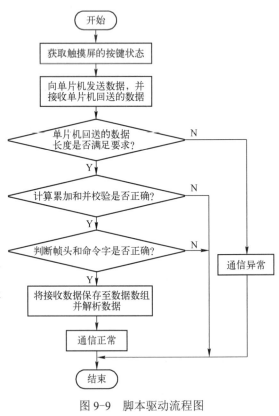

图 9-9　脚本驱动流程图

表9-3　触摸屏发送数据格式

帧头	命令字	数据0	数据1	校验
68H	10H	进水按键状态	排水按键状态	求和

1　新建脚本驱动工程

（1）双击MCGS脚本驱动开发工具的桌面快捷方式图标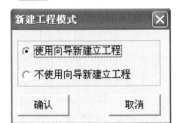，启动MCGS脚本驱动开发工具，单击"文件"菜单中"新建（N）…"选项，进入"新建工程模式"对话框，如图9-10所示。

（2）选中"使用向导新建立工程"单选按钮，单击"确认"按钮后弹出"脚本驱动生成向导"对话框，设置脚本驱动名称为"单片机通信驱动"；设置脚本驱动的注释说明为"水位控制"，其他可忽略不设置，如图9-11所示。

图9-10　向导建立工程

2 设备属性配置

在图9-11中单击"步骤1：配置属性"进入"设备属性添加"对话框，如图9-12所示，这里采用默认的设置，单击"完成"按钮即可。

图9-11 脚本驱动生成向导　　　　　图9-12 设备属性添加对话框

① 添加属性，添加除"设备地址"和"通讯延时"以外的属性，当所添加属性的数据类型选择枚举型时，属性范围处填写枚举量，并用"，"隔开；

② 删除属性，对多余的属性进行删除，其中"设备地址"和"通讯延时"为默认属性，不允许删除；

③ 设置属性，修改设置已添加的属性。

3 通道设置

在图9-11中单击"步骤2：配置通道"进入"通道信息设置"对话框，这里的通道的数量是对应于传输过程中有效数据的数量，根据通信协议，本项目中通道数量为4，删除"AI05""AI06""AI07""AI08"，如图9-13所示，单击"完成"按钮关闭此对话框。

① 添加通道，可进行批量添加操作，通道的数量主要是根据在项目中触摸屏与父设备之间交互的变量的个数来确定的；

② 删除通道，对多余的通道进行删除，其中"通讯状态"为默认通道，不允许删除；

③ 设置通道，修改设置已添加的通道，设置通道中不能修改通道个数，为了方便设计，可对通道的名称、通道类型和通道注释进行设置，如图9-14所示。

图9-13 "通道信息设置"对话框　　　　　图9-14 "通道设置"对话框

4 通道帧设置

在图9-11中单击"步骤3：配置通讯帧"进入"采集收发通讯帧设置"对话框，如图9-15所示。

（1）添加收发通讯帧

在图9-15中单击"添加收发通讯帧"按钮进入"通讯帧结构信息配置"对话框，如图9-16所示，这里的收发是对于触摸屏而言的，发送

图9-15 "采集收发通讯帧设置"对话框

帧格式就是触摸屏发给单片机水位控制电路板的数据格式，回收帧格式就是单片机回发给触摸屏的数据格式。根据通讯协议进行通讯帧结构信息配置，前面确定的主机（发送帧）格式为：帧头"68"、命令字"10"、"进水按钮状态"、"排水按键状态"以及"校验累加和"；从机（回收帧）格式如下：帧头"69"、命令字"01"、"液位高状态"、"液位低状态"、"进水水泵"、"排水水泵"以及"校验累加和"，所以通讯帧类型设置为"字节数组[HEX格式]"，发送帧格式设置为：帧头、命令体、数据体设置为2、校验；回收帧格式设置为：帧头、命令体、数据体设置为4、校验，如图9-17所示，单击"确认"按钮完成。

图9-16 通讯帧结构信息配置初始界面

图9-17 通讯帧结构信息配置界面

通讯帧结构信息配置完成后，如图9-18所示，选中已经添加的收发通讯帧，单击"设置收发通讯帧"按钮，进入图9-19所示的"命令信息设置"对话框。

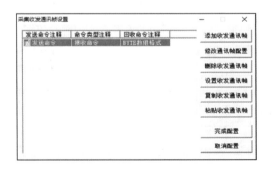

图9-18 添加收发通讯帧后界面

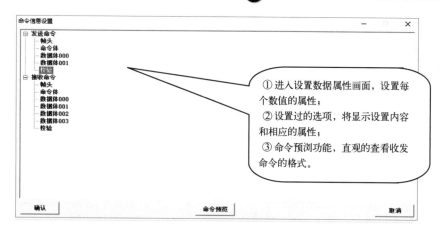

图9-19 "命令信息设置"对话框

(2) 帧数据体配置

在图9-19中双击"帧头"进入"帧数据体设置"对话框，如图9-20所示，在通讯帧结构信息配置中数据类型已设置为字节数据[HEX格式]，不可修改；数据值设置中数据长度设置为1数据单位；数据内容设置为"68"；选中"是否参与校验"复选框，如图9-21所示，单击"确认"按钮完成"帧头"配置。

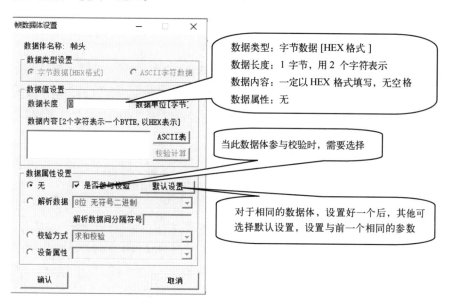

图9-20 "帧数据体设置"对话框

在图9-19中双击"命令体"进入命令体"帧数据体设置"对话框，数据类型已设置为字节数据[HEX格式]；数据值设置中数据长度设置为1数据单位；数据内容设置为"10"；选中"是否参与校验"复选框，如图9-22所示，单击"确认"按钮完成"命令体"配置。

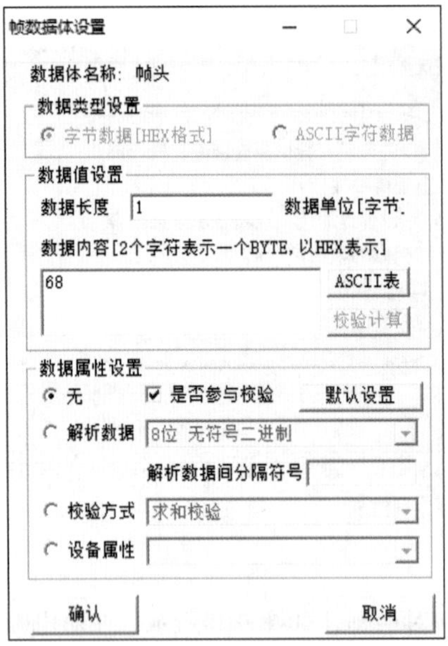

图9-21 帧头"帧数据体设置"对话框 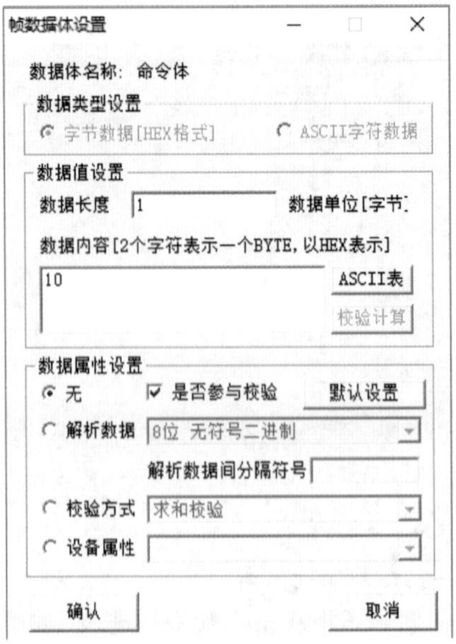　　　　图9-22 命令体"帧数据体设置"对话框

　　在图9-19中双击"数据体000"进入数据体"帧数据体设置"对话框，数据类型已设置为字节数据[HEX格式]；数据值设置中数据长度设置为1数据单位；数据内容设置为"00"；选中"是否参与校验"复选框，如图9-23所示，单击"确认"按钮完成"数据体000"配置；用同样的方法设置"数据体001"。

　　在图9-19中双击"校验"进入校验"帧数据体设置"对话框，数据类型已设置为字节数据[HEX格式]；数据值设置中数据长度设置为1数据单位；数据内容设置为空；取消选中"是否参与校验"复选框，选中"校验方式"单选按钮并设置为"求和检验"，如图9-24所示。

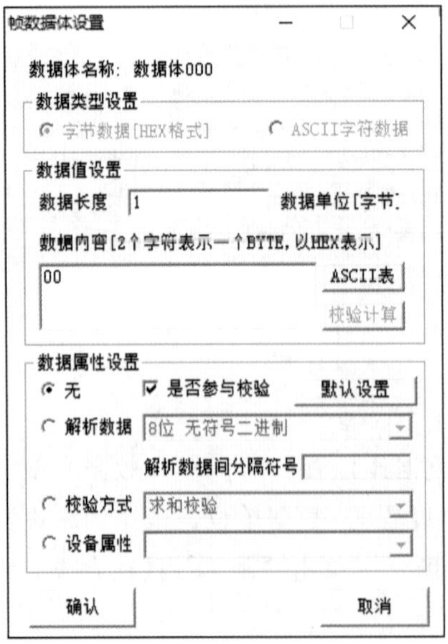

图9-23 数据体000"帧数据体设置"对话框 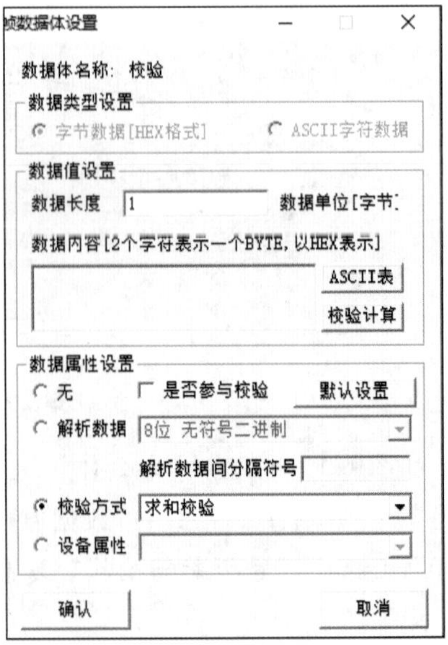　　　图9-24 校验"帧数据体设置"对话框

在图9-24所示的校验"帧数据体设置"对话框中，单击"校验计算"按钮，即可看到校验结果，如图9-25所示。如果命令中的数据都是确定的，那么可以直接计算出校验值。

图9-25　校验结果输出对话框

所有的命令信息帧设置完成后，在图9-26中单击"命令预览"按钮，进入图9-27所示的收发命令预览窗口。检查无误后，单击命令信息设置对话框的确认按钮，返回采集收发通讯帧设置对话框，然后单击"完成配置"按钮结束通讯帧配置。

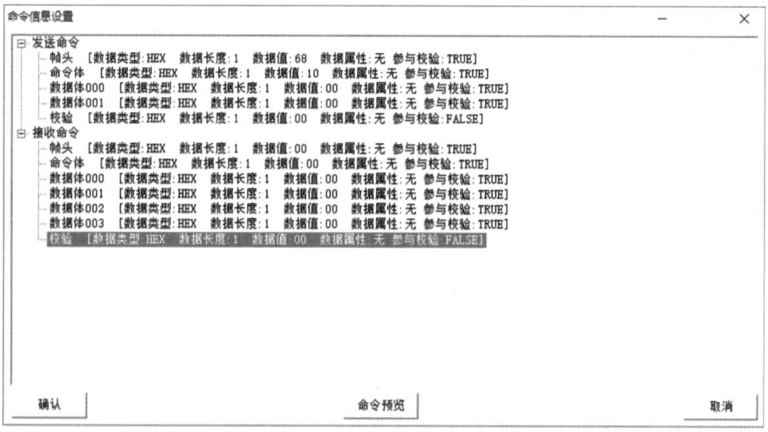

图9-26　命令信息设置预览对话框

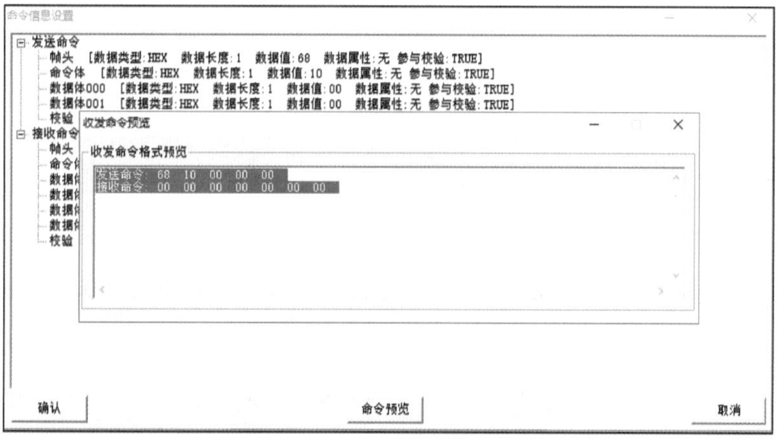

图9-27　收发命令预览对话框

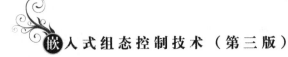

在图9-11中单击"步骤4：配置预览"可以进入"配置预览"对话框，在此预览通道和解析数据的匹配关系，并检查配置是否正确，如果正确就可以，完成配置生成驱动，否则不完成配置生成代码。正确的通道解析配置预览状况，如图9-28所示。

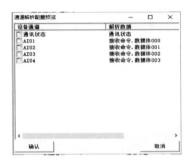

图9-28　"通道解析配置预览"对话框置

在所有的配置都完成后，在图9-11中单击"设置完成"按钮进入脚本代码编辑界面，如图9-29所示。

5　驱动程序编写及调试

（1）驱动软件编写

在图9-29所示的对话框中，主要包含通道定义和变量索引、发送命令帧并接收数据、对接收数据进行校验、对接收的数据进行解析，通讯状态检测等几部分。在此过程中，需要根据设计需要进行通道的增加、程序的修改，本项目添加了"KEY1""KEY2"通道，用于触摸屏中"进水"按钮和"排水"按钮的状态传送，"CHGQ"通道用于液位传感器状态传送。在图9-29所示的程序编辑窗口中修改脚本程序并保存全部文件。

图9-29　驱动脚本编辑界面

脚本程序

```
'————————————————————
'驱动脚本: 采集函数脚本, MCGS将定时调用这个函数
'这个函数需要完成从设备获取数据, 并将数据根据协议
'进行解析, 最后赋值到相应通道上的功能。
'这部分是注释, 请在下面编辑采集脚本的内容:
'————————————————————
'定义通道索引变量
DIM nIndex as INTEGER                  '当前回收数据解析通道的偏移索引
DIM nChlIndex as INTEGER               '当前回收数据解析通道的起始索引
'定义中间变量
DIM AAA1 as INTEGER                     '中间变量
DIM AAA2 as INTEGER                     '中间变量
DIM TEMP as INTEGER                     '中间变量
DIM TEMP1 as INTEGER                    '中间变量
'定义ASCII协议格式命令收发帧使用变量
DIM strSend as STRING                   '存放发送命令字符变量
DIM strRec as STRING                    '存放接收命令字符变量
DIM strTmp as STRING                    '临时字符变量
DIM strData as STRING                   '
'定义HEXE协议格式命令收发帧使用变量
dim SendByteArr(0) as byte             '存放发送命令字节数组
dim RecByteArr(0) as byte              '存放接收命令字节数组
dim DataByteArr(0) as byte             '存放解析数据临时字节数组
DIM nReturn as INTEGER                  '函数返回判断标志
DIM nTmp as INTEGER                     '开关型临时变量
DIM 数值数据 as SINGLE                   '解析数值型数据, 对数值型通道赋值
DIM 开关数据 as INTEGER                  '解析开关型数据, 对开关型通道赋值
nIndex = 0
nChlIndex = 0
'------------------第0帧收发脚本--------------------
!ArrayResize(SendByteArr,5)            '设定发送命令字节数组的长度为5
!GetIntChannelValueByName("KEY1",AAA1)     '将触摸屏上按键1对应的状
                                            态赋值给中间变量AAA1
!GetIntChannelValueByName("KEY2",AAA2)     '将触摸屏上按键2对应的状
                                            态赋值给中间变量AAA2
if AAA1=1 and AAA2=1 then              '若两个变量都是1, 则不合理, 需要
                                        将变量重新赋值0
AAA1=0
AAA2=0
!SetSingleChannelValueByName("KEY1",AAA1)'重置按键1的状态
!SetSingleChannelValueByName("KEY2",AAA2)'重置按键2的状态
endif
SendByteArr[1] = &H68                  '发送命令字节数组的首字节为十六进制68
```

```
SendByteArr[2] = &H10        '发送命令字节数组的第二字节为十六进制0
SendByteArr[3] = AAA1        '按键1的状态待发送
SendByteArr[4] = AAA2        '按键2的状态待发送

nReturn = !SvrByteArraySum(SendByteArr,1,4)      '求和校验
SendByteArr[5] = nReturn                          '累加和待发送

'发送和接收数据按如下方式：
!ArrayResize(RecByteArr,7) '设定接收命令字节数组的长度为7
nReturn=!DevWriteAndReadByteArr(SendByteArr,5,RecByteArr,7,
通信延时) '往父设备发送一字节数组，等待，再从父设备读取指定的长度的数据。
'往串口中发送SendByteArr数组的前5个字节，发送完毕后，再从父设备中读取
数据，如果已读到7个字节，或者通信延时内尚未取读完毕，则返回。
if nReturn <> 7 then
    !SetSingleChannelValueByName("通信状态",2) '指定通道名称选中特
定的通道，把该通道的值设置为指定的浮点数。
    exit
endif

nIndex = 1
!ArrayResize(DataByteArr,7) '存放解析数据临时字节数组的长度为7
TEMP = !SvrByteArraySum(RecByteArr,1,6) '求接收数组的前6个数据的累加和
if TEMP=RecByteArr[7]  then              '校验
    if RecByteArr[1]= &H69 and RecByteArr[2]= &H01  then
                                    '判断命令是否正确
        while nIndex < 8
        DataByteArr[nIndex] = RecByteArr[nIndex]
                '正确，将接收数据数组的值保存至解析数据临时数组
        nIndex = nIndex + 1
        endwhile
    endif
endif
!SetSingleChannelValueByName("AI01",DataByteArr[3])
                        '接收到的有效数据写到对应的通道
!SetSingleChannelValueByName("AI02",DataByteArr[4])
!SetSingleChannelValueByName("AI03",DataByteArr[5])
!SetSingleChannelValueByName("AI04",DataByteArr[6])
if  DataByteArr[3]=0 and DataByteArr[4]=0 then
                    '检测液位传感器的好坏
    TEMP1 = 0              '损坏
else
    TEMP1 = 1             '正常
endif
!SetSingleChannelValueByName("CHGQ",TEMP1) '赋值给传感器检测通道
```

nChlIndex=nChlIndex+nIndex   '设置通信标志，解析都正确
!SetSingleChannelValueByName("通信状态",0)   '通信状态正常

（2）编译生成的代码

选择"调试"菜单中的"检查整个驱动"命令，若没有问题，输出窗口会提示"设备编辑检查通过"，如图9-30所示。

图9-30　检查通过画面

（3）联机调试

① 配置脚本驱动中的串口参数。

将单片机水位控制电路板通过串口线与计算机连接，在图9-29所示的脚本驱动设计界面中选择"设置"菜单中的"串口父设备配置"命令，弹出"串口参数配置"对话框，如图9-31所示。根据设备管理器的端口查看到使用串口号：COM4，与单片机水位控制板中的串口参数设置一致，波特率为：9600，数据位：8位，停止位：1位，校验方式：无校验。

② 进行调试。

在图9-29所示的脚本驱动设计界面中选择"调试"菜单中的"定时通道采集"命令进行调试，通过改变液位传感器的状态，观察AI01、AI02、AI03、AI04当前值得是否有变化，如图9-32所示，观察对应通道中当前值的变化情况，若有变化则表示成功，否则需要检查修改驱动脚本程序或设置。

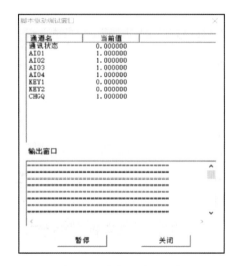

图9-31　"串口参数配置"对话框   图9-32　脚本驱动调试窗口

脚本驱动开发成功后，将"单片机通信驱动.mdr"复制到"MCGSE\Program\Drivers\用户定制设备"文件夹中，并用MCGS脚本驱动开发工具打开。

代码
组态设计

任务三 组态设计

🐜 任务目标

（1）掌握水位控制工程用户窗口组态设计；
（2）掌握在组态中添加脚本驱动程序和设置相关参数的方法。

🐾 任务描述

使用组态软件设计一个水位工程用户窗口，在窗口中通过指示灯指示当前的水位状态，水泵反映当前的水泵工作情况，并能够显示当前水位传感器的状态，同时能通过按钮对水泵进行控制。

🐓 任务训练

根据设计任务要求，组态画面需要包含以下要素方能实现全部控制功能，主要有①进水按钮1个、排水按钮1个；②水位高指示灯、水位正常指示灯、水位低指示灯共计3个；③进水水泵、排水水泵各1个；④储水罐1个；⑤液位传感器状态指示动画显示构件1个。

▶ 1 设备组态

（1）在工作台中激活设备窗口，进入设备组态画面，单击 🔧 按钮，打开"设备工具箱"，如图9-33所示。

（2）单击"设备管理"按钮进入设备管理对话框，将用户定制设备中的"单片机通信驱动"增加到选定设备中，如图9-34所示。

图9-33 设备工具箱界面

图9-34 查找设备对话框

（3）在设备工具箱中，先后双击"通用串口父设备0"和"单片机通信驱动0"添加至组态画面窗口，如图9-35所示。

（4）在"设备组态：设备窗口"中双击设备"单片机通信驱动0－[单片机通信驱动]"，进入设备属性设置对话框，单击"通道连接"标签，根据通道类型作用、通信协议和数据进行"对应数据对象"的设置，如图9-36所示。

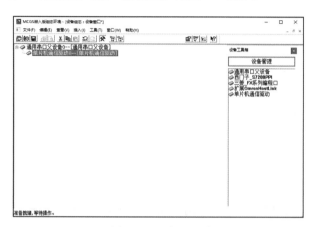

图9-35　添加子设备

图9-36　设备属性设置

2 **用户组态**

根据所学知识绘制图9-37所示的水位控制工程触摸屏用户界面窗口。

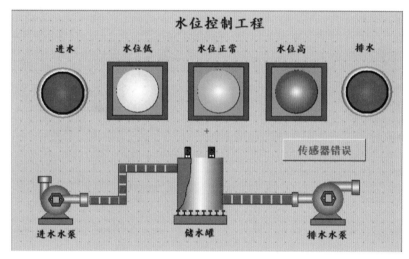

图9-37　水位控制工程触摸屏用户界面窗口

3 **单元属性设置**

（1）按钮单元属性设置

在动画组态窗口中双击"进水指示灯"的对象元件，进入"单元属性设置"对话框，如图9-38所示。单击"数据对象"标签，选中编辑内容，单击按钮，弹出"变量选择"对话框，选择"从数据中心选择|自定义"单选按钮，单击"对象窗口"中的"强制进水按钮"添加到"选择变量"中，如图9-39所示。

图9-38　按钮单元属性设置

图9-39　变量选择对话框

在图9-38中单击"动画连接"标签，选中编辑内容，单击 > 按钮，弹出"动画组态属性设置"对话框，在"按钮动作"中选中"数据对象值操作"复选框，按钮的功能设置为"取反"，变量选择为"强制进水按钮"，如图9-40所示。

在"动画组态属性设置"对话框中单击"属性设置"标签，如图9-41所示。在"颜色动画连接"选项组中选中"填充颜色"复选框，此时多出一个"填充颜色"标签，如图9-42所示。

图9-40　按钮动作设置

图9-41　属性设置

单击"填充颜色"标签，如图9-43所示，单击 ? 按钮，弹出"变量选择"对话框，选择"从数据中心选择|自定义"单选按钮，单击对象窗口中的"强制进水按钮"添加到"选择变量"中，设置完成后单击"确认"按钮；在"填充颜色连接"设置窗口中将分段点"0"设置为红色，分段点"1"设置为绿色，如图9-44所示。

参照进水按钮的单元属性设置方法设置排水按钮。

（2）指示灯单元属性设置

在动画组态窗口中双击"水位低指示灯"的对象元件，进入"单元属性设置"对话框，如图9-45所示。

图9-42 选中填充颜色效果图

图9-43 填充颜色设置对话框1

图9-44 填充颜色设置对话框2

图9-45 指示灯单元属性设置对话框

在"单元属性设置"对话框中单击"动画连接"标签，如图9-46所示。选中动画连接对象，单击 > 按钮，进入"动画组态属性设置"对话框，如图9-47所示，单击 ? 按钮，弹出"变量选择"对话框，如图9-48所示，选择"从数据中心选择|自定义"单选按钮，将对象窗口中的"水位上限"和"水位下限"两个变量添加到图9-47所示的"表达式"中，将表达式设置为："水位上限=1 and 水位下限=0"；设置"当表达式非零时"，选中"对应图符可见"单选按钮，如图9-49所示，单击"确认"按钮完成设置。

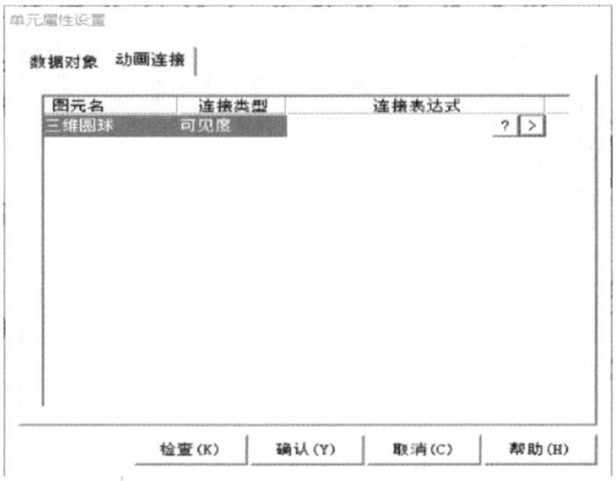

图9-46 指示灯单元动画连接

图9-47 指示灯单元可见度设置1

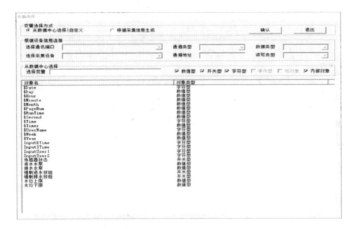

图9-48　变量选择对话框　　　　　　　　　图9-49　指示灯可见度设置2

用同样的方法设置水位正常和水位高指示灯，将可见度表达式分别设置为："水位上限=1 and 水位下限=1"和"水位上限=0 and 水位下限=1"。

（3）水泵单元属性设置

在动画组态窗口中双击进水水泵对象元件，进入水泵"单元属性设置"对话框，如图9-50所示。

在水泵单元属性设置对话框中单击"动画连接"标签，如图9-51所示。选中动画连接对象，单击 > 按钮，进入"动画组态属性设置"对话框，如图9-52所示，单击 ? 按钮，弹出"变量选择"对话框，选择"从数据中心选择|自定义"单选按钮，将对象窗口中的"进水水泵"变量添加到"表达式"中，如图9-53所示，单击"确认"按钮完成设置。

用同样的方法对排水水泵进行单元属性设置，将"排水水泵"变量添加到"表达式"中。

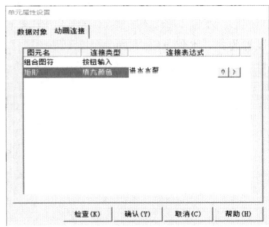

图9-50　进水水泵单元属性设置　　　　　　图9-51　进水水泵单元动画连接设置

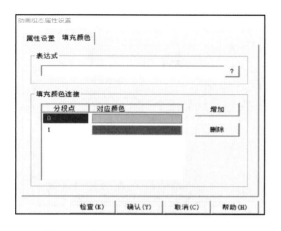

图9-52　进水水泵动画组态属性设置1

图9-53　进水水泵动画组态属性设置2

（4）流动块构件属性设置

在动画组态窗口中双击进水流动块构件，进入"流动块构件属性设置"对话框，单击"流动属性"标签，如图9-54所示。单击 ? 按钮，弹出"变量选择"对话框，选择"从数据中心选择|自定义"单选按钮，将对象窗口中的"进水水泵"变量添加到图9-54所示的"表达式"中，并修改表达式为"进水水泵=0"，设置"当表达式非零时"选中"流块开始流动"单选按钮，如图9-55所示，单击"确认"按钮完成设置。

图9-54　进水流动块构件属性设置

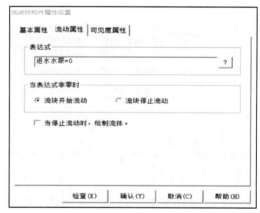

图9-55　进水流动块流动属性设置

用同样的方法对排水流动块构件属性设置，将"排水水泵=0"变量添加到"表达式"中。

（5）动画显示构件属性设置

在动画组态窗口中双击动画显示构件，进入"动画显示构件属性设置"对话框，单击"基本属性"标签，如图9-56所示，分别将分段点"0"和"1"中的"外形"标签下的"图像0"都删除，并切换至"文字"标签模式下，在分段点0的文字标签下输入文本内容"传感器错误！"，如图9-57所示；在分段点1的文字标签下输入文本内容"传感器正常!"，如图9-58所示。

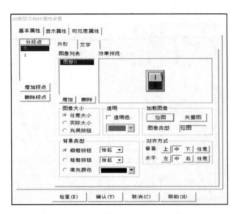

图9-56　动画显示构件属性设置对话框

图9-57　动画显示构件属性文字输入对话框

在图9-58中单击"显示属性"标签，单击 ? 按钮，弹出"变量选择"对话框，选择"从数据中心选择|自定义"单选按钮，将对象窗口中的"传感器状态"变量添加到"显示变量"中，并设置根据显示变量的值切换显示各幅图像，如图9-59所示，单击"确认"按钮完成设置。

图9-58　动画显示构件基本属性设置

图9-59　动画显示构件显示属性设置

任务四　调试运行

任务目标

（1）掌握MCGS中串口通信参数的设置方法；

（2）掌握通过U盘下载程序的方法。

任务描述

通过U盘将功能包下载到触摸屏中，并通过串口与单片机控制电路连接，检测各项功能是否正常。

任务训练

1　工程下载到触摸屏

（1）通用串口设备属性编辑

在工作台中打开设备窗口，在"设备组态：设备窗口"中双击"通用串口父设备0—[通用串口父设备]"，弹出"通用串口设备属性编辑"对话框，单击"基本属性"标签，设置串口端口号（0～255）为"0-COM1"，如图9-60所示。

（2）制作下载文件

单击工具条中的下载按钮，再单击"制作U盘综合功能包"按钮，弹出"U盘功能包内容选择对话框"，如图9-61所示，在功能包路径中选择一个FAT32格式的U盘后单击"确定"按钮，提示成功后取出U盘。

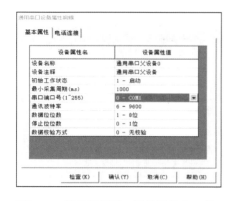

图9-60　修改通用串口设备属性串口号

图9-61　U盘功能包路径选择

（3）程序更新

将U盘插入触摸屏的USB接口，通电启动触摸屏，根据提示将用户工程更新至触摸屏，结果如图9-62所示。

图9-62　触摸屏实物界面

2　实验调试

用串口连接线将触摸屏和水位控制单片机电路连接，改变液位传感器的状态，查看各个指示灯和水泵状态是否正常，在液位正常的情况下，分别按下进水和排水按钮，查看对应的水泵工作是否正常。具体功能测试评分标准及评分表如表9-4、表9-5所示。

表9-4 功能测试评分标准

评分项目	评分点	配分	评分标准
单片机电路设计与安装（20分）	程序编写、编译	20	（1）水位控制单片机电路板安装，5分，没错误一处扣1分，扣完为止； （2）水位控制单片机程序编写，10分，编译出现错误一处扣0.5分； （3）正确下载程序，2分； （4）通过调试助手调试下位机，3分，错误一次扣1分
脚本驱动程序设计（20分）	程序编写、编译	20	（1）设备属性，通道设置等设置正确，5分，错一处扣1分； （2）程序输入、编译正确，10分，错误一处口1分； （3）与单片机电路板联调，5分，失败一次扣1分
触摸屏界面（20分）	触摸屏界面	20	（1）指示灯设计6分：水位指示灯功能正常，错一处扣1分； （2）按钮设计4分：进水和排水控制按钮功能，错一处扣1分； （3）水泵和流动块功能状态，8分，错误一处扣1分； （4）传感器状态动画，2分
功能测试与运行（30分）	联机调试	6	联机时串口号选择，每错误一次扣2分，扣完为止
	指示灯	6	根据水位情况，指示灯是否正确指示当前水位，错一处扣1分
	按钮	4	（1）按下进水按钮，进水水泵运行，进水流动块画运行，2分； （2）按下排水按钮，排水水泵运行，排水流动块画运行，2分
	传感器检测	4	改变传感器的状态，是否及时反映当前传感器是否损坏，4分
	水泵	10	水泵及流动块能否根据水位和按钮状态正确启动和停止，错一处，扣2分
职业素养与安全意识（10分）	职业素养与安全意识	10	（1）不遵守现场安全保护及违规操作，扣1-6分； （2）工具、器材等处理操作不符合职业要求，扣0.5-2分； （3）不遵守纪律，未保持工位整洁，扣0.5-2分。

表9-5 评分表

评分表 _____学年		工作形式 □个人 □小组分工 □小组	工作时间/min	
任务	训练内容	训练要求	学生自评	教师评分
触摸屏与单片机通信与应用	单片机电路设计与安装，20分	单片机电路设计与安装，程序设计与调试		
	脚本驱动程序设计，20分	脚本程序设计并与单片机电路板通信调试		
	触摸屏界面设计，完成组态界面制作，20分	设备组态；窗口组态；程序编写；参数设置		
	功能测试，整个装置全面检测，30分	按钮输入功能；液位指示灯功能；传感器检测功能；水泵控制功能		
	职业素养与安全意识，10分	现场安全保护；工具、器材等处理操作符合职业要求；分工合作，配合紧密；遵守纪律，保持工位整洁		

练习与提高

1. 如何设置脚本驱动程序中通道的数量？

2. 如何在线调试进行脚本程序？

3. 若改变数据校验方式，脚本驱动程序如何设计？

4. 用此驱动程序，在哪些场合能用单片机替代PLC控制？